中国书籍学术之光文库

系统科学概览

苗东升｜著

中国书籍出版社
China Book Press

图书在版编目（CIP）数据

　　系统科学概览/苗东升著 . —北京：中国书籍出
版社，2020. 1
　　ISBN 978 - 7 - 5068 - 7216 - 4

　　Ⅰ.①系…　Ⅱ.①苗…　Ⅲ.①系统科学—普及读物
Ⅳ.①N94 - 49

　　中国版本图书馆 CIP 数据核字（2019）第 000761 号

系统科学概览

苗东升　著

责任编辑	李　新
责任印制	孙马飞　马　芝
封面设计	中联华文
出版发行	中国书籍出版社
地　　址	北京市丰台区三路居路 97 号（邮编：100073）
电　　话	（010）52257143（总编室）　　（010）52257140（发行部）
电子邮箱	eo@ chinabp. com. cn
经　　销	全国新华书店
印　　刷	三河市华东印刷有限公司
开　　本	710 毫米 × 1000 毫米　1/16
字　　数	368 千字
印　　张	20.5
版　　次	2020 年 1 月第 1 版　2020 年 1 月第 1 次印刷
书　　号	ISBN 978 - 7 - 5068 - 7216 - 4
定　　价	99.00 元

目　录
CONTENTS

导　论

0.1　大学生都需要读点系统科学

无论共时性地横向观察，还是历时性地纵向审视，我们的周围世界都存在着形形色色、数不胜数的系统。什么是系统？系统有哪些特征和属性？系统如何发生、发育、成长？如何演化、发展、消亡？有怎样的内在机制？遵循哪些共同规律？有哪些基本原理？系统有什么用处？人如何认识系统？如何同系统打交道？如何利用系统以趋利避害，为人类谋福利？运用科学方法研究和回答这些问题而建立起来的知识体系，称为系统科学。

任何人，尤其是现代人，必定生活在各种各样的系统中，同周围五花八门的系统打交道，事事如此，时时如此。我们生活在各自的家庭中，家庭就是系统。我们生活在一定的团队中，团队就是系统。我们生活在具体的社会中，社会就是系统。我们生活在当今的世界中，世界就是系统。你，一个大学生，必定生活在某个班级、院系、学校、城市，它们都是系统。你所必修或选修的每一门课程，参与的每项社会活动，撰写的毕业论文，游览观赏的风景名胜，准备去洽谈谋职的公司，未来承担的任务，面对的实事、事务、问题，等等，无一不是系统。既然生活在系统中，不断和形形色色的系统打交道，你就得了解这些对象作为系统的特征、规律、机制、优缺点、历史缘起、未来走向，以便适应它、运用它、驾驭它、保护它、改造它；对于那些危害人类生存发展的系统，你还得设法努力消灭它。如果你面对的是一个系统，却不以为它是系统，不按照系统原理认识对象，不按照系统方法处理问题，你就解决不了你必须解决的问题。所以，在现代和未来社会中，人人都应懂得系统科学。

大学生尤其需要学习系统科学。一个结构良好、运行健康的社会，需要各种各样的人才，凡有一技之长者都可以在社会中找到自己的位置，上大学不是唯一的成才之路，各种中等专业人才都是社会必需的。不过，既然你选择了上大学，比别人付出更多的青春年华于学校，享用了更多的社会教育资源，你就不能满足于获得一纸大学文凭。大学者，创造和学习大学问、大智慧之学校也。新时代的大学生不仅要成为单位的骨干，而且要努力成为所在行业的领军人物，成为名家、大家，成为将才、帅才。这就需要学习系统科学，学会用系统思维识物理事。

或许有同学会说，古往今来多少杰出人物没有系统科学可以学习，不是也掌握了系统思维，做出名垂青史的贡献吗？是的，从古至今历代都有少数极具天赋者，依靠超常的悟性和过人的勤奋，再加上罕见的机遇，掌握了系统思维，成就了一番大业。古代社会水平低下，掌握系统思维的凤毛麟角者足以满足社会需要。现代社会则需要大量善于从整体上认识和解决问题的将才、帅才，不允许把希望主要寄托于出现极少数天赋罕见而又巧得机遇者，必须进行有计划的培养，一茬又一茬地造就出成批量的系统思维者。有了系统科学，普通人也能够通过系统的学习，再加上实践经验中的历练和"开悟"，成长为将才、帅才、大师。

或许有同学又说，数百年来的自然科学家没有系统科学可以学习，不也涌现出了从牛顿到爱因斯坦难以计数的大科学家吗？这个问题提得有水平。数百年来，自然科学发展的主导方向是从宏观世界向微观世界进军，谁善于把大分解为小、把浅层还原到深层，谁就能执科学发现之牛耳，综合、整体、系统等概念则居于辅助地位。但科学发展的行程正在发生转变，综合集成正在取代还原分析成为科学方法论的主导方面。现代社会的一大特点是各方面都在大型化、系统化、信息化，导致各方面都在复杂化，各个领域都在大量冒出复杂性现象、复杂性问题、复杂性关系，涌现出复杂性科学、复杂性技术、复杂性工程等等。系统科学的任务就是帮助科学家和理论家揭示复杂性，帮助实践家驾驭复杂性，帮助社会大众学会在复杂世界里生存发展。

0.2　现代科学技术体系中的系统科学

现代科学技术是一个庞大的知识系统，由难以确切计数的大小不同的学科组成，一个学科就是一个系统。从科学知识的终极来源看，一切学科都以客观世界为研究对象，都是人脑对客观世界的反映，以及在反映基础上进行的观念建构和整合，提出概念和原理，制定研究方法，阐明客观规律，形成理论体系。所以，钱学森不赞同按照研究对象来区分不同学科。但客观世界有无穷多个侧面，人脑只能分别从不同侧面或视角去观察和反映客观世界，进而建构知识体系。俗话说，猎人进山看到的是猎物，药农进山看到的是药材。从不同视角去看同一对象世界，看到的是不同的现象、事实、事件，经过大脑加工处理，抽象概括出不同的概念、原理、规律和方法，形成不同的知识系统，即不同的学科门类，它们共同组成现代科学技术体系。

依据这个认识，钱学森对现代科学技术体系进行梳理，把它划分为 11 个大门类，使我们对现代科技整体上有了一个清晰的把握。对于他的学科门类划分，学界一直有所争论，分歧之一在于有人主张把系统科学划归信息科学，钱学森则主张把研究信息问题的学科划归系统科学。现在看来，两种意见都有片面性，系统科学跟信息科学互不隶属，而是两个独立的大门类，现代科学技术体系由 12 大门类组成。它们是：自然科学，社会科学，数学科学，系统科学，信息科学，思维科学，人体科学，行为科学，地理科学，军事科学，建筑科学，文艺科学。作为 12 大门类之一的系统科学，应当放在这个大体系中考察，说明它的地位和意义，弄清系统科学与其他 11 大学科门类的区别和联系。

钱学森说得对，这些不同大门类的区别在于它们观察客观世界的角度或观点不同。例如，从物质运动角度观察世界的是自然科学，从社会运动角度观察世界的是社会科学，从数量关系和空间形式角度观察世界的是数学科学，从思维运动角度观察世界的是思维科学，等等。系统科学的独特之处在于用系统观点考察世界，是把对象当作系统进行研究所建立的知识体系；而信息科学则是从事物信息联系和信息运动的角度观察客观世界所形成的知识体系，两者虽有密切联系，毕竟是两大不同的学科门类。

换句话说，系统科学是以客观世界普遍存在的系统现象、系统问题为研究对象的学科。众所周知，物理学研究的问题必须有物理意义，生物学研究的问题必须有生物意义，经济学研究的问题必须有经济意义，等等。同样的，信息科学研究的问题必须有信息意义，系统科学研究的问题必须有系统意义。什么样的问题才算具有系统意义的问题？在现实生活和理论研究中，凡着眼于处理部分和整体、差异和同一、结构和功能、自我和环境、有序和无序、合作和竞争、行为和目的、阶段和过程等相互关系的问题，都是具有系统意义的问题。或者说，凡需要处理多样的统一、差异的整合、不同部分的耦合、不同行为的协调、不同阶段的衔接、不同结构或形态的兴衰替代，以及资源配置、总体布局、长期预测、目标优化、信息利用和传送之类问题，都是具有系统意义的问题。这类问题广泛存在于现实生活的方方面面，存在于科学技术的各个领域。只要撇开这些问题所涉及的具体领域的特殊性质，即撇开其特有的物理意义或生物意义或经济意义或心理意义等，在纯粹系统意义上进行研究，那就属于系统科学的研究，这种研究得到的知识体系就是系统科学。

系统科学的特点之一在于它是一种横贯科学（所谓横断科学的说法不妥，因为它不属于某个横断面，而是横贯一切现象领域），它的研究对象存在于其他11大门类科学中，不论自然现象、社会现象、地理现象、军事现象或别的现象，只要是以系统方式存在，就属于系统科学的研究对象。但系统科学并不分门别类地研究自然系统、社会系统、军事系统、人体系统、社会系统等等，而是撇开这11门类系统对象的特殊基质，把它们仅仅当作系统来对待，研究事物作为系统的共同特性、行为、规律、机制等等，用贝塔朗菲的话来说，就是研究一般系统及其亚类。数学科学、系统科学的信息科学是三大类横贯科学，其他八大门类则属于不同的纵向科学。

系统科学的另一个特点是它的方法性，属于一种方法论学科。在可操作的知识层面上看，系统科学为其他11大门类科学提供一套普遍适用的研究方法、技术、程序；在智慧的层面上看，系统科学提供一种思维方式，即能够超越传统分析思维的思维方式。

0.3 用系统观点看系统科学

讲授系统科学的目的，说到底是要人们成为一个"系统主义者"，自觉地用系统观点观察世界，用系统方法处理问题，用系统思维思考一切、感悟人生、对待人生。系统科学的一个未曾言明的假设是，一切事物都是以系统方式存在和运行的，都可以用系统观点来认识，一切问题都需要用系统方法来处理。把这个观点应用于知识系统，就是运用系统观点考察它的组分、结构、环境、功能、演化等。12大学科门类既然都是知识系统，必有知识系统共有的体系结构。按照不同学科跟社会实践联系的远近，或抽象程度的高低，钱学森断言12大门类都具有工程技术、技术科学和基础科学三个层次。最接近社会实践、直接用来解决实际问题的知识体系是工程技术，给工程技术提供理论指导的知识体系是技术科学（又称应用科学）。给应用科学提供理论指导的知识体系是基础科学，基础科学又通过一定的"桥梁"学科（哲学分论）跟哲学连通起来，如图0-1所示。每一大门类各有一个桥梁学科，即哲学分论，如科学哲学、数学哲学等，共 12 个桥梁。这就是著名的现代科学技术体系的钱学森框架。

哲　学		哲　学
桥梁学科	………	系统论
基础科学	………	系统学
揭示科学	………	控制论、运筹学、事理学等
工程技术	………	系统工程、控制工程 等
社会实践		社会实践

图 0-1　现代科学技术体系的钱学森框架　图 0-2　系统科学的体系结构

钱学森把系统科学当作一种系统来看待，把上述框架应用于这门新兴科学，第一次理清了如图 0-2 所示的系统科学体系结构，明确了几十年来各自独立发展起来的有关系统研究的诸多学科在系统科学体系中的层次地位，做到"分门别类，共居一体"。最重要的是，钱学森由此发现了系统科学的基础理论层次尚属空白，他称之为系统学，指明了系统科学未来发展的主要方向是尽快建立系统学。

0.4　科学转型视野中的系统科学

用系统观点观察人类科学不难发现，它在总体上是一个历史地产生出来又历史地演化发展的系统。作为系统，科学有它自己的形态，这种形态是不断演变的，不同历史条件下呈现不同的形态，不同形态的兴衰替代构成人类文化演变历史的一个重要方面。

科学整体上作为系统的第一种历史形态是古代科学，各个古老民族都对它做出过贡献。古代科学的基本特征是，宇宙观是朴素有机论的，方法论是整体论的，主导思维方式是综合的，历史作用是给前工业文明、特别是农业文明提供智力支撑。第二种历史形态是主要由西方国家发展起来的近现代科学，基本特征在于宇宙观是机械论的，方法论是还原论的，主导思维方式是分析思维。近现代科学的历史作用是为少数西方国家建立工业文明提供智力支撑，使他们能够通过开拓殖民地而把整个世界整合为一个系统，同时，激发在工业化中落后了的国家为争取民族独立和社会现代化而奋起斗争。到20世纪中后期，随着工业文明越过顶峰、开始向新的历史形态转变，科学系统的第二种历史形态也越过自己的顶峰，开始向新的历史形态转变。取代工业文明的新型文明应当是一种全人类能够共享的文明，即信息—生态文明；也只有全人类共同努力，才能够建成信息—生态文明。新的文明形态需要新形态的科学提供智力支撑。适应新型文明需要的科学新形态应当具有这样的基本特征：世界观是有机论的，方法论是涌现论的，主导思维方式是系统思维。回顾近60年来的历史可以看到，新型科学的孕育、成长、壮大正在给科学文化带来如下一系列深刻变化：

· 从实体中心论转向关系中心论；

· 从孤立地研究事物（封闭系统）转向在相互联系中研究事物（开放系统）；

· 从以静止的观点研究事物（存在的科学）转向以动态演化观点研究事物（演化的科学）；

· 从单纯研究物理转向同时研究事理；

· 从重点研究外力作用下的运动转向重点研究事物自己的运动；

· 从主要揭示和阐明事物的还原释放性转向主要揭示事物的整体涌现性；

· 从坚持对非线性作线性化处理转向把非线性当作非线性来处理；

· 从把不确定性简化为确定性来处理转向把不确定性当作不确定性来处理；

· 从排除目的性、秩序性、组织性、能动性等概念转向重新接纳这些概念；

· 从偏爱平衡态、可逆过程转向重点关注非平衡态、不可逆过程；

· 从只看硬要素、硬结构、硬环境、硬力量转向同时看重软要素、软结构、软环境、软力量，等等。

这是科学史上一次意义深远的变革，变革的完成意味着科学系统将演化出全新的历史形态，400年来的科学总体上是简单性科学，新型科学总体上将是复杂性科学。系统科学既是这一历史性转向的必然产物，同时，又成为这一转向深入进行并最终完成的重要促进因素。

0.5 系统科学的历史回顾

一门学科作为一种知识系统都要经历一个从孕育到诞生再到发展壮大的自然历史过程。系统科学的孕育要追溯到20世纪早期，不同知识领域相继出现了一些关于系统问题的零散的、分别独立进行的早期探索，彼此之间没有联系，探索者们尚无明确的系统意识，没有提出系统概念和系统方法这些用语，从系统科学的总体上看属于自发性行为。借用本学科的行话说，这是系统科学这个知识系统从无到有的自发自组织阶段。

20 世纪 40 年代是系统科学的诞生期，出现了第一批以系统现象为研究对象的学科分支，特别是一般系统论、控制论、运筹学、博弈论、系统工程等，在数学工具的应用上，在概念定义、原理阐述的严格化、精确化方面，以及大量富有成效的实际应用，都令人刮目相看。尽管这些新兴学科是分别独立产生的，但到 20 世纪 40 年代中后期，彼此之间的共同点已鲜明地呈现出来，科学界开始认识到它们属于同一种科学思潮、同一个科学大部门，共同体现了科学技术整体上开始了新的深刻转变。从那时以来的六十多年中，这个新兴知识领域显示出强劲的生命力，每个十年都有重要的进展，都有新的分支学科出现。

20 世纪 50 至 60 年代是系统科学大发展的时期，表现在几个方面：其一，一般系统论、控制论、运筹学、博弈论、系统工程等学科走向成熟，运筹学已建立起相当完整的数学理论，特别是控制论的精确化和定量化描述可以跟自然科学相媲美。其二，这些分支学科的适用范围逐步明确，为克服它们的局限性，提出了系统动力学、模糊系统理论等新分支。其三，提出系统科学这个新的学科概念，用来整合和统一这一新兴知识领域。

从 20 世纪 70 到 80 年代中期，系统科学的主要发展可以归结为四个方面：一是硬科学硬技术的软化，出现所谓软运筹、软控制、软系统工程，用以对付那些无法进行精确定量化处理的运筹问题、控制问题和系统工程问题。二是起源于物理学、化学、生物学等自然科学基础理论研究的系统研究开始拆除自然科学的脚手架，显示出它们对系统科学基础理论的巨大价值，如耗散结构论和协同学等。三是，提出探讨系统科学体系结构的问题，试图理清业已建立的诸多分支学科的关系，使它们成为一个结构有序的知识系统。四是，明确提出建立系统科学基础理论即系统学的任务，系统科学一开始就跟复杂性探索联系在一起，它的任务原本是给复杂性研究提供方法论。但直到 20 世纪 80 年代中期以降，系统科学才转向主要研究复杂性，开始建立以复杂性命名的系统理论。不过，复杂性科学并不等同于系统科学，作为系统科学重要部分的线性系统理论仍然属于简单性科学，复杂系统理论才属于复杂性科学。复杂性科学包括复杂系统理论，但远不限于后者，它是所有学科领域复杂性研究的总和。

0.6　本书导读

　　读者朋友，本书是为你准备的一个系统科学初步读物。我们的指导思想首先是反映系统科学的全貌，使读者能够对系统科学有一个整体的把握。第1—9章着重阐述系统科学的通用概念，第11—18讲的基本上是他组织理论，第19—26章讲的基本上是自组织理论，第27—29讲是三种复杂系统理论，第30讲简要介绍系统科学家的哲学见解和探索。其次，作为普及读物，在确保科学性的前提下力求突出思想性和可读性，严谨性和精确性要求有所降低，数学内容基本上被压缩掉。第三，本书没有按照钱学森框架来展开，是考虑到系统科学还很不成熟，体系结构远不完整，特别是最重要的系统学尚未建立起来。严格地说，本书介绍的某些系统理论还不能算作系统科学的分支，有的明显留有物理学痕迹，有的明显留有生物学痕迹，有的明显留有数学痕迹，等等；只有经过进一步加工提炼，消除物理学的、生物学的、数学的、经济学的、社会科学的痕迹后，它们才能最终进入系统科学体系。但作为一本入门读物，力求反映这些系统理论的原生态或许更适合本书的读者群。此外，本书力求挖掘华夏传统文化中的系统思想，为发展系统科学、丰富中国特色系统思想而铺路。①

---

　　①　基于这种考量，在收入本文集时，我们把书名改为《系统科学基础知识读本》。

第1讲

系统的概念

我们从讨论系统科学最基本的概念来开始本书的思想游程。在历史上，系统科学基本概念研究的开先河者首推贝塔朗菲，本讲就从介绍他的科学活动开始。

1.1　贝塔朗菲和一般系统论

系统这个词古已有之，古代许多杰出人物已经很好地把握了系统思维。但把系统从一个一般术语变为科学概念，把系统思维从一种自发的经验性思维变成自觉的科学思维，则是 20 世纪中叶以来的事。众多学者对此都有贡献，但高居功臣榜首的应是加拿大籍奥地利理论生物学家冯·贝塔朗菲。20 世纪 20 年代的贝塔朗菲开始领悟到不同领域、不同学科之间存在某种异质同型性，萌发了把各种对象作为系统、用统一的语言加以描述的科学思想，即现代系统思想。受德费提出的开放性概念（1929）的启发，贝氏于 1932 年提出了开放系统理论，作为一般系统论的支柱之一。1937 年提出一般系统这个核心概念，由于战争的阻挠，相关的文章直到战后才问世。从 20 世纪 40 年代末开始，贝塔朗菲联络同道成立国际一般系统协会，掀起影响遍及世界的系统运动。20 世纪 50 至 60 年代发表一系列文章，经过总结提炼而形成代表性著作《一般系统论：基础、发展和应用》，于 1968 年出版，成为系统科学的第一部经典文献。临终前发表了《一般系统论的历史与现状》一文，探讨系统研究的未来发展。此外，他与 A. 拉维奥莱特合写了《人的系统观》一书。

贝塔朗菲的一般系统论属于系统科学的基础理论研究，又包含很多哲学议论，尽管也引入一些数学工具，基本属于对系统现象的定性研究，他的一般系统论在很大程度上可以称为系统概念论。这些著作中可用于解决实际问题的内容很少，但他对系统概念和系统思维的阐发是全面、系统、深刻的，至今无出其右者。

对一般系统论有重要贡献的著名学者还有保丁（美）、拉波波特（加）、萨多夫斯基（苏）、克勒（美）、拉兹洛（美）等。

1.2　整体、系统、非系统

就字面意义讲，中文"系统"一词由系与统两个字组合而成。"系"有两层含义：其一是多，系即系列，单一对象无须系，构不成系列，一个系统中必定包含不止一个对象；其二是联系，系即拴、绑，系统中的多个对象被拴绑、联系在一起。"统"有统合、统一、统属等含义，系统与其所包含的对象之间是统与属的关系，系统意味着合多为一、一统领多、多隶属于一。合而言之：系多而成一统，谓之系统。

学术界迄今提出了各种各样的系统定义。从实际应用角度讲，最适宜的是钱学森的定义：系统是"由相互作用和相互依赖的若干组成部分结合成的具有特定功能的有机整体"。从工程和技术层次看，系统的本质特征是整体性和功能性，而整体性和功能性来源于诸多部分的相互作用、相互依赖，这些都在钱氏定义中明确规定了。不过，把功能作为不加定义的元概念来界定系统，这样做不够严谨，因为功能在逻辑上属于系统概念的亚概念，应从系统概念中引出功能概念，而不宜用功能来定义系统。把有机性作为系统的必备特征，等于把无机事物一概排除在系统之外，故系统概念的钱氏表述普适性不足，不适宜作为系统科学基础理论的系统定义。

迄今最普遍的定义是贝塔朗菲给出的：系统是"处于相互作用中的诸元素的复合体（complex）"。把系统的组分追究到元素，在多元性和关联性之外不再施加进一步的限定，使这个定义可以普遍适用于不同领域和层次，因而属于基础科学层次的系统定义。贝氏定义的缺点是复合体一词相当含糊，尚须进一步界定。或许是考虑到这一点，贝塔朗菲有时用集合取代复合体，称系统为"处于相互作用中的诸元素的集合（set）"。贝氏把这样的系统称为一般系统，把他的理论称为一般系统理论，表明他坚持在基础科学层次上研究系统。

以贝氏的说法为基础，本书给出系统的基本定义如下（其中，事物、对象、统一体是不加定义的元概念）：两个以上事物或对象相互关联而形成的统一体，叫作系统；因相互关联而被包含在系统中（也就是隶属于系统）的那些事物或对象，叫作系统的组成部分，简称组分。

我们的周围世界存在各种各样的系统。一本书，一列火车，一个教研室，一个城市，都是系统。30名生长在天南地北的年轻人，通过高考招生而走在一起，组成中国人民大学哲学系的一个班，这个班就是一个系统，30名学生是它的组分。春、鸟、花、风、雨、声、夜、眠、闻、知、落、觉、啼、晓、处、不、来、多、少、处是20个普通汉字，经孟浩然运用形象思维加工创造，按照中国格律诗的规则整合起来，产生了千古传诵的五绝《春晓》："春眠不觉晓，处处闻啼鸟。夜来风雨声，花落知多少。"这是一个极富美感的观念系统，20个字（一个重复）是它的组分。张择端的《清明上河图》，阿炳的《二泉映月》，曹雪芹著的《红楼梦》，也都是系统。

由上述定义直接推知系统有如下基本特性：

（1）多元性或多组分性。一个系统至少要有两个组分，系统的常态是包含多个组分，有些系统具有成千上万甚至更多数目的组分，理论上存在包含无穷多个组分的系统，如整数系和实数系。相反，只有一个组分的事物，或者说不能划分为不同组分的事物，乃是非系统。必须强调，多组分性是系统之为系统的实在前提，或物质基础。

（2）相关性（相干性）。同一系统的不同组分之间必定相互关联，系统不存在孤立元，即跟别的组分没有联系的组分。如果一个集合或群体中至少有一个孤立元，它就不是系统，而是非系统。没有多元性谈不上相关性，多元性是造就系统的必要条件；相关性是造就系统的充分条件，相关性本身隐含着多元性（单一组分无所谓相关），相关性在形成系统中具有决定性作用。

（3）统一性或一体性。多元性加上相关性，造就了系统的一体性。诸多对象一旦相互联系而成为系统，它就能够作为统一体而与他物发生关系，与他物相互作用，因而被人们当成一个事物去认识和对待；而诸多对象则转化为系统的组分，处于系统的内部。体现系统本质特征的不是内部蕴含的那些多，而是相对于外部所呈现出来、可以从外部感知的那个一。一盘散沙、一群乌合之众之所以被视为非系统，就在于它们不具备一体性，不能一致对外，不会牵一发而动全身。系统是多与一的综合集成，无多不成系统，非一也不成系统，但居主导地位的是一，一统领多，多隶属于一。中文的一字有完全、完备、完满之意，一体性要求意味着系统具有完全性、完备性、完满性，残缺不全者不是系统。

（4）整体性。多元性是基础，相关性是主导，一体性是目标，三者综合集成起来，造就了系统的整体性。作为系统的事物必定整体地存在，整体地运行，整体地延续，整体地跟其他事物发生关联，整体地演化，整体地消亡，等等，呈现出一系列整体特性。整体性包含了多元性、相关性和一体性，整体性是系统最重要的属性。贝塔朗菲把系统科学界定为关于整体性的科学，这一见解早已成为学界的共识。

不过，非系统与系统是相比较而区分的。一栋砖瓦房是系统，把它拆为一堆砖瓦则是非系统。图书馆无疑是系统，书摊往往被视为非系统。还是《春晓》那20个汉字，打乱次序，就不再具有诗的特征和意义，仅仅是一个汉字集合，即非系统。总之，系统科学既承认系统是事物普遍的存在方式，又承认世界上也存在非系统，非系统是系统科学的有用概念，人们需要在跟非系统的比较中认识系统。

存在两类非系统，第一类是没有组分的囫囵整体，第二类是组分之间没有关联性的多元集合。但是，世界上不存在绝对的非系统，从某个角度看不是系统的事物，总能够找到别的视角可以把它看成系统，也需要用系统观点审视它。大量砖瓦即使杂乱地堆积在一起，相互间便有了力学作用，这个堆就不再只是要素的集合，而是相互关联的整体，产生了阻滞交通这种整体效应，在战时具有防御工事的整体功能，因而也是系统。人们有时用"独木不成林"来强调系统思想的重要性，却不自觉地传播了另一种非系统观点。所谓"独木不成林"，只表明它不是树林这种系统，没有树林的整体涌现性，并不表明它绝对属于非系统，因为一棵树是由根、干、枝、叶组成的系统。由于孟浩然的创造性劳动，《春晓》所用的20个汉字之间就具有了潜在的或隐蔽的诗性联系，从此就不再是绝对的非系统。如果搞一次智力测试，主持人列举出这20个汉字，再给定边界条件（提示"这是一首古诗绝句"），即使你没有读过《春晓》这首诗，只要对中国古典诗词有基本的了解，你就可以找出这种系统联系，恢复原诗。特别地，被某些著名学者当成非系统的例子，如垃圾堆等，其实也是系统，城市垃圾的治理只有应用系统观点和方法才能奏效。读者朋友，你能找出书摊也是系统的理由吗？

1.3 组分、元素、要素

深入系统内部精细地研究系统，必然涉及组分、部分、元素、要素等概念。了解一个系统，当然需要整体地、直观地审视它，但仅仅这样做是不够的，必须深入内部确定它有哪些组分。组分不同于部分，组分一定是部分，部分未必是组分。具有系统性而又小于系统的对象，都是系统的部分。但部分不一定具有结构意义，不一定是系统的结构单元；组分则是系统的结构单元，必须具有结构意义。随便对系统进行划分或切割，得到的都是系统的部分，一般却不是系统的组分。传统小说描写古代战场搏杀时常讲"把敌将胁肩带背砍成两半"，这两半是人体的两个部分，而非两个组分。一件精美的工艺品被打碎，碎片是其部分，而非组分。为什么"破镜难圆"？因为镜子的碎片不是镜子的组分，无结构单元的特性，难以恢复原貌。按照系统的结构特征划分出来的部分才是系统的组分，如人体系统的骨骼、肌肉、消化器官等。组分是系统科学的基本概念之一，部分则不是；部分是系统哲学的基本概念之一，组分则不是。

组分有大小之别，组分的组分一般还可能是系统的组分。学院是大学的组分，系、所是学院的组分，也是大学的组分；教研室是系的组分，同时，也是学院和大学的组分。最小的组分，即不能或不许或无须再细分的组分，称为元素。元素的根本特征是具有基元性，即作为最基层的组分而不能或不许或无须再细分这种特性。人体系统的元素是细胞，社会系统的元素是个人，化学系统的元素是原子，等等。元素是组分，但组分未必是元素。

元素原是物理、化学等精确科学常用的基本概念。系统科学很少讲元素，更多的是使用要素概念，讲要素分析而不讲元素分析。系统科学在两种意义上使用要素概念。一是相对于元素概念讲要素，要素就是要紧的元素，次要的元素则忽略不计。但是，许多系统很难划分出实在性的组分，或者从实在性组分出发难以对系统做出有效的描述，如果转而寻找某些影响系统行为特性的非实在性因素，往往能够给系统以有效的描述。70年前，毛泽东在分析中国抗日战争这个系统时，并未把中日两国的行政区划或政府机构等作为各自的系统组分，而是把战争性质（正义与非正义）、人心向背、士气等非实在或软性因素作为要素，对抗战的性质、特征、走向等做出深刻的科学分析。文章作为系统，素材、词句等是实在性要素，思想、文风、文采等是非实在性要素。基于这种情况，系统科学常常相对于因素概念来讲要素，要素即重要的因素，次要因素则忽略不计。复杂系统，特别是涉及人的因素的系统，或者无法准确有效地划分实在性组分，或者通过分析这些实在性组分难以获得对系统整体的有意义的了解，而有意义的是考察那些非实在性要素。实际上，系统科学更多的是把系统的某些变量作为要素，通过考察这些变量的特点、变化、相互关系等来了解系统的整体特性。

一个系统的组分或要素一般都区分为两种：构材件和连接件。以建造房屋为例，砖、瓦、木、石是构材件，榫头、钉子、焊锡等是连接件。简单系统的结构分析往往把连接件这种要素忽略不计，只考虑构材件，如自行车组分一般都不提螺钉螺母，简单电气系统的组分一般也不提焊锡、导线等。较为复杂的系统组分中的连接件不再允许忽略，有些系统的连接件组分甚至比构材件组分更重要。地下工程的管道、城市的邮政和交通、社会组织的管理等，都是系统中起连接作用的组分，应予重视。

对于涉及人文社会问题的系统，区分软要素和硬要素是必要的。战争作为系统，军队编制、武器装备等是硬要素，士气、文化水平等是软要素。硬要素易受重视，软要素易被忽视。系统科学特别注意提醒读者注意考察对象的软要素。观念形态的产品，不论文章还是书籍，决定其成败优劣的要素有主题、素材、布局、用词等，以及相应的选择主题、收集素材、谋篇布局和遣词造句等四种能力。但这些主要是系统的硬要素，更深层次的是作者的文心、胆略、悟性等软要素，软硬皆优者方为上乘的作品。

1.4　系统的整体涌现性

简单地强调系统科学是关于整体性的科学，可能引起误解。贝塔朗菲本人已经意识到这一点，指出存在两类整体和整体性。一类是加和性整体，整体是各个孤立元素的总和。元素的加和性特征意味着，不论它处于整体之内或之外，这些特征都是一样的，只要知道了元素在孤立状态中的特征，并汇集起来，即可获得整体的特征。物理对象的重量、分子量和热等，都是事物的加和性特征。这种加和性整体就是前述第二类非系统。

另一类是组合性整体，或非加和性整体。所谓组合性特征，就元素而言，指同一元素的这样一些特征，当它处于整体内部和处于整体外部时是不一样的。活人体内的心、肝、肺不同于经过解剖离开人体的心、肝、肺。就整体而言，组合性整体特征指依赖于部分之间特定关系的那些特征。欲理解整体的组合性特征，不仅要知道部分，而且要知道部分之间的关系。如化合物的特征不是其组成元素之特征的加和，而是不同物质元素经过化学反应（一种特殊的相互作用）而产生的特征。只有这种组合性整体，才能称为系统。

应当指出，任何系统都具有加和式整体性。一架飞机的总重量是各部件重量之加和，一个学校的耗电总量是各单位耗电量的加和，一个单位的工资总量是各部门工资量的加和，一本书的总字数是各章字数的加和。总之，凡是只涉及质量或能量之类的特性，由于物质不灭和能量守恒，整体必定等于部分之和。对于这类加和性整体，自然科学已做出透彻的研究，不再是系统科学关注的问题。

组合性或非加和性的说法不够深刻，更科学的称谓是涌现性。系统整体具有而它的元素或组分及其总和却不具有的特征，称为系统的整体涌现性。或者说，诸多组分一旦按照某种方式整合为系统，就会呈现出来、一经分解为独立的组分便不复存在的特征，就是整体涌现性。贝塔朗菲最先把涌现概念引入系统科学，提出"涌现的特征"这一极为重要的概念，但直到20世纪90年代才引起系统科学界的足够重视。

贝塔朗菲曾借用亚里士多德的命题"整体大于部分之和"来直观地表述这种整体涌现性，并获得广泛认可。从字面看，这是一个量化的命题，容易引导人们把整体涌现性局限于系统的定量属性。关于这样理解的整体涌现性，有一种简化的说法：

$$1 + 1 > 2 \tag{1-1}$$

由于直观形象而广为流传。但这种说法在理论上是不严谨的。整体涌现性固然有定量的内涵，但它首先是指系统的定性特征，整体具有组分之和没有的新质，即新的定性特征。几种化学成分（底物）经过化学反应而产生的化合物，具有与底物完全不同的化学性质。一堆自行车零件无法派上用场，一经组装为自行车，就是一个没有污染的交通工具。一群农村女孩子涌入城市，被企业家组织起来，就可以生产出畅销世界的玩具、衣物等，以至一向标榜自由贸易的发达国家一再扔掉绅士面具，重挥贸易保护主义大棒。这些都是系统产生的整体涌现性，有时也称为系统新质，或系统质，式（1-1）难以反映这一点。

历史上很长时期内，由于不明白其成因，整体涌现性被视为一种神秘现象。亚里士多德命题就长期被当成神秘的命题，不为科学界所承认。系统科学第一次证伪了这种判断，指明系统的整体涌现性并不神秘，它归根结底源于四种效应：组分效应，规模效应，结构效应，环境效应。综合言之，整体涌现性是一种系统效应。

本节先考察组分效应。系统科学和系统哲学界有一种观点认为，对于形成系统的整体特性来说，组分无关紧要，组分不断更换，系统的整体可以保持不变。这种说法有一定道理，又有很大片面性。古人说得好，巧妇难为无米之炊，给定一堆沙子，神仙也不能造出可以入口的食物。用自行车零件造不出汽车，用飞机的零部件造不出飞船。没有高素质的人才不可能有高素质的科技创新，等等。总之，组分的基质、特点、长处和短处等是造就系统整体特性的实在基础。给定了组分，就给定了系统可能具有的整体特性的范围，决定了它只可能是什么，不可能是什么。这是系统论的唯物主义基础，不可动摇。

在前述系统定义中，关于组分的规定有两个要点：多元和异质，二者对系统整体涌现性的形成都是不可或缺的。所谓单调不成音乐，单色不成图画，单一动作不成舞蹈，单人不成社群，说的都是整体涌现性（音乐、图画、舞蹈、社群）必须以组分的多元性为基础。大诗人苏轼的诗句"咸酸杂众好，中有至味永"，是借议论食物味道而揭示的一个重要系统原理。"众"指多元性和差异性，"杂"指把差异杂合（组合、整合）起来，"至"即极致（最高的），只有把多元性和差异性整合在一起，即"杂众"，才能使食物味道这种整体涌现性达到至善至美的境地，即"至味"，此乃"永恒"的真理。

概括地说，系统科学是关于整体涌现性的科学，什么是整体涌现性，涌现性的根源，涌现性产生的机制和规律，整体涌现性的主要表现，如何描述整体涌现性，如何利用系统的整体涌现性为人类谋利益，等等，是系统科学要回答的基本问题。

1.4　系统的规模

规模首先指系统组分的多少。国家作为系统，其规模首先指它的人口数量，中国有 13 亿人，美国有 3 亿人，两国规模显著不同。房屋里的气体构成一个物理系统，组分就是气体分子，有 10^{23} 之多，规模之大实属罕见。机器作为系统，零部件数量从一个侧面反映它的规模。系统规模也指它所占据的空间大小，或地域分布范围的广狭，如国家的版图大小。华北电力网的规模大于山西电力网的规模，山西电力网的规模大于榆社县的电力网，区域电力网的管理必须考虑这种系统规模。长城绵延万里，其规模是其他人工系统无法相比的。社会组织的规模也指它的下属机构的数量和成员数量，经济系统的规模主要指它的经营范围和资金量，称为经营规模。军事演习的规模，指参与演习的军兵种、人数、地域范围等。文章作为系统，规模就是它的篇幅（章节数、总字数），如小说有短篇、中篇、长篇之分。诗词也有规模，绝句、律诗、乐府的规模不同，小令与长调的规模不同。放在时间维中考察，系统的规模指过程的长短、久暂。总之，凡系统都有规模。

规模大小的不同可能对系统的属性和行为产生不可忽视的影响，称为系统的规模效应。商家追求经营规模，没有足够的规模，经营效益会大受限制。没有大规模的革命运动，不可能推翻旧中国的三座大山。要使中国迅速改变落后面貌，小打小闹、零敲碎打式的行动不行，必须开展大规模的建设活动。上节指出组分性质对系统整体涌现性形成的决定性作用，这里要补充说明，组分还通过它的数目大小来影响系统的整体涌现性，这是规模效应的另一面。所以，观察和分析系统，设计和组建系统，操作和使用系统，都需要关注系统的规模。当然，规模效应也有正反两方面，并非规模越大越好。

规模是形成系统整体涌现性的必要根据。俗话说，人多势众，众人拾柴火焰高，讲的就是规模效应。律诗的规模是固定的，只有四联八句，可以利用的规模效应太有限。例如，白居易无法用一首律诗来表达长诗《琵琶行》的情思和意境，毛泽东无法用十六字令来抒发《沁园春·雪》的豪情壮志和宏大的历史感。没有足够的规模无法获得必要的整体涌现性，但规模足够大未必就具有所期望的整体涌现性。

1.5 局整关系

在系统研究中，局部和全局、部分和整体、组分和系统互为对位概念。局部与全局的关系，部分与整体的关系，组分与系统的关系，实质上说的是同一回事，我们统称其为局整关系。关于局整关系的基本看法，叫作局整观。局整关系是系统科学和系统哲学关注的基本问题之一，贯穿于系统研究的各方面。本书各章节都涉及局整关系，本节只作一般性讨论。

局部与全局是相互依存、相互需要的。全局是相对于局部而言的，局部也是相对于全局而言的。组分或要素是系统之为系统的实在基础和前提，没有局部，就没有全局。没有军人就没有军队，没有师生就没有学校，没有零件就没有整机。反过来，没有全局，局部也不成其为局部；没有系统，要素也不成其为要素。退役的军人不再是军人，毕业的学生不再是学生，从三峡移居外地的人不再是三峡居民，从系统中分离出来的要素不再是系统的要素。一个系统解体后，原来的组分也就不再作为组分而存在了。苏联解体后，乌克兰还存在，但它不再是苏联作为系统的组分。

局部与全局的相互依存又是不对称的。局部构成全局，要素组成系统，两者之间首先是统属关系：全局统摄局部，局部服从全局；系统整合要素，要素支撑、隶属系统。整合与被整合，统摄与服从，都是非对称关系。这种不对称性的根源在于，部分之所以会聚合起来形成整体，人之所以把零部件整合成整机，为的是获得系统的整体涌现性，以便各部分都能得到发挥自身作用的平台，并从中受益。人们在社会政治生活中建立党派、社团，在社会经济生活中组成公司、企业，在学术文化生活中成立学会、形成学派，都是为了形成必要的整体涌现性，获得展示自身的平台，并从系统的整体涌现性中受益。所以，部分应当服从、维护整体，凡事要从大局出发；为了保证整体的生存发展，有时甚至需要暂时牺牲某些局部的利益，这在革命战争年代是屡见不鲜的。

在认知层面上，无论个人或团队，总是从某个局部开始进入社会生活的，即使活动范围逐步扩大，经验所及和视野仍然有限，容易看到局部，不易看到全局，有可能犯所谓"只见树木，不见森林"或"坐井观天"的错误。即使国家最高领导人也曾经长期从事局部工作，眼界也有局限性，也需要自觉树立整体观念。毛泽东说得好："这种全局性的东西，眼睛看不见，只能用心思去想一想才能懂得，不用心思去想，就不会懂得。"全局观点，即从整体上认识和解决问题的意识和能力，只有通过自觉的理论学习和长期的实践修炼才能得到。

在实践层面上，整体和局部的利益既有一致处，又有不一致处。不仅领导者、指挥者、管理者要坚持把整体利益放在局部利益之上，着眼于大局去处理问题，而且局部也要有整体观念，把自己所处的局部放在全局中思考，做到服从大局，从整体出发。

系统作为科学概念和哲学范畴，是随着近代科学的兴起而产生，随着现代科学的确立而走向成熟的，因而不可避免打上种种现代性烙印，使人们对局整关系的理解带有种种机械论色彩。数百年来，科学家经常与系统打交道，但他们看重的是系统的可分解性或可还原性，而不是组分的相关性、互动性，重分析而轻综合成为科学方法论的突出特点，他们的局整观明显地重局部而轻整体。与科学家不同，工程家、实业家、军事家、政治家的职业行为促使他们不能不重视综合，但他们在综合中看重的是整体对部分的制约性、权威性、支配性，把局整关系基本归结为局部服从整体、服务于整体，整体支配局部、用好局部。这也是片面的。科学的辩证的局整观不仅讲局部服从全局，还要讲全局服务于局部；管理和领导不仅是发布命令，而且是提供服务，整体的职责包括给部分提供展示自己的平台和发展的条件，不可轻率地讲牺牲局部。局部之所以加入整体，原本不是为整体去牺牲自己，而是为了通过与其他局部关联起来产生特定的整体涌现性，同时，也使自身得以生存发展。所以，保护和照顾局部是系统整体固有的义务和责任，在管理局部的同时还应尊重局部，在使用局部的同时还应培养和保护局部，这才是系统之为系统的核心价值所在。

笼统地谈论局整关系还不够，不同局部与全局的关系往往各有特点，不同局部在系统全局中的作用不同，有时差别很大，须分别对待。有些局部被破坏或失败了，对全局不起重大影响，就是因为这些局部不是对于全局有决定意义的东西。但某些局部可能具有影响甚至支配全局的机枢或关键作用。俗话所谓"牵牛要牵牛鼻子"，文章家有"片言居要，众辞效绩"的说法，中国文论讲诗有诗眼、词有词眼、曲有曲眼、文有文眼，指的都是系统可能存在某些关键部分。不可片面理解系统思维倡导的"从整体上认识和解决问题"的原理，它绝不意味着可以忽视局部。各个领域的帅才们必须明白，系统思维力主"把自己注意的重心，放在那些对于他所指挥的全局说来最重要最有决定意义的问题或动作上"（毛泽东）。

当代实业界流行一种说法：细节决定成败。在系统理论中，细节属于局部范畴。一般地讲，细节决定全局的成败有违系统原理。但是，在系统运行中，由于种种内外条件的特殊聚集、匹配、耦合，某些细节在特定时机有可能获得决定系统整体成败的作用，这样讲并不违背系统原理。美国哥伦比亚号航天飞机汇聚了一系列最先进的技术，仅仅因一个棍拴断裂，超高温气流从机体表面缝隙侵入机翼面板，熔化了支撑材料，导致机身解体，这种细节就有决定成败的作用。细节酿成大祸的类似案例，各个领域都不罕见，值得高度警惕。

从理论研究方法看，重要的是如何沟通部分与整体，部分与整体如何相互过渡。突变论的创立者托姆认为，"交替地使用"从局部走向整体和从整体走向局部这两种方法，"我们就有希望对复杂的整体情况作出动态的综合分析"。系统科学的研究方法立足于对局整关系的辩证理解之上，本书各章将从不同侧面说明这一点。

第 2 讲

系统的结构

欲了解组分之间如何互动，部分与整体如何相互沟通，或组分与系统如何相互过渡，必须掌握结构概念，其间的关系可简单图示如下：

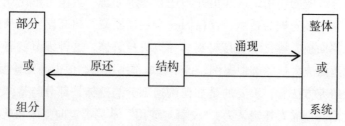

图 2-1 部分（组分）与整体（系统）的关系

2.1 什么是结构

系统科学讲的组分（要素）和结构是两个紧密联系而又不同的概念，组分仅指系统的基本的或主要的组成部分（硬要素）或构成要素（软要素），不涉及它们之间的关系，结构才涉及而且只涉及组分之间的关系。就字面看，系统的结构指的是组分或要素相互结合而形成的架构，关注的是结合方式及其形成的整个框架或构形。更准确地讲，系统科学把结构定义为组分或要素之间关联方式的总和。讲"总和"是理论完备性的需要，组分之间客观存在的关联互动方式都属于结构，原则上都必须考虑，切忌把部分关联互动当成全部关联互动。但实际应用中不可能也不必要找出所有可能的关联互动方式，这时的结构指的是那些本质的、主要的关联方式，而组分之间大量次要的关联一般被忽略不计。

如此界定的结构和组分是两个相互联系而又不同的概念，即系统概念之下的两个平等的亚概念。不可把结构分析归结为组分分析或要素分析，也不宜把组分分析或要素分析归结为结构分析。在系统科学中，既应避免把要素和结构混为一谈，又不能把二者截然分开。结构不能脱离组分而单独存在，结构须以组分为载体才能表现出来，而组分一旦离开结构就不再是组分。不了解结构无法确定组分，不了解组分也无从谈论结构；没有组分，结构将成为空中楼阁；没有结构，组分也就不成其为组分，而成为独立存在的系统或非系统。

有些著作把要素划分包含在结构中，把结构定义为系统的要素以及要素之间关联方式的总和，容易引起混淆。把要素作为结构的亚概念，就等于把结构和系统等同起来，这是结构主义的结构定义。皮亚杰说过："结构的概念是和没有依存关系的聚合体相区别的。"组分之间没有依存关系的聚合体就是非系统，有依存关系的聚合体则是系统。可见，皮亚杰讲的结构就是系统科学讲的系统。系统科学应拒绝这种定义，把系统作为根本概念，组分和结构是它的两个同等的次级概念。

"结构是由系统元素间相对稳定的关联所形成的整体构架。"这样定义有助于理解结构的丰富内涵，但也有值得商榷之处。构架是越来越流行而尚无统一理解的用语，有些文献讲的构架就是结构；用含义不甚明确的概念来定义另一概念，逻辑上不合理。系统的结构也有局部和整体的区分，常讲局部结构的形成（破坏）与整体结构的形成（破坏），故不宜用整体来限定结构。强调组分关联的稳定性颇有意义，系统结构主要指这类关联方式；但有时元素之间不稳定的关联对系统行为有重大影响，不宜把它们一概排除于结构的内涵之外。

一个系统的结构常常包含多方面的内涵，需要从多个视角去考察。公司作为系统，其结构首先指职能部门的设置，如业务部门、财会部门、人事部门等，它们之间的分工合作关系是公司系统的基本关系。公司还有老板与雇员之间的劳资关系，经理与职员之间的管理与被管理关系，管理层内部有主管与助手之间的关系，不同分公司之间有分工合作和相互制约的关系，不同人员、不同部门之间有协作和竞争关系，等等。所有这些关系都属于公司作为系统的结构。此外，公司特有的经营理念、行为守则、企业文化等因素把不同部门、不同成员联系和整合为一体，也属于系统结构的重要内容。国家作为系统，其结构要复杂得多，需要从更多的视角（民族、阶级、阶层、行政、地域、文化等等视角）来考察，即民族结构、阶级结构、行政结构等等，读者不妨一试。

考察系统结构时应注意区别生成关系与非生成关系。学校作为系统，师生关系、同学关系、教师之间的同事关系、校方与师生之间的领导与被领导关系等是生成关系，同学之间的同乡关系、恋爱关系，老师之间的夫妻关系，是非生成关系。生物机体作为系统的生成关系，是细胞之间、器官之间的生物学联系和作用，物理学意义上的联系和作用属于非生成关系。具有决定意义的是生成关系，但某些系统的非生成关系有时也可能产生不可忽视的影响，因而也是系统结构分析应当关注的内容。大型社会组织中常有非组织团体，是由该社会组织的非生成关系连接而成的，搞好组织管理不能不研究它们，故组织理论把非组织团体作为重要研究内容。

要素之间的关联本质上都是双向的，相互联系、相互作用、相互制约，互动互应，一个要素有变化或有行动，迟早会引起其他要素的回应性变化或行动。结构就是要素之间互动互应方式的总和。有些系统中，组分的相互作用明显不对称，一个方向的作用强，另一个方向的作用弱，为简化描述，可以忽略弱的作用方向，作为单向联系来考察。

2.2　结构的几种类型

系统的结构既千差万别，又呈现某种同型性，可以区分不同的结构类型，又难以给出一个完备的分类。本节对三种重要结构类型略加说明。

（1）空间结构与时间结构。现实的系统及其组分都存续运行于一定的空间和时间中，组分之间的关联只能通过空间形式或时间形式表现出来，因而就有了空间结构和时间结构的概念。不同组分在物理空间中的位置关系，如上下、左右、前后、里外的配置，或者说组分在空间中的分布方式，以及由此而形成的相互支持、相互制约等关系，属于系统的空间结构。四合院、窑洞、平房、板楼、塔楼，代表中国民居系统的几种不同空间结构。火车站在神州大地上的分布，反映中国铁路系统的空间结构。系统作为过程在时间维中的展开，必有不同动作、时期、阶段、分过程的划分，不同动作、时期、阶段、分过程如何关联、衔接、过渡的方式，形成系统的时间结构。60年前，毛泽东把中华民族的抗日战争划分为三大阶段，详细描述了三个阶段之间的衔接和过渡，预测可能出现的曲折，就是对抗日战争这个系统的时间结构的科学分析。还有时空混合结构，如树的年轮。除了这种实在的物理空间，系统科学常常在抽象空间中考察系统，把非空间的问题转化为空间问题来研究，这样的系统也有空间结构，即相空间结构，可用几何方法来研究。

（2）框架结构与运行结构。组分之间固定的连接方式，称为系统的框架结构。系统在其工作运行中显示出来的组分互动方式，称为运行结构。汽车作为系统，车身、发动机、方向盘以及其他附件这些组分之间的相对位置、连接固定方式、空间布局等是框架结构，汽车开动行驶过程中各组分之间的互动协调方式是运行结构。公司各部门的职能分工、上下级关系、并列关系等是框架结构，在业务活动中呈现出来的关联互动方式是运行结构。以文字为元素组成的系统也有这两种结构，章、节、段落的设置是框架结构，能够直接把握到；运行结构（作者创作的心路历程、精细安排等）则是在作者创作过程中形成并发挥作用的，作品完成后大多被当作"脚手架"拆除了，但核心部分被蕴藏在框架结构的背后而得以保存，读者须用心阅读才能有所领略。曹雪芹在《红楼梦》中留下许多伏笔，"草蛇灰线，伏脉千里"，这些伏线是寻找这部伟大作品运行结构的路标，看不到它们就不能真正读懂《红楼梦》。陆机在《文论》中提出读书要"得其用心"的著名主张，就是告诫读者不要停留于作品的框架结构，还应深挖其运行结构，找出一部洋洋洒洒的作品是如何前后回环勾连的。当然，如果作品的草稿能够完整保存下来，就可能较为详细地了解作者的心路历程和精细安排，但它也只能在学问家的研究观察中才能呈现出来。

（3）硬结构与软结构。尽管组分之间的联系形形色色，但大体可以分为两种：一种是显在的，易于直接感触、描述和把握的，称为硬联系；一种是潜在的，难以直接感触、描述和把握，须要用心思去领悟方可发现，称为软联系。前者的总和是硬结构，后者的总和是软结构。凡系统原则上都有硬结构和软结构的划分，框架结构是硬结构，运行结构中就包含一定的软结构。电脑硬件的连接方式是它的硬结构，软件即程序的连接方式是它的软结构。简单的机械系统一般无须考虑软结构，有机系统一般都须考虑软结构，人文系统尤其要考虑软结构。在社会系统中，职务关系、行政关系、财政关系等属于硬结构，思想、感情、文化方面的联系属于软结构。群体行为的组织管理应特别重视软结构，对集体的认同感，上下级之间相互的信任感，同事之间的亲近感，行动中的默契，等等，都属于软结构。硬结构是显在的，容易引起注意，软结构是潜在的，容易受到忽视；硬结构的问题一般易于解决，软结构的问题常常难以解决。管理一个系统的成败优劣往往取决于它的软结构。

2.3 分系统

当系统的组分数量足够多，而且难以甚至无法按照同一方式进行整合和管理时，就必须对它们分片或分组或分段进行整合和管理。考察这种系统的结构需要分系统概念，中国学界更多的称为子系统。但在汉字系统中，子字主要是用来区分人的辈分的，有母子、父子之说，不可用之于系统科学，因为这里要区分的是整体与部分，而非长辈与晚辈。欧洲各国早已存在，欧盟诞生不过几十年。法国是欧盟的分系统，而非子系统；否则先有子，后有母，相差数百年，荒唐！

如果系统 S 的某个部分 S_i 本身又是一个小的系统，就称 S 为整系统，S_i 为分系统。一个新兵连的一百多战士要分为几个排来管理，一个排的几十号弟兄要分为几个班来管理，排是连的分系统，班是排的分系统，也是连的分系统。飞机系统要分机身、动力装置、驾驶仪等分系统来设计、制造和安装，飞船仅船身就有轨道舱、工作舱、回收舱等分系统。一本书要分章节来写作和阅读，章节就是分系统（节又是章的分系统）。文章家讲"花开两朵，各表一枝"，意在告诉读者有两个并列的内容（分系统）须分别叙述。章回小说的套语"且听下回分解"，意在告诉读者已经到了两个前后衔接的分系统的衔接处。所谓"铁路警察，各管一段"，说的是铁路管理中的分系统划分。

分系统具有如下基本特征：

1. 系统性。分系统不是一般的部分，也不仅仅是整系统的组分，它本身一定也是系统，具有系统的基本特征，必须作为系统来认识。把分系统仅仅当成组分看待，轻视、忽视它特有的系统性，不把它当系统对待，便不能正确认识和处理结构问题。有些系统科学著作对分系统和元素不加区分，称系统的最小组分为分系统，容易引起混乱。

2. 隶属性。分系统是整系统的一个真部分，整系统中至少还有不同于它的另一个分系统，一般情形是同时存在多个分系统。分系统毕竟不同于整系统，如果分系统忘记了自己只是一个局部，闹独立性，是要出问题的。

3 地方性（局域性）。与整系统相比较，分系统的重要特点在于具有地方性，或称局域性。在同一系统中，不同的构成成分，不同的内部关联方式，不同的"邻居"，不同的空间占有，不同的历史积淀，等等，造成不同分系统具有不同的地方性。不同分系统可以按照不同的地方性来分辨。不了解这种地方性，就不能全面准确地认识分系统。

对于大多数系统而言，了解它的结构必须确定它有哪些分系统。首先是分系统的划分，有两个基本原则。一是完备性，所有组分都有明确的分系统归属：

$$S = S_1 \cup S_2 \cup \cdots \cup S_n \qquad (2-1)$$

S_1，S_2，$\cdots$，S_n 为 S 的分系统。二是独立性，两个不同分系统 S_i 和 S_j 原则上不能有相同的组分（交集为空集 ϕ）：

$$S_i \cap S_j = \phi, \ i \neq j \qquad (2-2)$$

较为复杂的系统，特别是人文社会领域，同一系统需要从不同角度划分分系统，如学校系统可以按照行政关系划分分系统，或按照党团组织划分分系统，或者按照学科性质划分分系统。对于这类系统，切记不要把按照不同标准划分出来的分系统并列起来，混为一谈。上海市与山西省是并列的系统，上海市、工人阶级、满族不是并列的分系统。

欲了解系统结构，更重要的是明确不同分系统之间的关联互动方式。一种意见认为，不同分系统之间是平等的兄弟关系，不允许有支配和被支配之类不平等、不对称关系。基于这种理解，有人强调社会系统的经济、政治、文化分系统应是平等的兄弟关系，认为马克思讲经济基础决定上层建筑违背了系统原理。此乃严重的误解。系统中按照特有标准划分出来的不同分系统，在逻辑上是平等的；至于它们在整系统中的地位和作用，一般并不平等，彼此有主次、轻重的差别是常见的，有支配与服从关系也是可能的。生产力决定生产关系，经济基础决定上层建筑，这在一般情形下是成立的，但不可绝对化，它们的相互关系具有动态性、非线性和不确定性，切忌简单化。即使军队编制，并列的分系统之间也有差别，同一个团的几个营中总有一个是排头兵，同一个营的几个连总有一个是排头兵，如此等等。

2.4　层　次

与分系统相比，对于了解系统结构，层次是一个更为重要的概念，层次关系是局整关系的重要内容。层次是一个难以准确定义的概念，从贝塔朗菲起就把层次理论作为系统科学的基本内容之一，但直到现在深刻而系统的层次理论仍然没有建立起来。

只要是系统，就至少有两个层次，即组分层次和整体层次，整体属于高层次，局部属于低层次。只有两个层次的系统，对组分进行整合可以直接产生系统的整体涌现性，无须先形成分系统，也就不会有中间层次，因而通常不称其为层次结构系统。以你、我、爱三个字为元素，按照主、谓、宾结构加以整合，立即构成一个完整的语句系统"我爱你"，没有分系统，也没有中间层次。斧头装上把柄，就是一件完整的工具系统，没有分系统，也没有中间层次。这类系统太平庸，无须作为科学对象来研究。

至少包含三个层次的系统，即存在介于组分和系统整体之间的层次，才称为层次结构系统。大学作为系统，可以看成由学生个人、班、年级、系、院、学校6个层次构成的多层次系统。国家行政机构是由职员（干部）、科、处、局、司、部直至国务院等层次构成的系统。文章作为系统，也有层次结构，中学语文课的必要内容之一是分析文章的层次结构，层次分明者为好作品，层次不清则受人责难。世界上古往今来有数不清的文章佳构，最短的大概是文怀沙的《文子三十三字箴言》，由正文和注文两个分系统构成，正文三个字"正清和"是一个系统，三个字就是三个并列的分系统；注文共30字，即"孔子尚正气，老子尚清气，释迦尚和气。东方大道其在贯通并弘扬斯三气也"。它由两个层次构成，而前一句包含三个并列分句，又分两个层次。可见，文章短小如斯者，仍然是一个多层次结构的符号—观念系统，更何况洋洋巨著如《资本论》和《红楼梦》呢!

现实存在的系统几乎都具有层次结构，或者说，具有层次结构是系统的常态。请读者朋友自己考察物质世界的层次结构、生命世界的层次结构、社会系统的层次结构等。任何学科和理论体系都是具有层次结构的概念体系，你所攻读的专业也有自己的理论体系，必定是一种多层次结构系统，你对它是否了如指掌? 不妨对它做一番梳理，因为是否掌握了该学科的衡量标准之一，就是你是否厘清了其基本概念的层次结构。

中国传统文化具有极为丰富的层次结构思想。儒家依据个人、家庭、国家、天下的层次划分，倡导修身、齐家、治国、平天下这种层次结构的社会伦理观，只要剔除其维护封建秩序的历史内容，赋以现代历史的意义，它仍然是普遍适用的。今天的所谓平天下，就是引导、推动和帮助所有国家都抛弃（国家的或宗教的）霸权主义，实现国际民主，构建和谐世界。社会主义中国的大学生应当有此壮志和魄力，以治国、平天下为己任来安排自己的未来。要做到这一点，你就得修炼好系统思维，从修身、齐家这些低层次做起，进而升华到高层次，献身于自己国家的发展，实现天下和谐太平的理想。

层次划分与分系统划分密切相关。只要有分系统划分，就有中间层次的划分；只要存在中间层次，就有分系统划分。除了平庸的2层次系统，一般情形下，或者由于组分过多，或者由于组分差异过大，或者两者兼而有之，对组分的整合变得复杂了，不可能按照一种方式、经过一次整合就完事大吉，必须从最基层做起，经过多次整合，由较低层次逐层整合出较高层次的分系统，最终整合到系统的整体层次。设系统共有 k 个层次，最小的组分即元素是第 k 层。第一步是把元素分别整合为若干最小的分系统，这些分系统的全体构成略高于元素层次的另一个层次，即第 k − 1 层。再对 k − 1 层分系统进行整合，形成若干 k − 2 层分系统。如此逐层整合，一直到对所有第 1 层的分系统进行整合，最终形成整系统的整体层次。

可以从另一角度理解系统的层次结构。如果认识行程的起点是系统整体，需要由高向低逐层了解系统的组分，这就是还原论方法。一个 k 层系统，首先从整体层次分解还原到它的一级分系统，接着把各个一级分系统分解还原为二级分系统，逐层分解还原，一直到最小组分即元素层次为止。这里应当遵循一个重要原则，即钱学森所说的"还原到适可为止"。一个社会系统逐层还原，到个人就应该适可而止，因为个人是社会系统的最小组分。这并非说人类个体不能再进一步还原分解，而是没有必要。既然是社会系统，我们关心的结构就只是人与人之间的社会关系，而非人体作为系统的组分细胞之间的生理关系或生物学关系，更不用说人体作为物质系统跟他物之间的万有引力关系。社会系统的结构是该系统所包含的全部社会关系的总和，无须考察不同个人之间的万有引力所产生的物理关系。所以，把结构定义为组分之间关联方式的总和，并不意味着社会系统的结构还包括个人之间的万有引力作用。类似的，文章作为系统，只需还原分析到文字层次，不须考虑文字的笔画。文字作为系统，需要而且只需还原到笔画层次，尽管笔画又是几何点组成的系统，但文字学研究无须把笔画还原到几何点。

有必要提醒读者注意，对于多层次结构系统的分系统，必须问它属于哪个层次，不要把不同层次的分系统并列起来。不可对广东省和苏州市进行比较，也不可对一本书的某一章和某一节甚至某一段进行比较。这似乎是不言自明的常识，但实际上在许多著名学人的作品中常常出现混淆层次的错误。同一系统的不同层次之间是上下、高低、嵌套与被嵌套的关系，同一层次的不同分系统之间则是逻辑的并列关系，不能区分这一点也是常见的混乱。

元素的尺度一般都小于系统整体的尺度，其间的差别随系统规模的增大而增大。但即使具有层次结构的大系统，也谈不上宏观层次与微观层次的划分。然而，只要规模增加到巨系统，即使是没有中间层次的简单系统，也必定形成宏观和微观的层次差别，元素属于微观层次，系统整体属于宏观层次，描述这样的系统需要一种特殊的方法。

层次结构观点有助于更深刻地理解涌现性。凡高层次具有而低层次不具有的特性，即在高层次上观测到的属性，一旦还原到低层次就不复存在，这样的属性就是涌现特性。在最简单的二层次系统中，对元素的整合直接产生整体层次的涌现性。在只有两个层次的巨型系统中，微观元素的整合产生出只有巨系统才可能具有的宏观涌现特性，这也是一种规模效应。如气体系统的分子无温度、压强可言，温度和压强是气体系统在整体层次上涌现出来的宏观特性。多层次系统的每个层次都会涌现出下一层次没有的新特性，只要出现新的层次，就一定有新的涌现特性；或者说，只要有新的涌现性，就会有新的层次出现。

物质系统还需要考虑中观层次，中观层次会出现某些微观和宏观都不具有的特性，纳米效应就是在所谓介观层次（10^{-9}米）上才有的物理特性。"做表面文章"历来属批评性用语，在宏观层次上研究问题必须反对做表面文章，但在中观层次上研究问题做的就是表面文章，因为这里的基本问题正是物质系统的表面效应。多层次系统的涌现是由低到高逐级进行的，直到对一级分系统的整合才能形成系统整体的涌现性。

2.5　几种典型结构的形式化描述

受自然科学的影响，系统科学界也追求给系统以形式化描述。就结构而言，目前学界常讲的有以下几类典型结构：

（1）链式结构。哲学讲因果链，生态系统有食物链，经济系统有产业链，商家讲供应链，质量管理讲质量链，等等，都是链式结构的系统。

（2）环形结构。链式结构的系统如果首尾相接，就形成环形结构的系统。哲学讲的因果环，佛教讲的生死轮回，气动力学讲的大气环流，城市交通的环形线，文学中的回环诗，等等，都是环形结构的系统。

（3）嵌套结构。多层次结构的系统有可能采取内外嵌套的形式，称为嵌套结构。嵌套结构又有两种形式。许多2维系统具有圈层结构，有内外不同层次的划分，外层包围内层，形成层层嵌套的结构关系。城市系统一般都具有圈层结构，老北京城有一环、二环、三环的嵌套结构，新北京正在向七环、八环扩展，从飞机上俯瞰，那壮观而漂亮的圈层嵌套结构令你心旷神怡。各种社会组织往往有核心与外围的划分，核心和外围也可能又有层次划分，存在核心的核心，也有外围的外围。学术界的学派，艺术界的流派，也呈现类似的圈层结构。同一大学的教授可以从其住房和科研基金分配上看出以少数精英为核心、众多非精英为外围的层次划分，一切官方组织的活动都极力凸现这种区别，用行政手段指定核心，划定外围，往往滋生腐败。组织理论关注的非正式组织也是一种圈层结构，由个别头面人物、少数核心骨干和众多随从组成。许多3维系统具有壳层结构，多个层次一层嵌套一层，外层包围、封闭内层。鸡蛋有蛋壳、蛋清和蛋黄的嵌套结构，地球有地壳、地幔、地心的嵌套结构，大气有对流层、平流层、中间层、电离层和外逸层的嵌套结构，葱头、套箱也具有壳层嵌套结构。

（4）塔式结构。在多层次结构的系统中，不同层次的连接方式多种多样。一种方式是在物理空间划分高低不同的层次，下层承载上层，层层叠置。如埃及的金字塔和中国的佛塔，最低层是塔基，经过若干中间层次，到最高层的塔尖。许多系统在抽象的性态空间中呈现塔式结构，如人才系统和权力系统，分系统的规模随层次提升而缩小。作为多层次结构的两种特殊形式，嵌套结构和塔式结构也有共同特点，即不同层次同时也是不同分系统，如地壳、地幔、地心同时也是地球系统的三个分系统。

（5）树状结构。在复杂系统中，分系统划分和层次划分总是同时存在，相互结合，相互影响。这是系统结构复杂化的重要成因。其中一种最简单的结合方式是所谓树结构，可以用数学图论中称为树的形式化系统来表示其结构特征。树作为系统由根、枝、叶三大层次的分系统组成，而树枝一般又分多个层次。系统由树根分叉出两个以上的一级亚树，一级亚树再分叉为二级亚树，一直到末级亚树树梢分叉出树叶。同一棵树的不同一级亚树（分系统）往往有不同的层次，而不同分系统之间界限分明，没有交叉、粘连，没有闭合环路。大量多层次结构的系统都具有树结构。

树状结构在系统分析中有广泛应用，如家族树、决策树、语言树等。科学和学术研究中的学派发展具有树结构，创始人为树根，后继者常常划分为不同流派，代表大树的不同树枝。佛教传入中国一直到五祖弘忍以后，分化为北宗（神秀）和南宗（惠能，六祖）两个流派，以后又进一步分化出更多的流派，就是一种树结构。

下图2-2是前述《文子箴言》的树结构示意图。

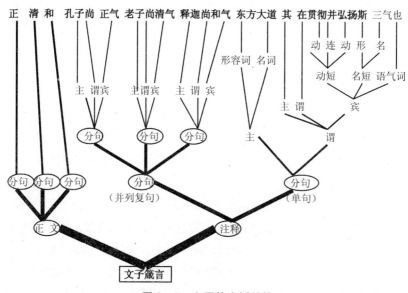

图2-2 文子箴言树结构

（6）网络结构。树结构的基本特征是，在离开分叉点（亚树树根）之后，不同亚树之间没有粘连交叉，图中没有闭合的圈结构，比较简单。分支结构和层次结构相结合的另一种较为复杂的方式是网络，其特点之一是不同分系统之间、不同层次之间的界限不再截然分明，形成各种各样的闭合环路。公路网、铁路网、互联网都是具有网络结构的系统，个人的社会关系、公司的业务关系等也是网络结构的系统。系统科学诞生时期就已注意到这种结构模式，形成早期的网络图理论。网络结构在系统科学中具有重大意义，后面还有专门的章节要讨论。

2.6　结构效应与整体涌现性

组分是产生系统整体涌现性的实在基础，但组分齐备只是形成整体涌现性的必要前提，仅仅把组分汇集起来不会产生整体涌现性。现实的整体涌现性是通过诸多组分相互关联、相互作用、相互制约、相互激发而产生出来的，相互关联、相互作用、相互制约、相互激发的方式就是系统的结构。同样的组分，按照不同结构方式相互激发的结果，产生不同的整体涌现性。简言之，对于整体涌现性的形成，组分是基础，结构是主导。如同盖房子，利用同样的建筑材料，不同的设计和施工可以得到迥然不同的建筑物。化学讲的同分异构体化合物更是典型代表。同样的粮食，既可以"炊而为饭"，也可以"酿而为酒"，"饭不变米形，酒形质尽变"（清·吴乔），原因概在于不同的加工制做方法造成食品的结构不同，涌现出不同的味道这种整体特性。一群农村青年，按照军队组织进行整合、培训、管理，形成的是一个能够保家卫国的军事系统；按照建筑施工的需要进行整合、培训、管理，形成的是一支工程施工系统。中医药体现出"君臣佐使"配伍原则，是为了一服药获得整体涌现性的疗效。这类事例，不胜枚举。这就是系统的结构效应，对于整体涌现性的形成具有至关重要的作用。

上面说的是物质实体系统，用符号表达的观念形态系统也类同。厘清作品的结构对于掌握作品主题思想至关重要。以《红楼梦》为例，曹雪芹是百年难遇的大才，小说的底事又跟他亲身经历密切相关，为什么还要"批阅十载，增删五次"呢？一个原因是他对作品的结构下了任何其他小说都无法比拟的功夫，极端的精心设计，极端的精心组织，像读一般书那样读《红楼梦》是读不懂的；

只有下功夫弄清它那复杂的非线性的结构手法，才有望读懂它。曹雪芹自己深知这一点，所以，他发出"谁解其中味"的浩叹。本书作者就没有真正读懂《红楼梦》，留下许多疑问，觉得它前后矛盾、思路有间断、有近似重复等毛病。后来拜读周汝昌先生的部分著作才恍然大悟，曹雪芹的写作手法很符合非线性动态系统理论，按照线性思维去读，无法理解雪芹着意安排的非线性动态结构，看不到高鹗续本对其主题思想的严重曲解。

结构效应的一个重要方面，是层次效应。作为描述系统结构的概念，层次反映的是系统通过整合、组织而产生系统整体涌现性所经过的台阶。在多层次结构系统中，从元素质到系统质的飞跃不是一次完成的，而是通过中间层次由低到高逐步实现的，一个台阶代表一次部分质变。层次系列是整体涌现性形成的过渡系列：从元素层次说起，每上升一个层次，就有新的特性涌现出来，一直到形成宏观整体的涌现特性。所以，从层次结构的观点看，如果高层次具有的特性一旦还原（分解）到低层次就不复存在，那便是系统的整体涌现性。一定的整体性只能在一定的层次上涌现出来，生命只能在生物大分子层次上进行整合而涌现，社会性只能在人类个体层次上进行整合而涌现出来，思想意识只能在脑神经细胞的基础上进行整合而涌现出来，等等。

第3讲

系统的环境

组分与结构是系统的内部规定性，系统与环境的关联互动方式是系统的外部规定性。同时，了解内部规定性和外部规定性，才能完整地认识系统。

3.1 什么是环境

系统之外一切同系统有关联的事物的总和，称为系统的外部环境，简称环境。这里强调"一切"与"总和"，同样是出于理论完备性的考虑。系统之外的所有事物构成一个集合，但外部环境中的不同事物与系统的联系在性质上和密切程度上差别很大，对于每个具体系统来说，外部事物都是无穷无尽的，不可能也没必要考虑一切事物，应尽量忽略外部环境中那些无关紧要的事物，只考虑对系统有不可忽略的影响的那些对象。这也是科学描述的简化原则使然。因此，实际考虑的环境乃是系统之外同系统有不可忽略的相互关联的那些事物的总和，如图3-1所示，u 为环境对系统的输入，y 为系统对环境的输出。

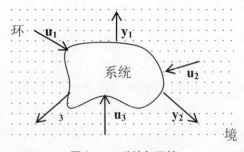

图 3-1 系统与环境

中文的环境一词由环和境两个字组合而成。"环"有环绕、环抱、围绕的含义，环境环绕在系统的周围，系统被环境包围着。"境"有疆界、境地、境遇的含义，境地的原意指系统周围的地方和空间，或各种地理的、物理的因素，即地理环境或物理环境；境遇指存在于系统周围的各种情况、事件和条件，包括那些带有机遇性（不确定性）的情况和条件，即非地理、非物理的外在因素，以及那些可遇而不可求的因素。顾名思义，环境就是环绕在系统周围的境地和境遇。系统和环境的关系也是嵌套关系，系统总是嵌套在环境之中，环境总是嵌套在系统周围，形成层次嵌套的关系。下面分别讨论环境的几个重要特性：

1. 环境的客观性。哲学地说，一切存在于系统外部的事物都同系统有某种联系，因而都属于系统的环境。无论从怎样的角度看，系统之外还有其他事物或系统存在，系统总是整体地处于环境的包围环绕之中，不存在"裸露"于环境之外的部分、方面、因素。所以，凡系统都有环境，再大的系统也大不过它的环境。这从一个方面反映了系统的有限性，不可能摆脱环境的包围限制。有系统，就有它的环境，环境是有别于系统的客观存在。有一种意见认为，宇宙没有环境，因为它就是一切事物的总和，或全体。但这只是一种科学假设，尚未被确证。也有科学家认为，人们现在能够谈论的只是我们的宇宙，在它之外还有别的宇宙，它们的总和构成了我们的宇宙作为系统的环境。即便前一种假设正确，也只需做一点小小修正：除了宇宙整体，一切系统都有环境；宇宙是唯一一个没有外在环境的特殊系统。按照古人的说法：至大无外。宇宙就是所有系统中的至大者，由一切系统构成的系统。

2. 环境的系统性。系统的环境也是系统，它的系统性表现在两个方面。其一，环境中包含大量其他系统，跟环境互动首先是跟这些系统互动。公司要跟竞争对手、供货商、市场互动，它们都是系统。一个国家要跟其他国家和国际组织互动，它们都是系统。其二，任一系统的环境中原则上都包含无穷多的事物，依据普遍联系原则，这些事物之间存在普遍联系，包括以该系统为中介而相互之间发生了一定的联系，因而也是一种同时具有多元性和关联性的总体，即系统。系统科学一般都要求把环境看成系统，称为环境大系统。把环境作为系统来认识和对待，乃是系统思维固有的含义。毛泽东把"对周围环境作系统的周密的调查研究"作为马克思列宁主义理论和方法的基本内容，猛烈批评"对周围环境不作系统的周密的调查研究"的主观主义态度，完全符合系统科学原理。承认环境是系统，才需要也能够对它进行系统的调查研究。

3. 环境的非系统性。相对于系统内部组分之间的密切联系，环境中不同事物的相互联系往往显著地松散，大量的联系允许忽略不计。相对于你所研究的对象系统，环境中总有一些事物允许也应当被当成非系统，同对象系统相比，环境大系统在总体上有明显的杂乱无序性。所以，环境是系统性与非系统性的统一。我们用总和来定义环境，用意也在于指明环境具有某种加和性，即非系统性。对于系统的生存发展来说，环境的系统性和非系统性都既有有利的一面，也有不利的一面，问题在于系统如何对待和利用它。

4. 环境的相对性。环境的相对性表现在两方面：其一是系统与其环境中的其他系统或事物互为环境，北大和人大互为环境，工业和农业互为环境，中国和俄罗斯互为环境。其二是系统与环境划分的相对性，系统总是从环境中相对地划分出来的，因要解决的问题不同而有不同的划分，形成不同的对象系统，相应地就有各自不同的环境。在这种意义上，每个具体对象系统的环境也是有限的，不可把环境看得漫无边际，并非环境包含的事物越多越好。在这里，同样要坚持具体问题具体分析的原则。

5. 环境的层次性。环境既然有系统性，研究它就用得着组分、结构、分系统、层次等概念。系统与环境是一种层次嵌套的关系，环境本身又有层次划分，即近环境与远环境的差别。最切近系统的是其小生境，或者称生态位。个人、单位都有自己的小生境，每一种生物在自然界中都有其生态位。个人的社会关系因远近亲疏的不同而形成不同的环境层次。以城市居民为例，家庭是最近的层次，接着是社区、城区、郊区等层次。国家作为系统，周边邻国是最近的环境层次，邻国的邻国构成另一层次，最远的国家构成最外的层次。

环境的某些更精微更深刻的属性，将在后面的章节中讨论。

系统科学关注的另一个问题是环境的分类。环境是广泛使用的概念，人们日常生活和工作中早已给出各种各样的环境分类，如自然环境与社会环境，天然环境与人工环境，经济环境、政治环境与文化环境、国内环境与国际环境等，以及周边环境、生态环境、学术环境、历史环境、心理环境等。这些都属于非系统科学的环境分类，但在系统科学的著述中广泛出现，谈论系统科学的应用问题尤其离不开这些概念。我们更感兴趣的是系统科学的环境分类，如内环境与外环境、大环境与小环境、简单环境与复杂环境、硬环境与软环境、顺境与逆境等。本书后面将在适当之处对这些概念加以阐释。

3.2 环境效应与系统的整体涌现性

系统的整体涌现性不仅取决于内在的组分和结构，而且取决于外在的环境。首先，系统的形成、保持和演化发展需要从环境中获取资源和条件。这里又有两个方面：其一是系统组分的形成、维持、成长和发挥作用。从系统生成过程看，系统要从环境中选择或招聘"毛坯"式的成员，再给以必要的加工改造，或培训教育，甚至是创造，组分才能确立起来。体育运动队队员的确定方式是很好的例证。在一般情形下，环境中不仅没有拿来即可使用的现成组分，也不存在与之接近的"毛坯"可供选择和培训，系统只能从环境中取得原材料，再加以变革、改造、组合、创新，即创造性转换，方能形成系统的组分。无论是改造制作，还是培养教育，都离不开环境提供的原材料。如把金属材料加工成飞机零部件，把社会青年训练成一支能打赢信息战的军队，把感性信息加工提炼成概念和命题，等等。文章作为系统，广泛收集素材，反复比较、分析、选择和组合，引经据典，吸收借鉴他人成果，或听取批评意见，才能最终确定所用词汇、段落、章节、观点、思想等组分。许多系统不断调整组分，有进有出，有些系统须通过跟别的系统竞争才能获得自己需要的组分，美国 NBA 选秀即典型事例。从系统生存、运行或工作过程看，必须不断给组分提供物质、能量和信息，不能既要马儿跑，又要马儿不吃草，而这种物质、能量和信息归根结底要从环境中获取。任何系统自身的资源都很有限，大量资源须从环境中获取，尤其是那些自身稀缺或没有的资源。

其二是对组分进行整合，即建立系统的结构。就词义讲，结即结合、结伴、结交，构即构型、构造，组分之间通过结合、结交、结伴，甚或结怨而形成的构型、模式、框架，就是系统的结构。组分之间如何结合，如何联系，如何互动互应，一种构型是否有效，并非系统关起门来自己能够独立决定的，而必须以环境为参照系，以尽可能适应环境和有效利用环境为准则。就是说，结构模式或框架的确立离不开它的环境，结构是在系统跟环境的互动中建立的。前述系统对于从环境中获取的素材进行改造制作以形成组分，同时，也是建立组分之间特定的互动互应方式，以确保系统能够从环境中获得必要的资源和条件。如何管理中国女排，队员之间在赛场上如何协调配合，赋予这个集体以怎样的特性和能耐，都要以国际女排界的现状和发展趋势为背景，以战胜诸强、获得世界冠军为目标而设计和实施。所以说，中国女排在很大程度上是国际排坛这个大环境塑造出来的。一切系统原则上都如此。

环境对系统的塑造不仅在于提供资源和条件，而且还在于施加约束和限制。约束和限制固然有不利于系统生成、发展的消极一面，但也有有利于系统生成、发展的建设性作用。系统要从无限的环境中分立出来，成为一个确定的对象，并能够维持自身，就不能没有必要的限制和约束，约束对系统的塑造作用是提供资源所无法替代的。校规校纪对于学生是一种约束和限制，限制了他们的某些自由，但对每个学生的健康成长却是必不可少的。这一点，大学生读者必定深有体会。理论上说，每个系统特殊的组分和特殊的结构，不仅跟环境提供的特殊资源和条件有关，也跟环境施加的特殊限制和约束有关。富家子弟多纨绔，穷人的孩子早当家，其间的差别来自家庭环境提供的资源和施加的约束不同。有限制和约束才有特性，不同的限制和约束造就不同个性的系统，没有任何限制的系统无法同外部环境区分开来，无法确立自己的特性。青藏高原特殊的环境条件给铁路建设者施加了特别严酷的限制，逼出了特有的技术创新，也就使青藏铁路获得了特殊的价值和声誉。自己的幸福不能以损害他人幸福为条件，己所不欲，勿施于人，没有这样的约束，就没有和谐的社会。这里存在一条系统原理：用古人的话说，就是"没有规矩，不成方圆"；用科学语言讲，就是"没有限制，不成系统"。所谓"有所不为，才能有所为"，说的也是有所限制的必要性。

不同系统相互竞争也是相互塑造，竞争的压力就是塑造力。凡互为竞争对手者，也互相提供了生存条件，一方的生存方式、特点和能耐是在跟对立方的较量中形成的。任何互为对手者都在互相塑造。辩论会的双方依据对方的论点和论据发言反驳，就是在相互塑造。学术争论更是如此，自己的思想观点往往是被对方激发出来的。

环境中往往还存在系统的敌对势力，极力压迫或破坏系统，它们对系统具有特殊而重要的塑造作用。毛泽东常常称之为反面教员，要求人们重视反面教员的作用，道出一条重要的系统原理。敌对双方互为存在的前提，一方灭亡了，另一方也无法按照原样生存。动物界的捕食者与被捕食者的关系就极具说服力。这种现象在社会领域更普遍。在中国历史上，伟大的爱国者是在跟强大的外部入侵者及狡黠狠毒的卖国贼的斗争中成长起来的，屈原与苏武，谢玄与岳飞，文天祥与戚继光，他们的不同特点、成就和命运在很大程度上是由他们面对的入侵者和卖国贼塑造的。

总之，无论环境对系统提供的资源和条件，还是施加的限制或压迫，都会产生环境效应，对于系统整体涌现性的形成不可或缺。明白这个道理，个人及社会群体就应当重视环境效应，自觉地利用环境塑造自己。即使来自环境、无法摆脱的巨大压迫和破坏，只要有清醒的认识，并采取适当对策，都可以转化为塑造自身的有利作用。今日美国不断把中国妖魔化，极力围堵、施压，这在客观上也是对中国的塑造作用，只要我们坚定不移地走选定的道路，又坚持有理、有利、有节的交往原则，避免采取极右或极"左"的政策，即可把这种破坏性外力转化为建设性作用，借以清除我们自身历史地积累下来的某些痼疾，以确保中国的和平崛起。

3.3　系统与环境的互动

塑造总是相互的，系统对其环境也有塑造作用。环境是由环境中的所有系统和非系统事物共同构成的，一个系统从存在到不存在，必定引起环境的变化；外来者进入环境，必定引起环境变化，进而引起系统的变化。苏联的解体导致两大阵营对立的迅速坍塌，显著地改变了中国的国际环境。一个四合院的拆除，必定改变了它所在城区的景观。在这个意义上说，存在就是塑造，系统的存在本身就是对其环境的塑造。绝大多数系统并非静止不动地存在于环境中，而是不断有所行动，有所变化；系统只要在行动，只要有变化，就会对环境产生影响，或多或少、忽快忽慢地引起环境的回应性变化。这是系统塑造环境的基本方式。数千年来，人类为生存发展所采取的一切行动，都在改变着地球这个环境，我们今天生存于其间的地球环境，跟人类刚刚诞生时的地球不可同日而语。改革开放、和平崛起是中国作为系统的重大行动，深刻地改变着国际社会的经济和政治版图，引起国际社会的强烈反响，就是中国这个巨系统对其环境的塑造作用。班级作为学生最切近的环境，是由全体学生共同塑造的，你在班上的一言一行都在塑造着这个环境。总之，系统与其环境相互塑造，共生共荣，这叫作系统与环境互塑共生原理。

由于环境的层次性，系统和环境的互动互塑也具有层次性，一般可以简化为三个层次来考虑。首先是系统跟环境中的其他系统的两两互动，如中国和日本、中国和美国的互动。其次是系统跟环境中的系统群体的互动，如中国跟东盟、WTO 等的互动。再次是系统和整个环境的互动，如中国跟整个世界、包括在一定程度上代表这个整体的联合国的互动。

系统对环境的塑造作用也有正负两个方面。正面塑造指系统行为对环境大系统的建设性作用，负面塑造指系统行为导致环境的破坏和污染。人类行为导致的水污染、空气污染、沙漠化、自然生态平衡破坏等，是人类对地球环境的负面塑造。人类也可以采取行动保护、优化、重建生态环境，属于正面塑造。人的行为对人文社会环境也有两方面的影响。少年犯罪现象的增加同某些影视作品过多描写暴力和色情行为不无关系，院士制度的漏洞加剧了学术腐败的滋生，等等，都属于人们从事文化建设、制度建设这种行为对人文社会环境的负面塑造。这表明，从文人学者到企业家，再到政治家，都应警惕自己的所作所为对社会可能造成的负面塑造作用。

既然环境从四面八方环绕和包围着系统，系统就必须向四面八方环视或环顾周围世界，即从各种可能视角全方位地认识环境。成语"眼观六路，耳听八方"凝结了中华先贤应对环境的智慧。相对系统而言，环境具有不可预料性，常常在你不留意处把某些突然变化呈现在你的面前，使你措手不及。系统思维要求人们充分认识环境的全方位性，切忌把注意力只放在环境的某些固定的局部或方面，使另一些方面成为灯下黑，犯片面性的错误。

3.4　系统的边界

凡系统都有内部与外部之分，内部问题和外部问题具有性质上的不同。混淆内部与外部，把内部事务当成外部事务处理，或者把外部事务当成内部事务处理，往往会犯大错误。个人的自由不容他人侵犯，国家的内政不容他国干涉，学术矛盾不可用行政手段解决，讲的都是区分系统内外的重要性。社会组织特别重视区分内外。上海合作组织成员国与观察员国不同，观察员国与非观察员国又不同。家庭、企业、政党、国家都强调内外有别，严重违纪违规者可能招致开除或判刑的处罚。所谓"朋友妻，不可欺"，"清官难断家务事"，也是对系统有内外之别、不可混淆内外的认可。用系统观点看问题，包括划分系统的内部与外部，做到内外有别。

把系统与它的外部环境划分开来的东西，称为系统的边界，即"境"字的义项"疆界"所指。环境是系统边界以外的存在，组分及其相互关系（结构）是边界以内的系统存在。边界一身二任，既把系统的内部和外部分隔开来，又把系统的内部和外部联系起来。边界概念有助于理解系统跟环境之间既分离又联系的复杂关系。所以，明确系统的边界所在，深悉它的基本属性，乃系统思维的题中应有之义。系统边界的属性主要有以下几方面：

1. 边界的客观性。系统的客观性和环境的客观性，决定了把二者分隔开来的边界具有客观性，凡系统原则上都有其边界。有些系统边界是可以直接观察触摸的，特别是那些可以在地理的或物理的空间中划分出边界的系统。大量的系统无法直接观察触摸它的边界，不等于它没有边界。一本书作为系统，边界的内涵不是指它的封皮，而是确定其思想内容之范围的东西。《西游记》没有对阿Q的描写，更不涉及微积分，表明它的内容有范围上的限制。只要环境不是空集，就表明系统存在范围的限制；有范围的限制就有边界，即使无法在几何上表示出来，思想上总是可以区分开来的。可见，系统边界也应划分为显在的和隐性的两种，或者称为硬边界和软边界。

2. 边界的低维性。凡是能够在一定空间中呈现出来的系统，其边界的维数总比系统的维数要低。1 维点集合作为系统，它的边界是 0 维的点集，即两个端点。2 维空间中的系统，边界是 1 维的线，即边界线。国界，国内不同行政区域的边界（乡界、县界、省界），一幅画的边界，都是 1 维的曲线。3 维空间中的系统，其边界是 2 维的面，通常称为界面。鸟蛋的边界是蛋壳的外层表面，地球的边界是人类活动于其上的 2 维地面，人体的边界是皮肤的外层表面，大气层作为系统的外层边界，二者也是 2 维的曲面。原则上讲，n 维空间中的系统的边界是 n − 1 维曲面。对于隐性边界的系统，只要放在抽象的性态空间考察，也可以看到边界的低维性。

3. 边界的可渗透性。边界既然是为了把系统与其环境分隔开来而确定的，同时也就具有把它们联系起来的作用，分隔与连接互为存在条件。科学实验要求用试管把化学反应过程严格封闭起来，理论上不允许同环境有任何物质或能量的交换。但大量系统的边界不可能做到这一点，边界上有各种各样的"口岸""毛孔""间隙"，使系统的内外连通起来。即使物理化学实验的系统边界也有某种渗透性，所谓把系统严格封闭起来也只是在显物质、显能量意义上说的，暗物质、暗能量意义上的联系是无法割断的。

4. 边界的复杂性。人们往往把系统的边界简单化，以为可以像国界、省界那样确定。实际上系统的边界一般都是复杂的，甚至国界的划分也相当复杂。即使那些可以直接观察触摸的系统边界，用规则的几何曲线或曲面来表示往往显得过分简单，难以表现实际情形。陆地与海洋的边界实际是大于 1 维的分形曲线，地球表面、人体表面实际是大于 2 维的分形曲面，大气流动性强，其外表面是更加复杂的分形曲面。如此理解仍然是过分简化。人体的毛发和七窍的边界如何确定？地球的表面是否包括溶洞的表面？即使复杂如分形这种几何工具也难以刻画它们。学校、机关、公司、社团作为系统，从它们所占地盘衡量并不复杂，而其业务范围、社会影响等方面的边界常常难以确定。抽象系统的边界更复杂。中国古典诗词讲究言内之意与言外之意的区别，但二者之间很难划分出明确界限。言外之意存在于诗词系统的边界之内，还是之外？这个问题很难回答，因为言外之意必须联系诗词的环境因素才能解读出来，但离开诗词本身，诗词的言外之意便无从谈起。这里存在的仅仅是隐性的边界。

还需注意，分系统的地方性跟系统整体边界的局域性有关，这一点常常被人们忽视。广西的地方性与它同东南亚国家相邻有关，新疆的地方性与它同中亚国家相邻有关，河南省的地方性与它同外国不接壤有关。这种情形具有普遍性，系统思维要求从外部环境的差异来把握不同分系统的差异。

由于边界具有把内部与外部既分隔开来又联系起来的特殊作用，边界附近必然产生系统内部任何部分、外部环境任何部分都不可能产生的现象，称为边界效应。乒乓球比赛中的擦边球是典型的边界效应，可遇而不可求。边界效应一般也有正负之分。在强敌面前，友好邻国可以互为大后方，增加安全性，这是国家边界的正效应。邻国之间也可能出现边界纠纷，甚至酿成战争，这是边界的负效应。系统思维要求人们要善于经营系统的边界，发挥边界的正效应，抑制边界的负效应，使边界成为促进系统安全和繁荣的保障。

3.5　开放性与封闭性

系统需要并能够与环境交换物质、能量、信息的能力和属性，称为系统的开放性。一切系统本质上都具有开放性，跟外部环境绝对没有联系的系统，也就没有谈论环境的必要，或者说不存在环境，因为它实际上不是系统。所以，开放性是系统必备的基本属性之一。系统阻止自身与环境交换物质、能量、信息的能力和属性，称为系统的封闭性。一切系统本质上都具有封闭性，跟外部环境交往不受任何限制的系统并不存在，因为这样的事物完全融入环境，全然没有内外之别，环境也就不成其为环境了。所以，封闭性也是系统必备的基本属性之一。综合言之，真实的系统既有开放的一面，又有封闭的一面，事物的系统性是其开放性与封闭性的统一。

近代中国因为落后挨打，长期处于极其悲惨的半殖民地半封建状态，使国人对清朝闭关锁国政策深恶痛绝。贝塔朗菲的开放系统理论在国内的广泛传播，改革开放以来的巨大成就，使国人切身感受到开放性的巨大好处。但这两方面的结合又生出一种观点，认为封闭性完全是负面因素，开放性完全是正面因素，主张彻底的、不加任何约束和"过滤"的对外开放，这就走向了另一种片面性。系统思维要求人们切莫把开放性看成对系统完全有利的正面因素，把封闭性看成完全不利的负面因素。对于系统的生存发展而言，开放性与封闭性都既有建设性的积极作用，又可能产生破坏性的消极作用，关键在于辩证地认识开放性与封闭性，把两方面正确地结合起来，要具体问题具体处理。系统必须具有充分的开放性，以便从环境中获取必需的物质、能量和信息。对于作为系统的个人或社会群体，这样说显得太笼统，开放性的内涵要丰富得多。系统要在开放中同外界事物相互作用，但同时应对开放性加以必要的管理，对输入输出有所过滤，所谓"彻底开放"的提法是错误的。系统必须具有必要的封闭性，以保护自身免受外物的侵袭，使系统免受侵犯和伤害，防止内部资源流失。一句话，该开放的开放，该封闭的封闭。

系统对外开放有主动开放与被动开放之分。在与环境互动中系统必须掌握主动权，主动地对外开放，避免被动地开放。被外部敌对势力打破边界而不得不开放，是屈辱的开放，有可能导致系统解体，清朝末年的中国最具典型性。理想的情形是造就一种和谐的环境，本系统与外部其他系统能够平等、友好地互动，双赢式互动。

系统的开放性需凭借特定的内在结构才能展现出来。以国家为例，对外交往的需要产生了各种职能机构和组织，负责同外界交往，而那些并不承担对外交往的组分和分系统，其属性、职能、相互关系、互动方式等也因整系统的开放而发生相应的改变，这一切都是开放性对系统内部结构的塑造。欲使对外开放正确而有效，系统的组分必须具有必要的素养，系统需要有某些专门负责从事开放或封闭的要素和分系统，而且有赖于恰当的管理。封闭性跟系统结构的关系也可以做类似的分析，请读者自己来完成。

3.6 系统与生态

多样性和谐共生的现象或存在形式，谓之生态。生态原本是自然科学的概念，晚近出现的生态科学基本属于自然科学范围。大自然在漫长的自组织演化发展过程中，不同物种经过长期的合作竞争、互塑共生，形成了各种动物、植物、微生物及其地理环境之间协调和谐的网络关系，就是今人常说的生态系统或生态环境。它不仅给人类提供了适宜的物质生存条件，而且提供了种种美感的源泉，启示了历代艺术家的灵感。"穿花蛱蝶深深见，点水蜻蜓款款飞"（杜甫），"小荷才露尖尖角，早有蜻蜓立上头"（杨万里），"鱼自入深渊，人自居平土"（辛弃疾），就是诗人对生态美的讴歌。

随着系统科学的深入发展，人们发现，有必要把生态概念引入系统科学。要用系统观点看世界，一般地谈论环境还不够，还应该考察系统的生态环境，用生态观点研究系统，至少有机系统必须如此。任何环境作为系统，都不止包含两个元素，而实质上是由无穷多组分构成的。多元化的环境如果走向两极化，就成为一种恶劣的生态环境。人们往往把整个地球环境简单划分为陆地和海洋两部分，介于二者之间的湿地、滩涂等被视为无用之物而力图消灭之。但事实证明，从陆地经滩涂到海洋也是一种生态链结构，每个环节都有自己不可替代的生态作用。对这种链结构的两极化开发所带来的恶劣后果，2005 年，美国新奥尔良市被卡特丽娜飓风击毁，是一个值得铭记的典型事例。我国近 30 年来的快速发展所造成的生态破坏，已经到了不容忽视的地步。

政治领域有政治生态，一个健康的社会必须有健康的政治生态。所谓多党制民主政治原本是要建设生态化的政治，相互竞争，相互制约；如果搞不好，就会使政治生态两极化，政治家为胜选而不惜撕裂社会。现代社会的联系空前紧密，任何社会组织都离不开社会政治生态系统这种环境，形成健康的政治生态至关重要。

学术领域有学术生态，健康的学术生态对于繁荣学术至关重要。所谓"百花齐放，百家争鸣"，是建设健康的学术生态必须坚持的方针。大而化之地说，学术领域除了形而上和形而下的层次之外，还应有形而中的层次，才能构成完整的学术生态链。长期以来，哲学家在形而上层次自由翱翔，科学家在形而下层次如鱼得水，至于形而上上不去、形而下也下不去的中间层次，向来被人瞧不起。一些科学家常常以本学科的规范为标准，把不符合这些规范的其他学科说成伪科学，在捍卫科学的旗号下扼杀科学创新。社会发展到今天，不改变这种状况，不重视边缘科学、交叉科学、横贯科学、跨学科研究，压制民间科学家，那就形不成完整的学术生态链，学术繁荣、社会进步就是一句空话。

多元系统、特别是大型的复杂的系统，内部建设也应该讲生态，整系统应该给分系统提供和谐共生的内部生态环境，组分互动、分系统互动应以维护整体的生态平衡为准则。

第 4 讲

系统的功能

建立环境概念，对系统和环境的关系有了一般性了解之后，就可以讨论系统的功能问题了。功能和价值密切相关，但价值既是经济学概念，也是哲学概念，却不是系统科学概念。在有关系统现象的研究中，价值仅仅是系统哲学的概念，对系统现象的科学研究只需讨论系统的功能问题，哲学地思考功能问题则涉及价值观，系统价值论是系统哲学的重要课题。

4.1 什么是功能

系统的功能问题就是系统对其功能对象的作用问题，涉及对谁有用、有什么用、如何实现这种用处三个问题。所以，功能是一个刻画关系的概念，涉及谁对谁发挥功能，前者是功能主体，后者是功能对象；主体提供功能服务，对象接受功能服务，二者具有服务和被服务的关系，称为功能关系。而就汉语的字面讲，功指功劳、功绩、功效，能指能力、能耐，前者须通过功能对象的表现来衡量，后者须就系统自身的特性来衡量。就此而言，功能是系统凭借自己的能耐给对象（系统的他者）的生存发展提供支持或服务，以使对象发生有利于其生存发展的变化。

在这种广义的功能概念下，系统科学断言：功能是系统的通有属性，凡系统都有功能。任何系统，它之所以能够在环境中生存，原因就在于环境中存在它的功能对象，该系统有能力给对象提供功能服务，因而为环境所需要；功能对象越多、越发达，即环境对系统的功能需求越大，系统的生命力也越强。黑格尔的名言"凡是现实的都是合乎理性的，凡是合乎理性的都是现实的"，其机理就在于此。一个事物，只要环境中存在需要它提供功能服务的对象，它就有存在的必要性和可能性。相反，一个不再能够为环境中的其他系统或事物提供功能服务的系统，必定丧失了存在的前提，环境便不再容纳它了。"狡兔死，走狗烹"的老话，说的正是这个道理。

不过，只从利他的角度看功能问题是片面的，系统的功能首先是系统自身存在和发展的根据，一物通过对他物提供功能服务来获得自己生存发展的条件，亦即得到他物给自己提供的功能服务。说到底，现实世界不过是由各种各样的功能服务关系相互交织而构成的巨大网络，世间万物既互为功能对象，又互为功能主体。服务业在当代社会日趋兴盛，原因概出于此，未来社会将是所有人、所有人类群体平等友好地相互服务的社会。把黑格尔的话改成"凡存在的都是客观需要的"，或许更准确些。一个系统只要能够满足环境中某些事物的需求，它就有存在理由。这或许是解决社会就业问题的一个原则。

狭义的系统功能以是否有利于人的生存发展为依归来界定，不论自然系统、社会系统或机器系统，凡有利于人类或其分系统的作为，都是系统的功能。河流有灌溉农田和交通运输的功能，云彩有下雨、遮阳的功能，办学校有教育学生和研究学问的功能，军队有保家卫国的功能，一切机器都有满足人的某种需要的功能，等等。在应用科学层次上研究系统，讲的都是这种狭义的功能，第1.1节介绍的钱学森的系统定义就突出了这个要点。

一个系统的所作所为对其功能对象的生存发展提供支持，同时，必定对环境中的另一些系统或事物产生不利的影响，甚至是危害。有利于人类的系统行为，常常不利于动植物；有利于美国霸权主义的系统行为，一定不利于广大发展中国家；旱农盼下雨，行人盼晴天，等等。即使对其功能对象，系统的影响通常也不是完全有利的，而是既有利，也有弊，只要利大于弊，一般就算正常。药有治病救人的重要功能，但俗话说，凡药三分毒，即使良药也有某些副作用。目前的系统科学对此尚未引起重视，故有必要引入功能概念的反概念。在汉语中，功与过是对举的，对个人、组织、政党都要评功论过。把这个思想引入系统科学，宜将过失作为功能的对位概念。一个系统对他物或整个外部环境的作用无非两种，一是提供功能，二是造成过失，包括给对象造成削弱、伤害、破坏、压迫、污染等。从外部环境看，任何系统既有功能，也有过失，不存在只有功能没有任何过失的系统，也不存在只有过失没有功能的系统。某些学者倡导更加广义的功能概念，凡由于系统的存在和行动而导致的环境变化都称为系统的功能，做出正功能和负功能的划分，也有其合理性，但本书不采用这种处理方式。

系统的功能也有不同类别。这里对功能的分类作一简略讨论。

1. 常态功能与超常态功能。系统在一般状态下能够发挥的功能，称为常态功能。系统科学讲的系统功能，一般都指这种常态功能。如果内外条件和态势在某个无法预料的时刻呈现某种罕见的集结和会聚，就会产生罕见的整体涌现特性，使系统展现某种超常的能力，发挥它在一般状态下不可能发挥的功能，称为超常态功能。一支实力原本不强的球队，在强敌正常发挥的条件下，有时竟然奇迹般地战胜对手，这种超常的发挥就是一种超常态功能。一个系统展现出超常态功能乃少见之事，研究系统的基本着眼点是系统的常态功能。但自然系统、社会系统、思维系统都可能有超常的功能发挥，体育比赛、艺术创作等都力求把状态调整到能够发挥到这种超常态。人体具有某些特异功能是不可一概否定的，一般系统也可能呈现某些特异功能。

2. 本征功能与非本征功能。人按照确定的目标研制或组建系统时所赋予它的功能，是系统的本征功能；跟这种目的无关的其他功能，是系统的非本征功能。汽车的本征功能是运输行人或货物，用作路障或物品储室则是它的非本征功能。办学校的功能是教育学生，增加就业机会则是它的非本征功能，不可能为了增加就业机会而办学。凡系统都有某些非本征功能，能够在某些特殊情况下发挥设计者意想不到的作用。

3. 硬功能与软功能。能够获得实在的和显在的利益的是硬功能，只能获得潜在的和非实在的利益（如赢得声誉）的是软功能。洽谈成的项目体现了广交会的硬功能，让客商了解中国的真实情况、增进友好往来是其软功能。软功能和硬功能都是必要的，软硬兼备者，方为优异系统。约瑟夫·奈提出的软实力概念有可能引入系统科学，系统的软功能是以它的软实力为基础的，个人、社团、国家作为系统尤其要重视软实力。

4.2　功能的刻画

就本义讲，系统科学讲的功能是系统作为整体的一种属性，即系统的整体功能。功能作为一种整体性，不是加和式的，而是非加和式的，即一种特殊的涌现式整体性。许多系统科学家把功能理解为一种定量特性，但系统的功能首先是一种质的规定性，其次才是量的规定性。谈论功能问题，首先应从定性上搞清楚系统具有什么性质的功能，然后再作定量考察，度量其功能的大小。对功能的定性性质缺乏正确认识，功能的度量问题就无从谈起。从功能角度看，所谓系统的整体涌现性，就是组分一旦整合称为系统，其整体就具有了组分及组分之总和所没有的功能。一对男女结合为家庭，就具有了合法地生男育女、传宗接代的社会功能。气态氢原子 H 和氧原子 O 相合，形成水分子 H_2O，再聚集为液态的水，就产生了不可压缩性、溶解性等新属性，能够发挥水的特有功能。功能是系统整体涌现性的外在表现，从实际应用的角度讲，系统的整体涌现性集中体现于它的功能，人们设计、制造、组建、改造、使用系统的目的无非是叫它发挥预期的功能。系统的这种质的（定性的）整体涌现性，无法用"整体大于部分之和"来表示，准确的说法是"整体具有部分及其总和所没有的属性"，勉强可以表述为"整体多于部分之和"。还应当承认，一旦整合为系统，就具有了组分没有但整体可能有的过失，水有水患，火有火灾，也是一种整体涌现性。家庭的作用也并非全是正面的，"家家都有一本难念的经"，成家后会带来独身生活没有的烦恼。

凡事有质就有量，系统的功能也有量的方面，定量地描述系统功能是系统科学的重要任务。在应用科学层次上，现有的系统理论完全是围绕功能问题展开的，对系统其他方面的描述都服务于刻画和度量系统功能，功能的度量是基本的理论课题。一般情形下，系统组分的功能与系统整体的功能具有性质上的不同，因而在数量方面没有可比性，此时讲整体大于部分之和没有意义。但在某些情形下，整体与部分可能具有相同性质的功能，数量上具有可比性。譬如，十个农民工接受了铲平某个土堆的任务，他们可以单干，也可以组织起来集体（作为系统）干，部分的功能和整体的功能同质，数量上具有可比性。马克思曾就社会生产劳动指出："12 个人在 144 小时的共同工作日中提供的总产品，比12 个单干的劳动者每人劳动 12 小时或者一个劳动者连续劳动 12 天所提供的产品要多得多。"他所说的就是在数量上整体大于部分之和这种整体涌现性。不过，即使在整体功能和组分功能同质的情形下，整体也未必一定大于部分之和。实际情形有三种可能：

一是系统结构合理，组分互动导致系统功能产生正的整体涌现性，表现为整体大于部分之和（正涌现），即第 1.2 节给出的公式

$$1 + 1 > 2 \qquad\qquad (4-1)$$

二是系统结构不合理，组分互动产生内耗，导致系统产生负的整体涌现性，表现为整体小于部分之和（负涌现），形象的表示即

$$1 + 1 < 2 \qquad\qquad (4-2)$$

三是没有产生整体涌现性，组分未被整合成系统，彼此之间没有互动，整体等于部分之和（零涌现）。这是非系统的特征，形象的表示即

$$1 + 1 = 2 \qquad\qquad (4-3)$$

系统发挥其功能需要付出代价，即耗费资源（成本投入）。从这方面看，整体小于部分之和（节约资源）是正的整体涌现性；整体大于部分之和（浪费资

源）是负的整体涌现性。全面衡量系统的作用，须综合考虑功能和成本两方面，即系统的效益问题，其定量指标就是功能效益比，简称功效比。

4.3　什么决定功能

近30年来，国内学术界流行一种看法：结构决定功能。著名系统哲学家拉兹洛有言："对一个公司来说，正好哪些人是它的雇员是无关紧要的。"以这个表达颇不准确的名言为依据，不少人得出结论说：组分对系统的功能无关紧要，决定性的是系统的结构。有人甚至把结构决定功能奉为基本的系统原理。这种观点颇具片面性。功能作为系统的一种整体涌现性，也是由组分、结构和环境共同决定的，三者都不可或缺；或者说组分效应、规模效应、结构效应和环境效应综合决定系统功能，四者缺一不可。理论上讲，四种效应的最佳组合能够产生最佳的整体功能。但实际上，理想的最佳组合极难出现，至少其中之一存在缺陷是常事，几种因素都不满足要求的可能性也存在，而每一种因素的缺陷都可能造成系统功能方面的缺憾。

组分的性质直接规定或限定着系统功能的类型和范围，没有具备必要特性和素质的组分，就没有所期望的系统功能。拉兹洛对此也有所认识，在上面引述的那句话之后，他曾接着说："只要公司里有足够的人员，而这些人又完全合格地处在他们相互之间，以及他们同工具、仪器之间的固有关系之中。"公司重金招聘特殊人才，NBA年年选秀，香港大学到内地"抢夺"尖子学生，就在于他们十分懂得人才（组分）素质的差异对于造就系统整体优异功能的极端重要性。写诗也是同样道理，"语不惊人死不休"，"一诗千改心始安"，这些诗句表明诗人对遣词造句是何等重视。选择最适当的字词，才能造出最优美的诗句。特别的，中国诗论有著一炼字、境界全出的追求。

系统规模对其功能的影响也不可轻视。有的公司成员优秀，管理得当，环境有利，只因缺乏资金而规模太小，发展受到限制。任何一种产业只有达到一定规模后，才能充分发挥它的经济和社会效益。中国对当今世界的贡献与中国的巨大规模有关，导致国际社会十分关注中国经济发展的表现和社会的稳定。

外部环境对系统发挥其功能也有重大关系。作为功能主体的系统和作为功能对象的系统都不是孤立存在和运行的，只能依托一定的环境条件来展开两者之间的功能关系。欲最大限度地发挥系统功能，从三个方面依赖于环境：一是环境要提供性质优异、数量充足的资源。二是环境要提供最适宜的功能对象，使系统"好钢用在刀刃上",成语"大炮打苍蝇"所讥讽的就是由于功能对象不适当而难以发挥系统功能。三是环境要提供最适宜的条件、氛围等软因素,使系统的功能能够充分发挥。硬环境是否适宜一般容易预测,软环境则不然。软环境的重要方面是时机、形势、气候,它们都处于不断变化之中,不同的时机、形势、气候对系统发挥功能有不同影响,而且由于软而不易把握。同一功能主体,同一功能对象,如果环境显著不同,发挥同样的功能所付出的代价必有显著差别。理学大师朱熹有诗云:

> 昨夜江边春水生,艨艟巨舰一毛轻。
>
> 向来枉费推移力,此日中流自在行。

水浅舟巨而行船,由于时机不对,枉费许多力气却效果不佳;在春水上涨时行船,即使艨艟巨舰也轻如一毛,些许之力即可使它安闲自在地行走,足见选择时机对系统发挥功能的影响何等重要。朱诗说的既是物理,也是事理。时机主要是环境造就的。作为功能主体的系统必须善于选择时机、抓住时机、用好时机,以求事半功倍;时机不对而勉力为之,只能事倍而功半。"孔明虽得其主,不得其时",司马徽如此感叹是有点道理的。

作为功能主体的系统,面对同样的功能对象,功能发挥得好与坏,也和系统自身的即时状态有关。这一点在体育竞赛中表现得最明显。运动员必须善于调整自己的心身,使最佳状态呈现在最关键的时候,最佳状态出现的过早或过晚,都不可能有最佳的临场发挥。一般系统的功能发挥也有类似情况。

结构决定功能的命题也有其合理的内涵,因为在一般情形下,结构对功能的作用最为关键。或者说,在组分和环境给定的情况下,结构决定一切,同样的组分,不同的结构产生不同的功能。以社会组织为例,在一定时期内,社会的人才素质基本状况已定,人们能够选择和改变的主要是如何整合、组织、使用人才,这时的系统结构就成为决定功能的主要因素了。新中国建立之初,人才储备基本未变,由于采用全新的组织管理方式,展现出近代中国罕见的建设能力,"两弹一星"的成功是最好的事例。元部件基本相同,由于改变设计方案(结构)而显著提高了整机的功能,此类事实在工程技术中大量存在。当环境不适宜而又无法改变时,改变结构模式,按照新的方式整合、组织、使用既有的组分,就可能改进和提高系统的功能。中国的改革开放取得巨大成功,就在于通过改变自身的系统结构而显著地改善了中国社会作为系统的功能。

4.4　系统的功能结构

　　系统功能问题还需要从内部环境的角度来考察。相对于组分来说，系统整体是它的环境，不同组分互为环境，此即系统的内部环境。系统不仅对外部环境提供功能服务，而且还要给它的组分（元素和分系统）提供功能服务，整体不仅要使用部分，而且要服务于部分。组分之所以"愿意"被整合进系统中，是因为系统能够给组分提供处于系统之外时没有的内环境。和美的家庭为其成员提供了优越的家庭环境，和谐的社会为不同社会阶层、不同民族、不同地区提供了优越的国内环境。上海合作组织为其成员国提供了大家都满意的内部环境，显示出强大的生命力。设计、组建、操作系统都应认真考虑其内在环境问题。

　　引进内环境概念后，可以讨论整体与部分之间、不同组分之间的功能关系，引出一种在系统科学中有重要应用的结构分类，即功能结构与非功能结构。在系统的内部结构关系中，如果不同组分（元素和分系统）有明确的功能划分，彼此之间按照明确的功能关系整合为一体，组分之间的互动主要是一种功能互动，就把这种互动关系的总和称为功能结构，这样的系统被称为功能结构系统。相反，如果组分之间没有功能上的区别，分系统之间不存在功能划分与互动，就称为非功能结构系统。房间里的空气是以气体分子为元素构成的系统，由于分子之间没有功能的区别，这是一个非功能结构系统。国家作为系统，行政区域一般不是按照功能而是按照地理位置和历史关系划分出来的，不同行政区一般没有功能上的区别，同样是一种非功能结构。多民族国家的民族划分也不是国家作为系统的功能结构。具有功能结构的系统，组分之间的功能关系是系统结构的核心内容。球队属于功能结构系统，球员有明确的分工。人体是典型的功能结构系统，不同的器官有不同的功能。家庭作为系统也具有功能结构，夫妻、母子、祖孙、兄妹等不同的家庭角色，一般也是不同的功能角色。有些系统既有功能结构，又有非功能结构。军队按军种划分属于功能结构，海、陆、空、天各有特定的功能；一个陆军团作为系统，一般属于非功能结构系统，三个营没有功能上的区别。战争时期前线与后方的差别，也是一种功能结构。

　　功能结构的一种具有重要意义的表现形式是中心—边缘结构，即把系统分为中心部分和边缘部分两个分系统。国家具有中心—边缘结构，有政治中心、经济中心、文化中心。中心部分是系统能耐、力量、精华的凝聚处，主导着资源的分配和流动，规范着组分互动的规则，中心部分在系统和环境的物质、能量、信息的交换中处于枢纽地位。中心引领系统的行为趋势和潮流，限定组分的行为方式，甚至可能具有控制系统的作用。

不可把边界和边缘混为一谈。边界是系统与环境的分界线，边缘是系统的组成部分，即介于中心部分和边界之间的那些组分的总和。学术领域作为系统，一般都具有中心—边缘结构，中心控制边缘的行为。现实世界中，具有中心—边缘结构的系统和不具有中心—边缘结构的系统都大量存在。新概念、新思想、新方法的提出者总是少数，他们构成学术领域的中心，其他大多数人是追随跟进者，处于学术领域的边缘。当然，中心与边缘的划分是变动的，不时会有组分从中心退出来，被边缘化，另一些组分则从边缘进入中心。学术领域尤其如此，长期占据中心位置的个人和学派是极少的。一个学术领域只要还有发展前途，就总有边缘和中心的划分；一旦无法区分边缘和中心，该领域就没有大的发展前途了。

功能结构与非功能结构的区分也是相对的。同一年级的几个班集体一般不是按照功能划分出来的，但在某些活动中可以有临时的分工协作，形成某种功能关系，此时的系统就暂时呈现为功能结构。非功能结构系统的规模效应更突出，功能结构系统的结构效应更突出。在系统的生存发展中，非功能结构系统可能逐渐产生功能划分，转化为功能结构系统；功能结构系统也可能弱化其功能划分，逐渐变成非功能结构系统。

4.5　功能模拟方法

组分和结构是系统的内在规定性。许多系统，或者尚未找到打开系统、深入内部进行研究的方法，或者系统本身不允许打开。不能深入系统内部了解它的组分和结构，不等于完全无法研究系统。功能作为系统整体涌现性的一种外在表现，为人们从外部研究系统提供了一定的可能性。系统发挥功能所耗费的资源（付出的成本）也是系统的外在因素，可以观察和度量，可以刻画。鸟类与飞机，人脑与电脑，人体体温控制和人工设计的恒温器，都是功能相似而内在组分和结构完全不同的系统。不追求模型与对象系统在结构上相同，只着眼于系统的功能分析，用功能模型模拟系统对外界作用的反应（功能行为），以求了解系统的特性。这样的研究方法称为功能模拟方法（黑箱方法），在应用科学层次上研究系统功能模拟方法有大量的用途。

第 5 讲

系统的属性

系统的功与过要在系统跟外部事物的相互作用中才能呈现出来。功过形成有哪些深层原因和内在机理，如何最大限度地发挥功能，最大限度地避免过失，其间存在怎样的规律，回答这些问题需要进一步考察系统自身的性态。功能（有什么用）和过失（有什么危害）属于技术科学层次上的理论问题，把握对象的性态才是基础科学层次上的理论问题。在对功、过有了基本了解后，我们来讨论系统的一般性态问题。在性态一词中，性指性质、属性、特性，态指形态、状态，都是自然科学和社会科学大量使用的术语。

5.1 什么是属性

属性之"属"指隶属、归属，属性之"性"指性质、特征、特性。事物或对象的属性就是事物或对象自身具有的、通过其存在和运行所呈现出来的一切规定性。它们或者是人可以直接感受的，或者是可以借助技术手段观测的，或者是可以通过理性加以抽象把握的，至少是凭借人的灵性可以体悟出来的。纵向划分的学科，如物理学、生物学、经济学等，研究对象的性质各有特定的含义，如物理性质、生物性质、经济性质、文化性质等等。系统科学是横贯科学，研究的是各领域对象撇开其具体基质而共有的属性，仅仅考察对象作为系统的那些属性。不同系统呈现不同的属性，但所有系统必定具有某些作为系统的通有属性。一个事物所特有的性质或属性，就是它的特性。我们研究系统，主要关心的是其作为系统所特有的属性。即使那些类属性和普遍属性，在每个具体系统中都会呈现出它的特点或个性。譬如，每个系统都有整体性，但不同系统的整体性各有特点。经济系统的整体性不同于政治系统的整体性，学校的整体性不同于军事单位的整体性。同样是学校，校风这种整体性在不同学校是不一样的。了解一个系统，当然要了解它和其他系统的共同点，但更要紧的是了解它和其他系统的质的区别，因为"成为我们认识事物的基础的东西，则是必须注意它的特殊点"（毛泽东）。

系统属性有层次的不同，研究系统要区分浅层属性和深层属性、表观属性和内蕴属性。可以从外部观察、测试、度量的是浅层属性或表观属性，无法从外部观察、测试、度量的是深层属性或内蕴属性。人作为系统，视力、耐力、语言表达力等是表观特性，思想意识、人生观、世界观属于深层属性或内蕴属性。不过，浅层属性和深层属性之间，表观属性和内蕴属性之间，原本是密切联系着的，可以通过表层属性来了解深层属性。心理素质是人的一种内蕴属性，运动员在竞技场上具体发挥（超常、正常、失常），使它获得了可以从外部了解的表现。

系统的属性多种多样，其表现形式原则上有无穷多种。前面已经提到的有多元性、多样性、相关性、结构性、整体性、局域性、开放性、封闭性、非加和性等，后面将要论述的如有效性、可靠性、目的性、秩序性、过程性、阶段性、动态性、确定性、不确定性、复杂性等等，构成系统科学庞大概念体系的一个重要部分。系统科学的各种理论就是分门别类研究系统属性的概念体系。

5.2　共时性特性与历时性特性

研究系统有两个基本的视角，即共时性视角和历时性视角。撇开时间因素观察系统，或者选定某个时刻观察系统，看到的是系统的共时性特征，即系统在空间分布上呈现的特征。系统的绝大多数属性，包括多元性、多样性、相关性、整体性、局域性、开放性、封闭性、有效性、可靠性、秩序性、复杂性等等，都可以从共时性角度加以考察。本书迄今为止有关系统属性的讨论，都是从共时性视角出发的。系统科学更重视在时间维中考察系统，在时间流逝过程的不同时刻、不同过程观察到的系统属性及其变化，是系统的历时性特征。

只需从共时性角度考察的对象，是非过程系统。从历时性角度考察系统，有起点、中间过渡点和终点，是过程系统。过程系统的组分是阶段、时期、步骤等，统称为分过程，其最小结构单元（元素）称为活动。过程系统的结构称为过程结构，即不同活动之间、不同分过程之间关联方式的总和。大型复杂过程系统也具有层次结构，若干较低层次的分过程构成较高层次的分过程。如何划分活动、分过程和层次，诸多活动如何安排、连接，不同阶段如何衔接过渡，就是过程系统的结构问题。过程有可逆和不可逆之分。在没有特定干预的情况下，起点和终点可以转换、过程可以沿反方向进行的，称为可逆过程；起点和终点不允许转换，过程只能沿确定的方向进行的，称为不可逆过程。老天爷刮风，有时从东往西刮，有时从西往东刮，属于可逆过程。热总是自发地从高温处向低温处传播，热传导属于不可逆过程。"君不见黄河之水天上来，奔流到海不复回；君不见高堂明镜悲白发，朝如青丝暮霜雪。"李白的这些著名诗句，说的就是两种不可逆过程。

过程系统与非过程系统的划分是相对的。只要时间尺度足够大，一切系统都作为过程而展开，都属于过程系统。宇宙学揭示，整个宇宙处于演化过程中，故宇宙中的所有系统都是作为过程而展开的。但在宇宙范围内，对于每一个选定的时间尺度来说，那些具有更大时间尺度的系统就可以被看成非过程系统，因而宇宙是由过程系统和非过程系统构成的。也可以设想有某种比我们的宇宙时间尺度更大的存在物，宜看成非过程系统。

尺度有空间的和时间的两种。事物或系统都有自己的特征尺度，弄准尺度是正确认识和解决问题的关键。不完整的系统，规模不够大的系统，拳脚施展不开，不能充分展现其整体涌现性。海水不可斗量，杀鸡焉用牛刀，这些成语都是在告诫人们不可混淆系统的空间特征尺度。过程系统考量的是时间特征尺度问题，过程的整体涌现性需要有足够长的时间才能形成，称为系统的特征时间。过早夭折的系统来不及展现其整体涌现性。一个过程尚未充分展开，其过程整体涌现性就不会展现出来，对其长远走向的预测往往不准确。古人已经懂得个中奥妙，有诗（白居易）为证：

试玉要烧三日满，辨材须待七年期。

系统从生成到其退役或消亡的时间长度，称为系统的寿命。机器从投入使用到报废退役的时间段，是机器系统的寿命。一个学生班作为系统，从新生入学编班起，到毕业取消建制止，是其寿命。寿命也是系统的时间尺度。凡系统都有寿命，但"松树千年朽，槿花一日歇"（白居易），不同系统的寿命差异极大。时间尺度因系统的实际情况而异，不加分辨就不能正确认识系统。仅就适应性变化看，在神经系统中，神经元发生的适应性变化从数秒到数小时；在免疫系统中，适应性变化需要数小时到数天；在公司的商业行为中，适应性变化需要数月到数年；在生态系统中，适应性变化可能要数年到数千年，甚至更长。总之，尺度问题应该具体系统具体分析。

系统的历时性特征有时可以转化为它的共时性特征来考察。科学家在某个时刻从生物体上取出的切片，从中可以发现处于不同发育阶段的细胞，展现出细胞个体发育的全过程。在任一固定时刻观察社会，可以发现处于婴、幼、少、青、中、老不同年龄段的人，展现人类个体发育的全过程。这叫作历时性特征的空间化。

5.3 定性特性和定量特性

系统属性的一种至关重要的划分是定性特性和定量特性。系统的属性或特性具有质和量两个方面，质的规定性称为定性特性，量的规定性称为定量特性。简单地说，回答是什么和为什么问题的属于定性特性，如有理数或无理数，顺磁相或铁磁相，卵生动物或哺乳动物，素质教育和应试教育，爱国或卖国，等等。回答程度如何的问题的是定量特性，如大小、多少、深浅、远近、轻重、快慢、优劣等。规模属于系统的定量属性，要回答的问题是系统有多大。功能首先是系统的定性属性，要回答的问题是系统能够提供何种性质或类型的功能服务；同时也是定量属性，要回答的问题是功能服务的数量、水平、速度等。结构基本是定性特性，但也有某些定量指标，如扁平结构的扁平度、壳层结构的壳层数等。

作为描述对象的任何系统都既有定性特性，又有定量特性。毛泽东说得好："任何质量都表现为一定的数量，没有数量也就没有质量。"欲对系统作有效的定量描述，关键是找准系统的特征量。以一根两端固定的弦为例，这个简单系统的组分是物质分子，系统整体的振动是由每个分子振动组成的，如果从描述每个分子运动做起，再经过整合而求得系统整体的运动，问题就无从下手。科学的做法是，把弦作为系统，只需选择振幅 ϕ 和频率 ω 这两个整体特性作为状态变量，就足以有效地描述这个系统。

对系统的一种性质进行度量而得到的数值，称为系统的参数，或参量。如气体系统的温度、压强、体积等，波动系统的频率、振幅等，人体系统的身高、体重、体温、心率等，企业系统的员工数、资产总量、年利润、负债量等，论文作为系统的总字数、分题目数、引文数等。参数或参量是系统定性性质的数量表现，分为常量和变量两种，在设定的考察期限内保持不变或变化可以忽略不计的是常量，在设定的考察期限内随空间或时间变化而变化的是变量。要定量地了解一个系统，必须弄清它有哪些常量，哪些变量。在实际问题中，常量与变量的划分具有相对性，没有绝对不变的量，也不存在没有常量的系统，现实的系统总是既有常量，也有变量。在每一种具体情况下，有些参量允许也需要看成常量，有些参量则必须作为变量来对待。制定企业短期经营规划时应该把市场价格作为常量，资金分配、人力分配、利润等是变量；制定长期规划则必须把价格也视为变量，但至少某些环境量应当被视为常量。在一次体育比赛中把运动员体重视为常量，心率、呼吸频率等视为变量；但在平时训练过程中，运动员的体重是变量，其变化必须加以控制。哲学地看，定性特性和定量特性是密不可分的，任何定性特性都有其数量表现，有程度上的差别，可以做某种比较，甚至精确度量；任何定量特性都表现某种定性特性，一个系统的任何数据都有其定性含义，任何数据只有明确它的定性含义时才是有意义的。

对于系统的描述、研制和操作使用而言，定性特性的定量化一般都是关键。老话说，办事要心中有数，这个"数"就包括事情的数量特征（汉语的"数"不全指量，也指质，如古人讲"气数已尽""天数如此"等）。指挥作战，必须掌握敌我双方的兵力对比、后勤保障的水平等。设计产品需有完备的数据资料，如果研制宇宙飞船却没有完备而可靠的数据，即使布劳恩（德国 V-2 火箭和美国阿波罗登月工程的首席科学家）再世，即使高明如"中国航天之父"的钱学森，也无从下手。总之，对系统的定性描述如果没有相应的定量刻画，没有足够的数据支持，这样的描述至少是不完善的、肤浅的，有时甚至是不可靠的。

但也要承认，不同系统定量描述的可行性有很大差别，甚至同一系统不同定性特性的定量化也大不一样。一般来说，自然科学和工程技术处理的系统，特别是有关物质运动、能量转化的系统，都可以定量化描述；社会系统定量化的可能性明显不如自然系统，最差的是人文系统，人的眼界有高下、宏渺之别，人的情感有浓淡、深浅之分，但这类量难以精确观测和描述，难以用科学方法处理。文学作品作为系统也无须搞定量化处理。"人生无物比多情，江水不深山不重"（张先），通过形象的比喻给多情以如此这般的定量刻画也就足够了。并非说这类系统没有定量特性，实际上，诗词也有规模这种定量特性，还有诗人用词习惯的统计特征，诗词作品经常使用数字给所表达的意象以程度上的区分，等等。然而，写诗毕竟是最少需要做定量思考的脑力劳动。

定性与定量又是密不可分的。了解定性属性是了解定量属性的基础，系统的任何量都是对某种定性属性的度量，任何定性属性都有其量的表现，原则上均可度量，但可度量性大不相同。物体的几何特征、物理化学系统的特性一般都可以严格定义和精确测量计算，人文社会系统的特性往往难以严格定义和精确测量计算。人的智力、情感也有量的规定性，却不可能像物理量那样定义和观测，但可以通过人为定义某些可计算的量，如智商、情商等，给问题以一定的定量刻画。一个系统一般都有多方面的性能要求，须用相应的品质指标来衡量，性能指标是重要的系统特征量。创新型国家并无严格定义的定量指标，一种通行的规定是：综合创新指数明显高于他国，国民经济发展中科技进步贡献率在70%以上，研发投入占GDP的2%以上，对外技术依存度在30%以下。这类定量化模式虽然没有严密的理论根据，颇不精确，但在许多时候还颇具实用价值。

系统的定量化描述中常见的有四类变量，即环境量、输入量、输出量和状态量。由环境输入系统的量同时跟系统自身特性有关，由系统输出给环境的量也跟环境有关。同一场学术报告，不同的听众收获不同就是证明。为简化描述，系统科学一般都假定输入量完全取决于环境，输出量完全取决于系统。对于复杂系统，如此处理就过分简单化了。

钱学森说："所谓科学理论就是要把规律用数学的形式表达出来。"输入量、输出量和状态量是三类基本的系统量，选定必要的系统量，用适当的数学表达式把三者之间的关系表示出来，是定量化系统理论的基本任务。

5.4　系统的秩序性

从系统科学初创时期起，系统的秩序性就是人们十分关心的问题。谈系统必定要谈秩序，有序和无序是经常使用的概念。但诚如普利高津所说："有序和无序是些复杂的概念"，直到今天，何谓秩序，何谓有序，何谓无序，尚无一个令人较为满意的普适定义。

在理论物理学中，有序性的精确定义是基于对称性破缺概念给出的：未破缺的对称性代表无序，对称性破缺意味着有序。考虑一个日常生活的例子。设清华大学今年计划从山西招收30名新生，第一志愿报清华又达到分数线的考生共400人，因而共有$w = C_{400}^{30}$种可能的录取方案。这是一个极其巨大的数字，每一种方案都可能被采用，每个人被录取的可能性都相同，属于等概率事件，$p = 1/w$，这就是对称性。这种尚未破缺的对称性表示系统处于无序状态，无法给考生发送入学通知书。经过招生人员一周的工作，选定其中一种方案，排除了其他所有可能方案，实现了对称性破缺，系统从无序转变为有序，就可以给考生发送入学通知书了。不过，按照对称性破缺定义的有序性，以及数学的序概念（偏序、全序、良序等），适用范围都很有限，难以推广应用于一般系统。

人在现实生活中每时每刻都在跟秩序和混乱打交道，什么是有序，什么是无序，什么是秩序井然，什么是乱七八糟，一般都能够在直观上凭经验加以识别。军人队列整齐是秩序井然，足球迷闹事是混乱无序；排队等待购物是有序，随便加塞甚至挤作一团是无序；语无伦次的发言是无序，名师侃侃而谈的讲课是有序，等等。通俗地说，事物之间有规则的相互联系、相互作用就是有序，不规则的相互联系、相互作用就是无序。

系统的秩序是系统对其组分进行组织、整合的结果，未曾组织或整合不当的系统，其结构是混乱无序的。通常从三个层次上考察系统的秩序。一是结构有序，元素之间、分系统之间、层次之间按照一定规则而互动互应，协同配合，系统就是结构有序的。二是功能有序，功能的发挥是一个过程，过程由不同的活动、步骤、阶段组成，不同活动之间、不同步骤之间、不同阶段之间按照一定规则相互联系、衔接、转换、过渡，系统就是功能有序的。三是行为有序，系统与环境之间按照一定规则互动互应，系统相对于环境发生有规则的改变，就表示系统行为是有序的。

有序的更高境界是和谐，包括内部组分的和谐，上下层次的和谐，系统运行过程中不同阶段、步骤、活动之间的和谐，系统与环境的和谐。中国"和而不同"的古训，或者应改为"不同而和"，实在是对系统有序性特征的绝好表征。不同者，谓组分多而异也，即同时具有多元性、差异性、多样性。和者，谓组分之间相关、有序、谐美也。互不相关之多是非系统，无秩序可谈，更无和谐可谈。组分之间不和，"一个个乌眼鸡似的"，只懂得窝里斗，那是行将解体的系统。差异减少，组分趋同，系统与环境趋同，没有任何矛盾，系统将失去活力，也不是健康的有序。唯有不同而和谐者方为富有生命力的系统。和谐必定有序，有序未必和谐，用高压强制的方式把各部分整合在一起，乃是有序而不和谐的系统。同一系统中不同组分对系统的贡献不同是必然的，系统给组分提供的服务在品质和程度上有区别也是必然的，但所有组分都应该得到自身必须的服务，乃是天经地义的，这是系统和谐的实在基础。如果不同组分从系统中得到的服务差距悬殊，意味着失去内部和谐的基础，必然导致严重的冲突和对抗，系统就会面临解体的危险。社会系统中，政治地位的不平等，收入分配的不公平，是导致社会不和谐的主要根源，必须高度警惕。

绝对的有序不存在，绝对的无序也不存在，系统都是有序和无序的某种共生体。微观无序而宏观有序，微观有序而宏观无序，有序中存在无序，无序中存在有序，有序的样式或程度千差万别，此类事实比比皆是。把有序看成绝对的有利因素，把无序看成绝对的不利因素，是一种反辩证法的观点。秩序是一种约束力，对系统的创新能力难免产生某种压抑作用。存在某些无序成分常常可以避免系统板结、僵化，增加活力，能够孕育新生事物。这一切正表明秩序问题的极端复杂性，不可简单化，只能辩证地对待。

5.5 系统的持存性

现实的系统都生存运行于一定的空间和时间中，依赖于一定的条件，如果空间或时间或条件发生某些变化，系统也会或多或少有所变化。但现实存在的系统都有这样一种特点和能力，就是在地点、时间、条件有所改变的情形下，它还能够保持自身的基本特征不发生显著变化，还能够被人认出是它自己。分别十年的朋友偶然相遇，尽管他（她）胖了或瘦了，健康依旧或面有病容，但你还是一眼就认出了他（她）。这种在地点、时间、条件有所改变的情形下保持基本特征不变的性质和能力，以及所呈现出来的那种一以贯之的东西，称为系统的持存性。系统发生种种变化后人们依然能够识别它，不同系统之间能够反复发生相互联系和相互作用，就是因为系统具有持存性。

系统的持存性取决于组分的持存性、结构的持存性和环境的持存性三方面。一般来说，组分持存性强，系统的持存性也强。元件寿命长，机器的寿命也长。大量的系统主要靠结构的持存性来保障系统的持存性。具有新陈代谢能力的系统，组分一茬接一茬地更替，系统整体仍然存在着。"个体来而复去，但群体一直维持着。……好像有它们自己的生命和个性。"（拉兹洛）铁打的营盘流水的兵，只要结构（建制）保持不变，系统就继续存在。系统跟环境的关系对系统的持存性也有重大影响，因为系统的持存性要靠跟环境交换物质、能量、信息来实现，环境质量下降，或者系统跟环境的关系不合理、不顺畅，系统就不可能持久而健康地维持自己的生存。

由于不可预料的内因或外因，现实的系统有时会处于不利其生存的"病变"状态，甚至受到伤害，危及其生存。人作为系统可能生病，机器作为系统可能发生故障。人无病时要讲保健，生病时要治病，反对讳疾忌医。机器未出故障时要维修，发生故障后要修复。一切系统都有类似问题，预防、保护、修复是系统持存性研究的重要课题。

内部组分和谐，外部跟环境和谐，这样的系统持存性最强。一个国家，特别是中国这种发展中的多民族大国，要特别重视和谐，民族的和谐，地域的和谐，不同行业的和谐，不同社会群体的和谐，人与人之间的和谐，等等。国际社会作为系统，不同国家、不同文明和平相处是该系统的一种良好状态。和平的世界才能持存，和谐的世界才能够长久持存。在当代历史条件下，对内致力于建设和谐社会，对外致力于建设和谐世界，这种主张符合系统思维。

5.6 系统的演化性

现实存在的系统的持存性都是相对的，在保持基本特征前提下的变化时时都在发生，改变某些基本特征的变化迟早也会发生，逐步走向老化、最终走向消亡也是不可避免的。系统所有可能发生的变化可以粗略地划分为两类：演化式变化和非演化式变化。非演化式变化指空间位置的变化，即机械运动，属于可以重复进行的可逆过程。日月运行，春华秋实，上班下班，开学放假，开机停机，等等，这类变化一般不会导致系统持存性发生可以看得见的变化。系统的状态和特性发生不可逆的变化，变化后的系统再也无法恢复原样，称为系统的演化。演化现象的研究是系统科学的主要课题。

系统演化的动力。演化动力或者来自系统本身，即组分之间、层次之间的差异和矛盾，以及规模或结构的改变，导致系统形成主动变革的要求。动力或者来自环境，即环境变化给系统造成的不适应，给系统形成被动变革的压力。或者二者兼而有之，内在产生主动变革的要求，外部产生强制变革的压力，共同推动系统演化。在社会文化领域，无论系统内部，或者外部环境，总是既存在激进趋势，又存在保守趋势，二者都既有积极作用，也有消极作用，两种趋势的合力推动系统演化。

系统演化的方向。系统演化大体循着两个方向进行，一是进化，一是退化。一般来说，由低级到高级是进化，由高级到低级的演化是退化。但实际的系统演化是复杂的，进化中有退化，退化中也有进化。电脑带来的巨大变化是人类社会的重大进步，但同时也将带来人脑计算和记忆能力的某种退化。现存系统的退化是新系统产生的必要条件，该消亡的系统消亡了，正是一种进步。新出现的系统必有其出现的根据，但未必就是进化，如新出现的黑社会组织必有其出现的社会土壤，但对社会有百害而无一利。一句话，系统的演化是复杂曲折的，人们必须辩证地对待，切忌认识的简单化。

广义的演化包括系统的发育、生长、成熟和老化，狭义的演化仅指系统的生成（发生）、转型和消亡。新系统从无到有的变化过程叫作系统的生成，现存系统从有到无的变化过程叫作系统的消亡，系统从一种类型转变为另一种类型的变化过程叫作系统的转型演化。大爆炸理论是关于宇宙系统如何生成的理论。迄今为止的科学主要关心系统的生成和转型，很少考虑系统的消亡。但既然一切系统迟早会进入消亡演化的时期，让该消亡的系统顺利走向消亡，人们就应当持欢迎态度，就像庄子妻亡"鼓盆而歌"那样。系统消亡的条件、方式、机制、规律的研究应是系统科学的题中应有之义。

第6讲

系统的形态与状态

　　早期系统理论研究的基本是简单系统，考察系统的状态、属性、功能一般足以解决问题，无须关注系统的形态。当理论研究转向复杂系统，特别是生命、社会、人文系统时，形态就成为系统理论必须关注的问题。

6.1　形态：系统科学词汇表的新成员

　　形态早就是自然科学和社会科学的重要概念，特别是生物学和政治经济学的概念。前者把生物进化过程中新的有机体形态的出现称为形态发生，后者着重研究社会的经济形态、政治形态和意识形态。拼音化的西方语言极富形态变化，许多语言功能要靠词的形态变化来实现（俄语尤甚），故形态也是西方语言学的基本概念。

　　苏联学者波格丹诺夫在1926年出版了《组织形态学》的著作，对事物或系统的形态作了一般性讨论。由于特殊的历史原因，他的理论成果未能在国际学术界传播开来。在系统科学的众多分支中，最初明确涉及形态问题的是突变论，它的创立者勒内·托姆曾试图借助拓扑学等数学工具来说明动物形态发生的机理，并由此而感悟到突变现象的真谛，及其在系统理论研究中的价值。在托姆看来，即使对形态的基质所具有的特性或作用力的本质一无所知，仍然有可能在某种程度上理解形态发生的过程。形态发生是一种突变现象，突变论就是形态发生的动力学理论。托姆还提到非生命体的形态发生问题，对物理化学领域的形态发生现象很少受到学界注意提出批评，表明他已经认识到形态发生应该是系统研究中普遍关注的问题，承认存在跟系统具体基质无关的一般形态。

　　20世纪80年代，钱学森在坚持马克思关于社会形态基本论述的基础上，把社会形态区分为政治的社会形态、经济的社会形态（这个概念源于马克思）和意识的社会形态，强调应用系统方法对这三种社会形态进行研究，建立意识的社会形态的科学体系。他还提出"世界社会形态"的概念，断言世界正逐渐形成一个相互联系的大社会，出现了世界社会形态的问题。事实上，形态一词已成为钱学森拟议中的开放复杂巨系统理论的重要概念之一。

在应用系统观点研究各种具体问题中，形态一词越来越频繁地出现在学术文献中，如科学形态、技术形态、产业形态、经济形态、政治形态、军事形态、文化形态、文明形态等，学界都有所论述，而且都使用系统方法进行研究。就是说，学界事实上把科学、技术、产业、政治、军事、文化、文明等作为系统，承认它们都有形态问题需要研究。

上述情况表明，今天的系统科学应该承认凡系统都有形态，简单系统无须考虑其形态，研究复杂系统必须研究它的形态。撇开各种具体系统的具体形态的特殊基质，把形态作为基本概念，给以一般性的界定和描述，建立关于系统形态的一般理论，已成为系统科学发展的重要课题。用托姆的话来说："我们将不考虑所述形态之基质（物质性或其他方面）的特性，也不研究引起这类变化的力的本质"，而是在最广泛的意义上使用形态一词"表示创造形态或消灭形态的任一过程"。所以，陈忠在近著《现代系统科学学》中明确地将形态作为系统科学的基本概念，是一个贡献。

6.2 什么是形态

《辞海》从两个层面上界定形态一词：其一，把一般的形态界定为形状和神态；其二，考察语言学形态概念的几种用法，即构形形态、构词形态和分析形态。前者在一般情况下也适用于系统科学，但不完备，大量介于形状和神态之间的形态无法刻画。笔者认为，把语言学的构形形态概念加以推广，大体能够表示介于形状和神态之间的那种系统形态。概括地说，系统的一般形态有三个层次：系统的外部形状，系统的内部构形，系统的整体神态。系统形态有以下特点或属性：

（1）形态的客观性和差异性。凡系统原则上都有形态，形态具有客观性、普遍性。但不同系统的形态千差万别，认识系统首先要认识其特有的形态。形态有软硬之别，有些系统软、硬形态兼备，有些系统只有硬形态而无软形态，有些系统只有软形态而无硬形态。

（2）形态的整体性和局域性。形态属于系统的整体性范畴，整系统的形态由诸多分系统的形态构成，但分系统形态之和不等于系统的整体形态。苏轼

《题西林壁》讲的就是横看侧看、远看近看、高看低看分别认识庐山形态的不同方面，不等于认识了庐山的整体形态。社会形态包含经济形态、政治形态、文化（3）形态等，分别刻画这几方面也不能给出社会系统的整体形态。所以，系统的整体形态是整体涌现的产物，必须整体地把握。

（3）形态的定常性与可变性。不论是外在的形状，还是内在的模式，都有不变的一面，形态一旦改变，就不是那个系统了。这叫作形态的定常性，具有定常性是识别系统形态的客观依据。但系统形态又有可变的一面，局部的量的改变仍然可以辨认是该系统的形态，质的全局的改变则意味着不同形态的兴替。

6.3 系统的外部形状

考察系统的形态，首先要考察的是系统的外部形状，即系统的那些从外部可以看见的几何特征，如三角形、正方形、圆形、立方体、椭圆体等。一切物质实体系统都具有可以观察和感知的外部形状，即边界或表面的几何特征。自然界存在的系统，从山、原、河、湖到云、霞、雪、露，都有容易辨认的外部形状，它们常常能够激发诗人的灵感，给出生动形象的描绘，如"露似珍珠月似弓"（白居易），"山舞银蛇，原驰蜡象"（毛泽东）。流体系统没有固定不变的形状，故《孙子兵法》有"水无常形"的说法，但无常形不等于没有形状可以描述。所谓云蒸霞蔚就是对云霞形状的描绘，能给人以动感。"气蒸云梦泽，波撼岳阳城"是孟浩然的名句，诗意地刻画出两种流体系统的独特形状和形象，仿佛使人看到那蒸蒸而上的云气、震撼城池的波涛，诚所谓"写难状之景，如在目前"。

人造的各种物质系统，从屋宇、家具、饭菜到飞机、军舰、电脑、正负电子对撞机，都有各具特色的外部几何形状，均可看作系统的形态，它们给人的美感首先是形状美。人造书写符号具有可视的形状，故符号系统也具有形状意义上的形态，汉字和西方文字从字形上一眼即可识别。生物体的外部形状更是千姿百态，变化万千，或美或丑，令人叫绝。即使微小如细胞者亦各具特有的形状，生物学干脆用细胞外形的几何形状表征细胞的形态，分为圆形的、椭圆形的、立方形的、扁平形的、梭形的、柱形的和星形的等。

物质实体系统的形态不限于它的外在几何特征，还有其边界或表面的色彩、粗细等各种可视、可触的特征，以及可以听到的音响，甚至气味，都是系统形态的构成要素。总之，凡人们能够从外部观察、触摸、接受的东西，都是系统形态的构成要素。系统的形态还跟系统的规模有关，规模代表一种气势，不同规模能给人造成不同的感受，在脑海里形成不同的形象。一个庞然大物与一个小不点，即使属于同类系统，如昆仑山与北京的玉泉山，也常常使人感到它们的形态迥异。这些都可以归结为广义的形状。

系统的形态不限于它静止不动时可感知的外部特征，还跟系统的行为运作有关。同一系统，处在非行为状态下跟处在行为过程中，人对其形态的感受不同，有时差别很大。静立枝头的鹰与展翅高飞的鹰，所呈现出来的形态大相径庭，被人们大力讴歌的雄鹰形态，当它静立枝头时是看不到的。有些系统，如刮风、下雨等，只能在行为过程中呈现出来，其形态只能在其行为过程中被感受和辨识，行为过程一结束，这类系统形态亦不复存在。系统在行为过程中呈现出来的可以直接感知的特征、姿态、式样等，因时间、地点、条件的不同而不同。同样是描写风雨，"沾衣欲湿杏花雨，吹面不寒杨柳风"（僧志南），"雨横风狂三月暮"（欧阳修），展现出风雨的两种大不相同的形态。

系统外现的形状直接影响它和其他系统的关系，系统借外形表现自己，借外形接触他者，借外形接受他者的作用，借外形施加影响于他者，借外形与他者交换物质、能量、信息。互动互应的不同系统彼此在外形上要相容、匹配、互补，否则就无法共生于同一环境。就人的实践来说，机器的设计、加工、组装、操作都要善于对付系统的形状，艺术创作尤其雕塑须在外部形状上下功夫。表面物理学关注的是对象的表面效应，纳米技术做的主要是"表面文章"，等等。系统的外形还是系统审美价值的基本载体，仪表堂堂和端庄大方总能给人以特有的美感，工艺品必须凭借外观形状展现自己的美学价值。

6.4 系统的内部构形

广义的形状包括几何特征、色彩、音响等能够从系统的外在表现直接感知的一切，属于系统形态的第一层次。对于物质实体系统，这样来把握形态一般已足够了。但一大批跟人类生存发展性命攸关的系统，如产业系统、经济系统、政治系统、文化系统、社会系统、军事系统、文明系统等，全然谈不上几何形状、色彩等，却仍然可以谈论它们的形态。以军事系统为例，人们经常谈论武器形态、军队建制形态、作战形态等，各从一个侧面对整体的军事形态有所反映。历史上有过原始军事形态、冷兵器军事形态、热兵器军事形态和机械化军事形态，现在又开始向信息化军事形态转变。所谓军事形态，当代军事理论家的定义是：在一定发展阶段上的军事理论、战争实践、军事组织、武器装备、军事人员、后勤保障、兵役制度等一切军事表现形式的总称。人类社会正面临历史性的大转变，人们纷纷谈论产业形态的转变、社会形态的转变、军事形态的转变等，都需要一种不同于广义形状的形态定义。

钱学森指出："马克思曾创立并使用了社会形态（Gesellschaftsformation）这个词来描述一个社会在一定时期的结构和功能状态。"如此表述反映了他对形态一词的理解：系统的形态指的是系统在一定时期的结构和功能状态。用状态来界定形态未必科学，但指明系统形态表征或反映的是结构、功能之类系统自身的规定性，思想是深刻的。这种需要借助思维的抽象力通过对可观察测量的现象、数据、资料等进行分析综合才能把握的东西，属于形态的另一层次，即系统的内部构形。

形态一词的主体是态，态的本原在系统内部，形之于外者谓之形态。就中文文字的构词看，心上之能谓之態（繁体），"心能其事然后有态度"（《康熙字典》），最初只就人或人事谈论形态问题，从人的相貌、形体、言谈、举止、姿势这些外部可以把握的特征涌现出来的形态，起源于人的内在心智，是心智的表现。就语言学来看，用语言符号形式的变化这种外部特征反映出来的不同语法意义这种内部特征，就是语言的构形形态。推广到一般情形，源于系统内在结构、机制、性能而表著于外的东西，就是系统的形态。在人文社会领域考察系统形态，主要讲的是这种内部构形形态。军事形态、经济形态、社会形态等都符合这种解释。

6.5　系统的整体神态

对于无生命的物理化学系统和人造器具、机器，以至低等生物系统，形态概念的上述阐释在一般情形下大体够用了。但对于包含人在内的、特别是跟人的内在素质有关的系统，如此理解的形态概念仍然不够用。外部形状和内部构形一起，仍然不是形态概念的全部内涵，本质上不可能反映神态。

系统的形态有层次之别，外部形状属于表层的或显在的或硬性的形态，神态属于最深层次的隐性的或软性的形态，内部构形居于二者之间。汉语的"神"字常常同"奇""妙""异"等字连用，奇异难测谓之神，或"阴阳不测之谓神"。神态，可以理解为具有神韵或神气的形态，反映的是系统骨子里最深邃、最精妙、最奇异的东西，能使观者产生神奇、神妙、难以用语言表达的美感。

神态是中国古典文论、诗论、画论的重要范畴，提倡文艺作品既要写形，更要传神，要追求形神兼备，但神高于形，形似（形状相似）是第二位的，神似（神态相似）才是第一位的。中国画论、文论有"遗貌取神"的说法，就是神重于貌，在神与貌不能兼得时，宁肯遗弃外貌也要留取神韵。艺术作品常有赝品出现，高明的赝品能够做到在外部形状甚至内部构形上跟真品没有可以觉察的区别，因而总能以假乱真，但在神态上无法模仿真品。要不然，伪造者就可以自己创造传世杰作，用不着干那种有损人格的下三烂事情了。

无生命系统也不能说完全没有神态意义上的形态。山水画反映的主要是无生命的山水，杰出的作品能够赢来"得山水之神气"的美誉，首先在于作为被刻画对象的自然风景本身具有神气、神韵，作者只有领悟了自然风景的神气、神韵，才能在画作中表达出来。这叫作"体物而得神"。哲学地看，一切系统都或多或少具有神态这种内涵。勃勃春意原本内在包含有如顽童闹腾嬉耍般的神韵和神气，宋祁的诗句"红杏枝头春意闹"著一"闹"字，就把这种神态活脱脱地呈现出来了。在我们这些芸芸众生眼里，石头是最无生气和灵性的，但在那些被戏称为"石颠"的石头高明鉴赏家眼里，石头也有神韵，有灵性。现代科学正在反思400年来"拷问大自然"的科学哲学观，开始承认整个自然界具有生命力，所谓盖亚假说似乎表示深受机械论科学熏陶的西方科学家开始领悟到地球自然生态系统的神韵和神态。

神态并不神秘。古语曰：诚于中，形于外。系统的神态实际上是其内在的组分、结构（包括各种机制）、属性、行为、跟环境的相互作用的综合体现，一种特殊的整体涌现特性，是系统骨子里蕴藏的那些素质、秉性的外在呈现。人的外在面貌、举止、言谈必定反映其内在的精神气质，这叫作"形谓骨见"。形与神相互依存，不存在无神之形，也不存在无形之神。古语云："形具而神生。"神是信息，形是载体，神在形中，形不备则神不具。既然形现外而神居内，外形也影响"内神"，外形不同者，"内神"也有差异。徒有其表者，其外表必定有缺憾，并非完整准确的外表。对象系统以形载神，观察者必须由形窥神。

还原论和分析方法对于理解形状意义上的系统形态足够有效，对于理解内部构形意义上的系统形态大体够用，但也时见力有不逮之象，对于理解神态意义上的系统形态则完全无能为力。系统的整体涌现性有不同种类，其中，一类可以通过对部分的属性加以整合而获得，即有办法从部分过渡到整体、从微观过渡到宏观。神态则属于系统的这样一种整体涌现性，它一经还原便荡然无存，无法经过对局部的综合集成来重建，只能靠人的悟性从整体上把握。

6.6 系统的状态

日常生活中讲的状态，一般指对象事物所处的情况或状况。作为科学概念的状态源于自然科学及其工程技术，系统科学诞生的初期就将它吸收进来，作为广泛应用的概念之一。状态是对系统进行定量刻画的基本概念，用一组变量数值的组合来界定之。物理系统、化学系统、地理系统、生命系统、经济系统、工程技术系统的状态，可用一组便于观测的参量来表示，这组参量就叫作系统的状态量。例如，质点系统的力学运动以质点的空间位置即坐标（3 维空间坐标 x、y、z）和质量 m、动量 p 作为状态量来确定。行驶中的汽车作为系统，可用速度 v、距离 s、载重量 g、耗油率 γ 等作为状态量。原则上讲，一切现实存在的系统都有可以观察测量的状态量。

系统的状态量是变量，或者随时间流逝而变化，或者因空间位置不同而改变，或者兼而有之，称为状态变量。既不随时间而变化，也不随空间而改变，始终、处处只以一种状态出现，描述这样的系统用不着状态概念，无须用系统科学做理论分析。至少因空间（物理空间或因素空间）变化而需要在不同状态之间进行选择的系统，才具有科学研究的价值。

对于相对简单的系统，状态概念已有严格定义：系统的状态是其状态变量的一个最小集合，它包含此系统或此过程的过去的足够信息，以便能够计算系统未来的性态。控制论大家卡尔曼于 1960 年给出的这个定义，至今广泛应用于系统科学文献中。以下图所示的 RLC 电路为例，电阻 R、电容 C、电感 L 为常量，i_L（流经电感 L 的电流）、v_L（电感的端电压）、i_C（流经电容 C 的电流）、v_C（电容的端电压）为变量。电路理论证明这是一个 2 维系统，两个状态变量即可充分描述系统的性态。同一系统的状态变量组一般都有不同选取方案，RLC 系统既可以取 i_C 和 v_L 为状态变量，也可以取 i_L 和 v_C 为状态变量，还有别的取法。

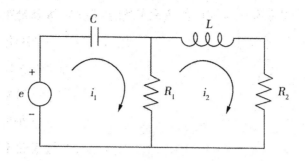

图6-1　一个简单的RLC电路

系统的状态必定联系着它的行为。系统科学经常讲的是输入行为与输出行为，静态行为与动态行为，功能性行为与非功能性行为，渐变行为与突变行为，适应性行为和非适应性行为，等等。系统相对于它的环境作出的任何改变都被视作系统的行为。行为是由状态的变化表征的，可以通过对状态变化的观察、分析、综合来认识系统的行为。

一个系统的所有可能状态构成的集合，称为它的状态空间。系统行为是系统状态在状态空间中的转移变换过程。一般系统都能够用一组状态变量表示其行为，允许定量地研究系统。只要确定了系统的状态变量，以它们为坐标支撑起来的空间，就是系统的状态空间。气体系统的状态变量是 T（温度）、P（压强）和 V（体积），以 T、P、V 作坐标张成的空间，就是它的状态空间。该空间的每个点，即每个数组（T，P，V），如（300C，8 个大气压，25m^3），代表一个可能状态。这是一个 3 维系统，状态空间是 3 维空间。RCL 电路是 2 维系统，状态空间是图6-3所示的 2 维空间，也称状态平面。逻辑斯蒂方程是 1 维系统，其状态空间是用数轴表示的一维空间。一般地，设 n 维系统的状态变量为 x_1，x_2，…，x_n，以它们为坐标支撑起来的 n 维抽象空间，就是状态空间。n 大于 3 时，状态空间不再能够直观表示。

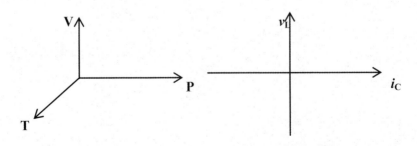

图6-2　气体系统的状态空间　　　图6-3　RLC 电路系统的状态空间

　　系统状态有不同的类别。日常生活要区分系统的常态与异常态，健康态与疾病态，竞技态与非竞技态，功能态与非功能态，正常态与疲劳态，人还有苏醒态与睡眠态、气功态与非气功的区别。物理学讲固态、液态和气态，凝聚态和非凝聚态等。系统科学关注的是系统的静态与动态，瞬态与定态，始态与终态，稳定态与失稳态，平衡态与非平衡态，等等。

　　有必要区别状态和形态。作为系统的一种态，状态也是源于系统内在组分、结构、机制、性能而表著于外的东西，但不同于系统的形态。状态是实时刻画系统的概念，指系统在一定时刻的各种可以观测的情况、特征，是系统属性和形态的实时呈现，故需要状态变量的概念。汽车运行中改变的是实时的状态，此一时刻与彼一时刻，今天开车与明天开车，车子的状态不同，但系统的形态未变。运动员的状态好与不好经常变化，同一节比赛开头、中间、结尾就可能不同。以衡量状态变化的时间尺度看，系统形态是恒定的，无须实时考察，没有形态变量的概念。状态量恒定不变的系统无须考虑其状态。系统的形态也可能变化，但不会发生实时的变化，一般要在大的、历史的尺度上才能观察到形态的变化。状态的变化也会在系统形态上有所反映，如时差导致人的状态变化或多或少引起相貌神色的改变，但不会导致形态发生显著变化。人们平时讲的姿态、事态、态度、态势、势态的变化，一般都属于系统状态变化，而非系统的形态变化。状态的变化多半指非演化的系统运行、工作过程，在这种过程中系统形态并不发生变化，属于非演化式变化；形态的变化则属于系统的演化式变化。

第 7 讲

系统的分类

给对象以分门别类的研究，是科学的基本方法。现有学科即按照研究对象进行分类的产物，每个学科的研究对象又细分为更多的亚类，形成相应的不同亚学科。一个大的学科门类包含大量不同层次的亚学科，形成一种树状结构，称为学科体系树。系统也有不同类型，系统科学就是研究一般系统及其亚类的学科，不同亚类对应不同的学科分支。

7.1 系统的非系统科学分类

相信世间万事万物都以系统方式存在，是系统科学的一个基本信念。既然如此，一切学科的研究对象也都是以系统方式存在的，不同学科研究的是不同性质的系统。事实上，现代科学就是按照对象系统的不同而划分出来的，如研究自然系统的是自然科学，研究社会系统的是社会科学，研究思维系统的是思维科学，研究行为系统的是行为科学，等等。这些大的系统类型又可以进一步分类，如自然系统按照其组分物质属性的不同进行分类，有力学系统、物理系统、化学系统、生物系统、生态系统等，相应地也形成不同学科。而这些对象系统又分为不同的亚类，如力学系统可以按照组分特性划分为流体力学系统、固体力学系统、弹性力学系统等，相应地形成流体力学、固体力学、弹性力学等学科。现代科学的庞大体系就是由这样一些分属不同层次的亚学科组成的学科体系树。

这种分类方法突出的是对象组分的基质特性，而不是对象的系统性、整体性，因而不属于系统科学的系统分类，而是非系统科学的系统分类。这是因为，数百年来的还原论科学看重的不是各门学科研究对象共有的系统性，而是这些对象共有的可还原性，它们力图揭示的是各自研究对象的微观构成及其运行机理，而不是对象作为系统的整体涌现性。这些学科也常常使用"系统"这个词，却不把它作为基本概念，只是一个一般术语，没有把研究对象是系统这一点当成各门学科共同的特征。上述系统分类是在系统科学诞生后，人们用系统观点考察现有科学体系时得到的新认识。

有必要区分两种不同的系统分类，一种是上述非系统科学的系统分类，另一种是系统科学的系统分类，即撇开组分的基质特性，仅仅按照系统的整体特性给出的系统分类。系统科学需要的是后一种系统分类。目前，混淆这两种系统分类的现象在学术界广泛存在，甚至系统科学界也未幸免。以一本书为例，如果是按照地理系统、经济系统、国防系统、通信系统、智能系统等分门别类写出来的，它就不能算是系统科学的著作，而是系统科学应用方面的著作。把系统科学的应用成果当成系统科学的理论研究成果，甚至当成系统科学基础理论系统学的著作，无助于系统科学的发展，甚至有可能把人们引向混乱。

客观系统与主观系统、物质系统与观念系统、认识系统与实践系统等划分，属于哲学的系统分类。耗散系统与保守系统、可逆系统与不可逆系统等划分，属于物理学的系统分类。按照人与人之间的物质利益关系、契约关系等划分系统，属于经济系统的分类。把这种系统分类当成系统科学的系统分类，也是认识混乱，不可取。

不过，系统的非系统科学分类对于系统科学也是有用的。其一，系统科学应当关心它在各门科学中的应用。不同学科运用系统思维和系统方法，必须使用本学科的系统分类，既然一切学科研究的对象都是系统，它们就需要给出本领域系统的分类。其二，系统科学在阐述一般系统原理、规律和方法时，不可避免地要联系各方面的实际，涉及各学科领域的系统类别，要从各种具体科学中提炼系统思想和系统方法。其三，按照非系统科学的分类进行的系统研究有助于给系统科学积累经验材料，推动系统科学发展。

7.2　系统的系统科学分类

撇开组分的特殊基质，单就系统的整体特性进行划分，按照这种系统分类进行分门别类的研究，形成的是系统科学的分支学科和体系结构。本节只对以下几种分类略加说明，其余分类将在后面适当章节另行讨论。

一般系统与特殊系统。这是贝塔朗菲给出的系统分类。他认为："存在着适用于一般化的系统或者它的子级模型、原理和定律，这些模型、原理和定律与系统的特殊类别、组成系统的要素的性质以及要素之间的关系或'力'的性质无关。"他把这种"一般化了的系统"称为一般系统。本书第1讲所说贝塔朗菲的系统定义，以及本书给出的系统定义，都是指向一般系统的。所谓特殊系统，并非指诸如力学系统、经济系统、传统文化系统之类系统，而是一般系统的不同亚类，同样不涉及系统组分的具体基质。作为一般系统的亚类，是按照规模、结构、行为、功能之类纯粹的系统特性划分的类别，这些系统类型都不是着眼于组分基质特性划分出来的，而是着眼于系统的某种整体特性而划分出来的，因而属于系统科学的系统分类。主要有：

开放系统和封闭系统；

简单系统和复杂系统；

有调控的系统与无调控的系统；

自组织系统和他组织系统；

广义的物理系统（非事理系统）与事理系统；

过程系统与非过程系统；

确定性系统与不确定性系统；

适应性系统与非适应性系统；

软系统和硬系统；

天然系统和人工系统，等等。

在系统研究中具有关键意义的一种系统分类，是开放系统与封闭系统的划分。它最早起源于物理学，把对象区分为开放系统、封闭系统、孤立系统三类，同环境进行物质能量交换的是开放系统，只有能量交换、没有物质交换的是封闭系统，既无物质交换，又无能量交换的是孤立系统。系统科学对这种分类方法作了改造。迄今为止的物理学只讲物质能量，不涉及信息。系统科学则特别重视从信息观点考察系统，把系统分为两类，同环境进行物质、能量、信息（至少其中之一）交换的是开放系统，三者都不进行交换的是封闭系统。系统科学主要研究开放系统，贝塔朗菲把开放系统理论当作一般系统论的支柱之一，控制论、运筹学、系统工程处理的都是开放系统。但只有通过与封闭系统的比较才能更好地理解开放系统，故系统科学也常讲封闭系统。

鉴于规模是系统的一个重要属性，系统规模（此处主要指组分的数量）有大小之别，规模不同带来系统特性的显著差异，故系统科学也按照规模大小把系统划分为小系统、中等系统、大系统、巨系统等类别，偶尔还讲超大系统、超巨系统。由于组分数量由小到大是逐步变化的，故规模属于扎德所谓外延不明确的模糊概念，小系统与中等系统，中等系统与大系统，大系统与巨系统，其间都没有截然分明的界限，只能依据具体情况相对地划分。

把系统规模和系统的简单或复杂结合起来，钱学森给出如下系统分类。

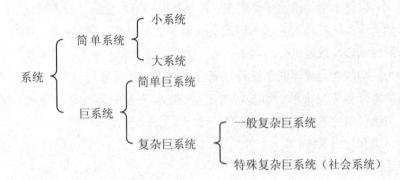

钱学森给出的另一种系统分类为：

（1）简单环境中的简单系统，如自行车；

（2）简单环境中的复杂系统，如晚清末年的中国社会；

（3）复杂环境中的简单系统，如家务机器人；

（4）复杂环境中的复杂系统，如当代中国社会。

7.3　基于数学模型的系统分类

系统科学在很大程度上属于定量化科学，只要有可能，就力求给系统建立定量化模型，借助数学工具进行定量研究。由于这个缘故，系统科学非常重视按照数学模型给出的系统分类。如以各种数学方程为模型，按照变量的数目分为单变量系统和多变量系统，按照方程阶数有 1 阶系统、2 阶系统以至 n 阶系统，按照参数特点分为集中参数系统和分布参数系统，等等。特别重要的是以下系统分类：

（1）连续系统与离散系统。基本变量连续变化的是连续系统，如地月系统等天体系统、人体系统、水利系统等。基本变量按照某种间隔不连续取值的是离散系统，如人口系统一年或数年统计一次，其变化是离散的。

（2）时变系统与时不变系统。在各种方程形式的数学模型中，作为方程系数的参量如果随时间而改变，就称为时变系统；否则，称为时不变系统。

（3）线性系统与非线性系统。能够用线性数学模型描述的系统，称为线性系统；需用非线性数学模型描述的系统，称为非线性系统。

有必要给第三类划分以进一步的说明。在数学中，诸变量之间的关系如果能够用一次性数学表达式表示出来，就称为线性表达式，如线性函数、线性方程、线性泛函等。如果一个向量空间的所有向量都可以表达成一组基底向量的线性函数，就称为线性空间。以这样的数学表达式作为系统模型，称为线性模型，是描述系统性态的重要工具。如果数学模型中至少有一个表达式是非线性的，就称为非线性模型，如非线性函数、非线性方程等。

现实世界中非线性无处不在，实际系统本质上都是非线性系统，但非线性程度在强弱上有显著不同。在许多情况下，非线性因素可以忽略不计，可以假设系统各变量的关系是线性的（称为线性假设），用线性数学模型描述系统。关于线性系统，系统科学已经建立起成熟的理论，有一整套有效的处理方法，称为线性系统理论。在绝大多数情况下，线性假设不成立，系统的有关变量之间呈现明显的非线性关系，只可能建立非线性数学模型。但在许多情况下，非线性模型允许作局部线性化或分段线性化处理，把非线性系统简化成线性系统。许多非线性系统虽然可以作局部线性化处理，但依据线性化模型得出的结论与真实情形的误差太大，有必要适当考虑非线性因素对系统行为特性的影响。一种可行的办法是，先对非线性系统做线性化处理，在求得线性模型解之后，再把忽略掉的非线性因素视为扰动作用，通过数学处理或实验测试，对系统的线性模型解做适当的修正。这就是所谓线性化加微扰方法，是目前处理非线性系统的基本方法，实践证明它对相当一类非线性系统颇为有效。

线性化加微扰方法实质上仍然是线性系统理论的方法。更多的非线性系统即使用线性化加微扰方法也无法处理。对于这类非线系统，必须把非线性当成非线性来对待，不走线性化之路，应针对系统具体的非线性特征制定适宜的方法。它属于正在兴起的非线性系统理论和非线性科学的研究课题，目前的成果还不多。

（4）静态系统与动态系统。状态变量不随时间 t 的变化而变化，这样的对象称为静态系统。如果状态量是时间 t 的函数，这样的对象就是动态系统。动态系统的特性随时间 t 而变化，状态量的时间导数具有特定的系统意义，因而称为动态特性。动态系统的数学模型是动态模型，即微分方程、差分方程和积分方程等。

第 8 讲

系统的模型

近代科学创造了模型方法，现代科学更加突出了模型方法的重要性。系统科学进一步把模型方法提升为基本方法，系统概念本身就是一种模型，指的是在普遍联系的万事万物中凭借思维力相对划分出来的一部分事物。复杂系统研究尤其重视模型方法。在一定程度上说，本书讲的各种系统理论之差别就在于所用系统模型的不同。

8.1 原型与模型

科学研究的实在对象，如真实的飞机、真实的生物体、真实的战场、真实的太阳系、真实的社会、真实的思维活动等，称为对象系统的原型。科学研究当然要面对原型，考察原型，针对原型做某些可行的试验。但科学研究更多的工作（从实验到理论分析和综合）不是或不允许直接针对原型，而是针对所谓模型进行的。原型经过简化处理所形成的替代物，或经过抽象用适当的符号表示出来的东西，叫作系统的模型。就研究对象来说，模型指原型的模仿者，或原型的模拟品。就研究方法而论，模仿或模拟原型谓之模型。"模"指给出的是模仿品或模拟物或模拟过程，而非真实物品或过程；"型"指模仿或模拟要紧的是抓住真实对象的类型或型式，而忽略一切次要的特征和细节。

模型方法的基础是不同事物或现象之间的相似性，或外形的相似，或结构的相似，或行为的相似，或逻辑关系的相似，等等。如果两个事物是相似的，就可以把其中较为简单的、易于描述和处理的一方作为模型，较为复杂的、难以描述和处理的一方作为原型。例如，在一定条件下，如果在形式、结构和运行过程的物理性质完全不同的系统中，可以观察到同样的行为，就可以用其中较为简单的一个作为其他系统的模型，叫作行为模型。借描述和处理模型来获取对原型的知识和处理方法，就是模型化方法。

存在两大类模型：一种是实物模型，飞机模型、船舰模型、水库模型、人体模型、双螺旋模型（分子生物学）等，常用于自然科学研究和工程开发。如军事家使用沙盘模型，在沙盘上推演作战过程或军训方案；飞机设计师在风洞中拿模型飞机做试验，以取得有关设计数据。风洞本身也是模型，即模拟飞行大气环境的人工设施。另一类是符号模型，指把表征原型之型式的基本特征用抽象的符号编码表达出来。如地图、工程设计图纸、人物画像等，甚至产品说明书或施工说明书等，都是符号模型。符号模型跟原型的相似之处无法直接观察，但常常能够更深刻地把握原型系统的本质特征。如量子物理学家玻尔将原子核同太阳系做比较，把原子中旋转的电子比作围绕太阳旋转的行星，建立了类太阳系原子模型。从科学研究、技术发明、工程造物到文体活动，普遍使用符号模型，那些不能构造实物模型的原型系统尤其需要使用符号模型。人类之所以创造语言和文字，发明各种人工符号，都是为了利用符号给对象原型建立模型。你给朋友描绘某个景点、人物、事件，其实就是用语言文字建立对象的模型让他听或看。

牛顿力学是近代科学的典范，其理论体系的建立标志着近代科学走向成熟。但牛顿理论所描述的都是力学系统的模型，叫作质点模型。以太阳系为例，偌大的太阳及其九大行星都被抽象为没有大小、只有质量的质点，它们巨大的质量都集中在叫作质心的几何点上，在引力作用下运动。乍一看，这种抽象描述太离谱、太粗糙，实际表明全然不是这回事。像发射卫星和宇宙飞船之类高难技术，轨道设计精度要求极高，依靠质点模型建立的牛顿理论却能满足这种要求，足以证明质点模型的科学性和有效性。

系统的模型也是系统，叫作模型系统，也涉及组分、结构和环境三个基本方面。建立对象系统的模型系统，简称建模，就是按照系统原理给这三方面以适当的表征和描述。建模的基本原则如下：

（1）模型的有效性：能够反映原型系统的基本特征，通过研究模型足以获得有关原型的一切必要的信息，谨防片面追求理论的漂亮而忽视原型的倾向，避免出现 X 的模型不反映 X 原型的情形。

（2）模型的可操作性：建模是一种研究手段或技术，有办法进行实验（至少是思想实验）和理论研究的模型才是有价值的模型。

（3）模型的简单性：模型必须比原型简单，力求把原型的一切可以压缩的信息压缩掉。从原型到模型是一种压缩信息的操作过程，在保持原型主要特征的前提下，把信息压缩到最低程度。建立模型须对原型的特征有所取舍，但关键在舍而不在取。

有两类实物模型：一种是比例模型，对原型的简化主要是缩小尺度，如风洞实验中的飞机模型；又如沙盘模型必须把实际战场的地形结构表示出来，尺度则需要压缩到能够安置于指挥室内。一类是模拟模型，模型与原型的组分和结构有性质上的不同，但在行为方式和功能上类似，如用流体力学模型模拟经济系统的运行。符号模型有数学模型和非数学模型两类，后者指用语言、文字、图形等示意的模型，如文学创作把对象典型化，塑造典型形象。漫画也是模型，只要抓住个别最有代表性的特征，并给以夸张的表示，就是生活原型的模型。

8.2　系统的框图模型

最简单而应用最广泛的一类模型是所谓框图模型，或称为解释结构模型。在2维的载体上，用一个个封闭的小框图代表系统的各个组分或分系统，在框图内或框图边注明组分或分系统的名称，按照系统的结构模式把它们排列安置于适当位置，用无向线段或有向线段把这些小框图连接起来，以表示系统的基本结构框架，再用无向线段或有向线段表示系统与环境的联系，这样形成的图形就叫作系统的框图模型，如图8-1。有些框图模型还要求把环境的某些关键部分（主要是环境的资源库和系统的功能对象）用小框图表示出来，有时还需要把来自环境的干扰源也用框图表示出来。

最简单的框图模型是输入—输出模型。不考虑系统内在的组分和结构，把它简化为一个矩形方框。把环境对系统的作用统称为输入，把系统对环境的作用统称为输出。系统原型能够直接接受外部环境作用的部位很多，如人体系统接受环境输入的器官眼、耳、鼻、舌、身，遍布系统不同处。为了简化描述，设想系统存在一个统一的输入端，即框图的左侧边；同时，存在一个统一的输出端，即框图的右侧边。把输入和输出都用箭头线段表示，就得到如下图所示的系统框图模型。

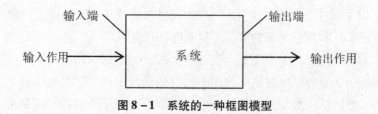

图8-1　系统的一种框图模型

人文社会系统大量使用这类模型。图8-2是政治系统的一种模型，取自国际上著名的政治学著作《政治生活的系统分析》（戴维·伊斯顿著）。结构的形成、维持和改变过程是系统跟环境之间交换物质、能量、特别是信息的过程，曲折而复杂。结构是组分之间的关系，关系的本质是信息运作，系统结构的形成、维持和改变实质就是信息的获取、加工、交换、创生、保存、消除等复杂的操作过程，对环境的依赖尤其密切而复杂。

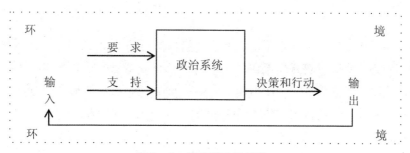

图8-2　简化的政治系统

经济生活中各种系统关系也常用这类框图作为模型。图8-3取自世界名著《系统论的思想与实践》一书（切克兰德著，214页）。

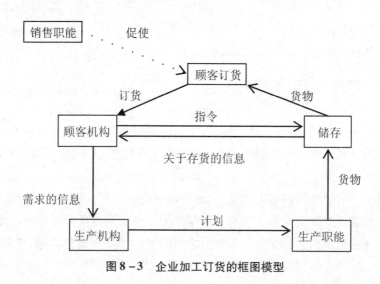

图8-3　企业加工订货的框图模型

从系统运行角度看，系统跟环境之间是一种刺激—响应关系，输入是环境对系统的刺激，输出是系统对这种刺激做出的响应，描述系统就是描述这种刺激—响应关系。外部刺激是条件，响应是系统如何回应环境的行为对策，人们描述系统所关注的就是条件与对策之间的各种可能的对应关系，即如果外部出现什么情况，系统就回应以什么行动。从逻辑上看，可以抽象表示为一系列条件语句："若…，则…"。例如，"若红灯亮，则停车"，"若绿灯亮，则开车"，等等。这种模型在心理学、人工智能等领域有广泛用途。

8.3　系统的数学模型

一切以数学语言表示出来的关系，包括最简单的表格、曲线（图）等，都是数学模型，能够反映真实系统的某些特性。企业系统的功效常用投入—产出关系曲线描述，称为投入—产出模型，8-4 给出三种可能情形的示意图。你到医院检查身体，最后得到医院提供的如图 8-5 所示一个表格，它就是描述你的身体系统健康状况的模型。

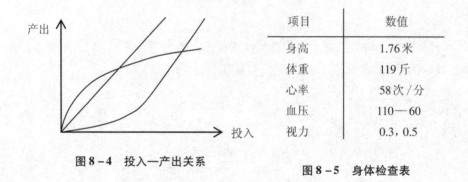

项目	数值
身高	1.76 米
体重	119 斤
心率	58 次 / 分
血压	110—60
视力	0.3，0.5

图 8-4　投入—产出关系

图 8-5　身体检查表

在图 8-1 所示的输入—输出模型中，如果能够把输入和输出定量化，用数学方法把输入量与输出量之间的关系（系统结构）表达出来，得到的就是一种数学模型。

原则上，数学提供的各种描述手段，如函数、方程、矩阵、几何图形等，以及抽象代数的群、环、格、坡等，都可以用作真实系统的数学模型。原子物理学就常用抽象代数的群作为模型。最常用的数学模型是解析模型，即原型系统的变量、常量之间相互关系的解析表达式，主要是各种方程，特别是代数方程、微分方程和差分方程。

代数方程。方程反映的是系统的变量和常量之间存在的关系，即系统的结构。如果这些量的变化与时间无关，只取决于空间条件的不同，其间的关系可用代数方程或方程组表达。例如，设 x_1、x_2 为系统的两个变量，a_1、a_2、b、c_1、

c_2 为系统的常量，G 记系统的功能目标，它们的关系由以下代数方程组给定，

$$G = c_1 x_1 + c_2 x_2$$

$$a_1 x_1 + a_2 x_2 \leqslant b \tag{8-1}$$

不等式表示系统必须满足的限制条件。这个代数方程组就是该系统的数学模型。

微分方程。如果系统的有关变量是时间 t 的函数，这些变量、常量之间的相互关系须用微分方程或微分方程组来表示。以式 6-2 所示的简单 RLC 电路系统为例，电容和电感都是动态元件，v_L 和 i_C 是时间 t 的函数，它们跟电阻连接起来组成的电路是一个动态系统，数学模型是以下微分方程组：

$$v_L = L d i_1 / dt$$

$$i_C = c d v_c / dt \tag{8-2}$$

差分方程。昆虫群体作为一种系统，虫口数 x 是它的一个基本数量特性，x 为时间变量 t 的函数，记作 $x(t)$。由于昆虫生育有季节性，虫口数是一个离散变量，以年为单位统计。令 $x_n(t)$ 记该系统第 n 年的虫口数，$x_{n+1}(t)$ 记第 n +1 年的虫口数，则 x_{n+1} 与 x_n 有以下关系：

$$x_{n+1}(t) = a x_n(t)(1 - x_n(t)) \tag{8-3}$$

其中，a 是由昆虫系统的出生率和死亡率决定的环境参量，一般可以看成常数。式（8-3）是著名的逻辑斯蒂方程，在生态科学、经济科学、认知科学等领域都有重要应用。

8.4　系统的网络模型

图论是数学的重要分支。基于图论建立的数学模型，特别是网络模型，是描述系统的有力工具。以点代表系统的组分，称为节点或顶点，节点之间的联系用一条线段表示，称为边，全部节点和边的集合就是系统的图论模型。至少由一条线连接的两个点，称为相邻点。共点的两条线，称为邻接线。两点之间一系列邻接线，称为一条路。没有终点（闭合）的路，称为回路。如果图中任何两点之间都至少有一条路，称为连通图。

图论经常应用的一个著名例子是哥斯尼堡七桥问题。该城堡临近普雷格尔河，河中有两个小岛，通过七座桥与两岸连通，如图 8-6（a）所示。17 世纪当地居民热烈争论的一个令人困惑的问题是，从某处开始散步，走过七座桥，如果每个桥只许走一次，能否回到出发点？大数学家欧拉发现，这个问题实际上是河流把陆地分为 A、B、C、D 四块，由七座桥把它们连接起来，如果把 A、

B、C、D看作节点，七座桥便是连接四个节点的边，即可得到图8-6（b），它就是图8-6（a）的数学模型。于是，哥斯尼堡七桥问题可用数学语言表示为：能否从某一点开始，一笔画出全图，最后回到原点而不重复。欧拉于1736年证明此问题无解，要走过七座桥而回到起点，至少应重复走过其中的一座桥。

（a）　　　　　　　　　　　（b）

图8-6　哥斯尼堡七桥（a）及其图论模型（b）

适宜用图作模型的系统往往涉及流动问题，有物质、能量、资金、人力、信息等从图中的某一点流向另一点。有流动就有流量问题，流量的分配管理涉及成本效益，需要认真考量。每一条线上的流量都用一个正数表示，称为那条线的容量。在每条线上规定了容量的连通图，称为网络，即一类特殊的图。图8-6（b）是8-6（a）的网络模型。人际关系网络、企业供求关系网络、交通路线网络、电力网络等，都常用网络模型来描述。图8-7所示为一个单行线交通网络，共有8个节点v_1、v_2、v_3、v_4、v_5、v_6、v_7、v_8，从v_1出发到v_8有多条行走路线，若以每条边线旁的数字标示该线路的总运费，则运费最小的线路是$v_1 \to v_4 \to v_5 \to v_6 \to v_8$。

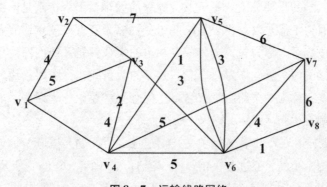

图8-7　运输线路网络

网络模型，更一般地说是图论模型，刻画的是系统的拓扑特性。图论讲的图不同于几何学或工程设计讲的图，它反映的是结点（对象）之间的联接性质，至于点之间的相对位置，连线的曲直长短，并不重要。这种不在乎点的相对位置、线的曲直长短的联接性质，就是拓扑特性，具有重要的系统意义，在系统科学中有广泛的应用。

8.6　基于计算机程序的系统模型

系统科学的迅速发展也得力于计算机技术的发明和发展。一是许多大型复杂的运筹、决策、控制问题的解决有赖于大型计算机和先进的算法，二是关于系统演化的动力学机制、规律、原理的定性研究难以像自然科学那样做实验，利用计算机进行数值计算成为系统科学实验研究的主要手段，称为数值实验。鉴于计算机只能接受用程序语言表达的输入，只能提供用程序语言表达的输出，适用于计算机的系统模型必须以计算机程序来定义，称为基于计算机程序的系统模型。首先明确构成对象系统的基本"构件"，把构件之间的关联方式提炼成若干行为规则，以"若…，则…"形式的程序语言表达出来，以便通过计算机的数值计算模拟对象系统的运行演化，观察构件（组分）如何通过执行这些简单规则而涌现出系统的整体特性，预测系统的未来走向。基于计算机程序的模型正在系统科学中获得越来越广泛的应用。

第 9 讲

系统与信息

正如钱学森所说："讲系统，里面当然有信息问题"，系统问题与信息问题密切相关。但科学的发展日益表明，信息科学和系统科学既是两个并列的学科门类，彼此间又有密切联系。信息科学需要用系统观点看信息，但信息是主词，系统方法是工具；系统科学需要用信息观点看系统，但主词是系统，信息方法是工具。从信息的生成、传送、转换、处理、控制、利用、消除的角度阐述系统问题的学科，宜称为系统信息论，是系统科学的重要组成部分，至今尚未形成知识体系。

9.1　什么是信息

通信科学发轫于现代通信技术对理论的需求，电报、电话的发明、投入使用和推广，提出了一系列关于信息本质、信息运动规律、通信效率和可靠性等深刻的问题，需要科学理论的指导，开始引起科技界的注意。经过约半个世纪的积累，到 20 世纪 20 年代，奈奎斯特和哈特莱首先取得理论突破。又经过近 30 年的积累，特别是反法西斯战争的推动，经过美国数学家 C. 申农集大成，形成第一个关于信息的科学理论，即申农于 1948 年提出的通信的数学理论，通常称为"申农信息论"，包括通信科学的信息定义、信息度量方法、通信系统模型、编码理论、噪声理论等。维纳在同一时期也做出重要贡献。

关于信息是什么的问题，人们在实际生活中早有深刻的理解。孩子出门求学或工作，父母不了解他或她的近况，十分想念，心存种种不确定性，渴求得到信息；孩子来信或来电，父母从中获得信息，就消除了不确定性，心里踏实了。高考后等待通知期间，你心中忐忑不安，因为你的前途存在不确定性；接到通知书，不确定性一扫而光，一颗心立即落在肚子里，因为你得到了信息。一般地说，通信的必要性产生于存在不确定性，信息的作用在于消除通信前的不确定性，增加确定性。基于此，通信科学给出这样的定义：信息是通信中消除了的不确定性，亦即增加了的确定性。

生活经验告诉我们，通信未必一定能够消除不确定性。有时候，经过通信消除了部分不确定性；有时候，收到的"信息"（准确地说是消息）驴唇不对马嘴，或者读不懂收到的消息（不能解开密码），原有的不确定性依然如故。基于此，通信科学又给出这样的定义：信息是两次不确定性之差，即，

$$信息 = 通信前的不确定性 - 通信后的不确定性 \qquad (9-1)$$

现实存在的不确定性多种多样，如偶然性、随机性、模糊性、含混性、灰色性等等。通信科学是为了给通信工程技术提供理论依据而建立的，考虑的不是个体的单次通信，而是巨量用户长期反复使用通信系统的技术问题，因而面临的不确定性的基本形式是服从大数定律的随机性，通信技术要在随机不确定性中寻求统计确定性。随机性以事件（消息）发生的概率 p 来度量，意味着要用概率来度量上面定义的信息。直观上不难理解，一个消息发生的概率越大，它能够消除的不确定性越小，即携带的信息量越小，概率为 1 的确定性消息携带的信息量为 0；消息的发生概率越小，它能够消除的不确定性越大，即携带的信息量越大。但概率为 0 的不可能消息也是确定性事件，不携带信息。以 I 记消息携带的信息量，则有：

p	大	小
I	小	大

基于此，通信科学把消息的信息量定义为：

$$I = -\log_2 p = \log_2 1/p, \ 当 \ p \neq 0 \ 时, \qquad (9-2)$$

$$I = 0, \ 当 \ p = 0 \ 时 \qquad (9-3)$$

通信系统面对的不是个别消息，而是可能消息集合 $A = A_1, A_2, \cdots, A_n$，相应的发生概率分布记作 $P = [p_1, p_2, \cdots, p_n]$，各个可能消息的信息量顺次记作 $I_1, I_2, \cdots, I_n$。设计和使用通信系统最关键的定量特性是可能消息集合的整体平均信息量，申农称之为信息熵，记作 H，定义如下：

$$H = p_1 I_1 + p_2 I_2 + \cdots + p_n I_n$$
$$= -\sum p_i \log_2 p_i \qquad (9-4)$$

许多问题涉及 $n = 2$ 的可能消息集合，如未出生孩子的性别要么是男（A_1）、要么是女（A_2），明天天气要么有雨（A_1）、要么无雨（A_2），都是二中择一。如果两个消息的发生概率相等，$p_1 = p_2 = 0.5$，就称为二中择一等可能消息，这类消息所携带的信息量为：

$$I = -\log_2 0.5 = \log_2 2 = 1 \qquad (9-5)$$

以二中择一等可能消息所携带的信息为信息量的单位，称为 1 比特。

仅就通信技术看，信息的内容、意义无关紧要，只要把用语言、文字、数码等符号编码表达的消息有效、可靠地传送到目的地，通信任务就算完成了；至于消息的语义和用途，不是通信技术考虑的问题。通信科学把这种信息称为语法信息。但如果走出通信技术范围，只考虑语法信息概念就不够了，必须考虑信息的意义（内容）和价值。前者叫作语义信息，后者叫作语用信息。无论语义信息，还是语用信息，都有消除不确定性的作用，上述两个定义具有普遍意义。但语义信息和语用信息所消除的不确定性跟随机性关系不大，仅就随机不确定性来理解信息概念远远不够，必须加以推广。

就人文社会系统来说，信息是个人或人类群体要表达的认识、思想、感情、意志等非物质的东西，须借助语言文字的表达才能有效地传播和交流。认识、思想、感情、意志是发自内心的东西，通过语言文字表达出来，有可能产生信息的缺失、混淆、误解，甚至被故意曲解，即人言可能有假，传递消息不等于传递信息。因此，对于人文社会系统而言，信息表达的真实性、诚实性、可信性至关重要。中文的信息一词准确地表达了信息的这种基本特征：信即人言为信，息即发自内心，发自人的内心而又栖息载荷在语言文字中的内容、思想、意义、感情等，就是信息。栖息载荷在语言文字中，但不是发自表达者内心的东西，则不是信息，信息科学称之为噪声。假话不传递信息，客套话传递的信息不多。这样定义的信息概念，在日常生活和工作中一般已足够用了。

无论语义信息，还是语用信息，或者上述人文社会科学讲的信息，都是定性概念，不能简单沿用上述信息量的计算公式 (9-1) 至 (9-5)，如何度量这类信息，目前尚无一般的解决办法。

更一般地说，事物或系统的信息是该事物或系统的自我表征性，表征的内容是其组分、结构、特性、运行机制、行为、功能、与环境的关系、历史演绎和未来走向等等。自我表征的必要性来自一个系统跟别的系统相互联系、相互作用的需要，在相互联系和相互作用中需要相互表征、识别、通信。系统 A 在跟系统 B 相互联系和相互作用中引起 B 的变化，这种变化就记录和表达了 A 的信息。这种记录和承载于 B 上，但表征的是 A 的组分、结构、特性等等的东西，就是 A 的信息。可见，讲信息总是联系着不同事物的相互作用。用维纳的话说："信息这个名称的内容就是我们对外界进行调节并使我们的调节为外界所了解时而与外界交换来的东西。"这句话有丰富的含义：信息必定联系着相互作用，我们是接收信息的一方，外界是发送信息的一方，信息运作是双向的交换关系，而非单向的发送与接收，我们所收到的信息跟我们对外界进行调节作用并且这种调节为外界所理解有关。

9.2 信息与载体

作为事物自我表征性的信息，是一种非物质的存在形式。维纳指出："信息就是信息，不是物质也不是能量。不承认这一点的唯物论，在今天就不能存在下去。"信息时代的人们应该深入领会这个重要论断，它有助于我们正确把握新的时代精神，避免机械唯物论。

信息虽然是非物质的存在，但它须臾不能离开物质而单独存在，必须借助于一定的物质形式，即由一定的物质来承载或盛载，信息才能显示自身的存在、运动变化和发挥影响。这种盛载信息的物质存在形式，叫作信息的载体。对物质性的载体的依赖性是信息的本质特征之一，世界上不存在离开物质载体而单独存在的裸信息。只有牢记这一点才能正确把握信息概念，进而把握信息时代的时代精神，避免唯心论。

存在三类信息载体。一类是物质实体，如天然的石头、骨头、木材等，古人已懂得"础润而雨"的道理，进而创造出用石刻、骨刻、木刻等方式记载和保存信息。第二类是物质波动信号，如机械波、声波、电磁波、光波等，人们说话、视物的信息活动不自觉地利用声波、光波作为信息载体，广播和电视则是有意识地利用无线电波作为信息载体。原则上一切物质实体和波动信号都可以充当信息载体，但有性能高低之别。第三类是符号载体，如自然语言、文字、数字、工程设计的符号、数码（电脑用的0、1符号串）、线条等，信息是由这些符号表达出来的内容、思想、意义。地图、设计图纸、说明书等都是承载着信息的载体。

一种常见的错误是把信息和信息载体混为一谈。信息不等于它所栖息的载体，信息的基本特征之一是它的非物质性，信息载体的基本特征之一是它的物质性。天然的石、骨、木、空气波、电磁波、光波等载体，人造的纸张、黑板、磁带、U盘等载体，其物质性十分明显。即使语音、文字、数字等符号载体仍然是一定的物质存在形式，具有可视性，或可听性，或者可触摸性，总之是能够直接刺激人类感官因而被感知的物质属性。人类交往正是利用这种可感知的物质属性去表达、传送、接收、理解和利用信息的。信息的非物质性与载体的物质性，既是相反的，又是相成的，没有载体的信息无法呈现和运动，不承载信息的物质不是信息载体，凡物质存在都有其信息，凡信息都表征一定的物质存在。

信息载体具有层次性，载体的载体还可能是载体。言语声音把人用语音器官之动作表达的信息再加载到空气波动（声波）上，文章书报把文字符号载荷的信息再加载到纸张上，录音录像把声音图像载荷的信息再加载到磁带上，符号载体可以加载于物质实体和波动信号载体上，等等。在人文社会领域的信息运作中，小说的故事情节这种信息载荷着作品主题、作者风格等信息，科学知识这种信息载荷着科学思想和哲学信念的信息，等等。系统的形状和神态都是信息，但神态寓于形状，人须通过系统的形状来把握系统的神态，故形状又是神态这种信息的载体。

9.3　信息运作

我们把有关信息的各种可能表现、变化、运动和操作，包括信息的获取（采集、接受）、表示、固定（记录）、编码、译码、传送、交换、整理、加工、存储、提取、转录、翻译、识别、控制、利用，以及信息的变换、重组、增殖、创生、消除等，统称为信息运作，或称信息作业。本节对以下几项信息运作略加说明。

信息的获取，包括被动的信息接收和主动的信息采集、观察、测量，以及探听、窃密、不经意间获悉等。由此产生了种种信息获取技术和方法，如传感技术、情报技术等。

信息的加工处理。系统最初获取的是原生态的信息，精粗杂陈，表里未分，真假莫辨，秩序混乱，一般不能直接使用，必须加以分辨、整理、归纳，去粗取精，去伪存真，由此及彼，由表及里，方可转化为可用的信息。这样的运作就是信息的加工处理，由此产生了种种信息加工处理的技术和方法，如打算盘、操作电脑等。

信息的存取，包括存储和提取。系统得到的信息有许多是当下用不上、但今后用得着的，应该把它们存储起来以备后用，由此产生了有效、可靠、经济地存储信息的技术和方法；为使用存储的信息，产生了准确、快速、经济地提取信息的技术和方法。

信息的传送，即通信。把信息从 A 处传送到 B 处的运作称为通信。最简单的通信是 A 与 B 彼此直接接触、碰撞而相互传递信息，但通信效率极其低下，甚至称不上通信。高级的通信是人类创造的，如当面交谈、鸿雁传书、烽火报信等。特别是现代通信科学技术完整地揭示出通信系统的组分、结构、功能和运行机制，如图9-1所示，称为通信系统的申农模型，具有重要的理论和技术价值。

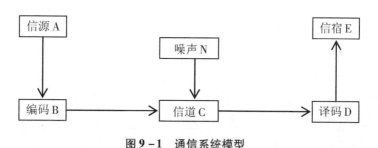

图9-1 通信系统模型

发送信息的环节A是信源，接收信息的环节E是信宿。要在A和E不能直接接触的情况下传送信息，必须把信息固定在物质载体上，通过传送载体来传送信息。作为一种物质形式的信息载体要在连接A和E的某种物质通道C中运动，这种物质通道称为信道。信源、信道、信宿已构成通信系统的基本骨架。但在高级形态的通信、特别是人利用符号载体进行的通信中，由信源发出的信息不可能直接在信道中传送，须经过适当的变换，这种信息运作叫作编码，B称为编码器。信道输出的信息一般也不可能直接为信宿接受，需要经过适当的变换，再传送给信宿。把信道输出的信息变换为信宿能够接受的形式，这种信息运作叫作译码，D为译码器。通信过程中一切不利于把信源发出的信息传送到信宿的干扰因素，都称为噪声。噪声的影响或者是淹没信息，或者使信息发生畸变，降低通信质量，故噪声被视为通信的大敌。但通信系统的每个环节都不可避免地要受到内外干扰，人只能在存在噪声的情况下通信，通信系统的设计和使用都需要解决防范、减弱、利用噪声的问题，故申农把噪声作为通信系统的组成环节之一，用N来代表。读者不妨按照图9-1分别说明口语、电话、电视三种通信系统的结构。

申农模型是基于建造人工通信系统的技术需求而制定的，有明显的机械论色彩。在通信工程之外应用这个模型要格外小心，特别是涉及人类活动的问题时，应该强调通信的双向性和互动性，通信双方互为信源，互为信宿，平等地交流、沟通。

信息只有在运作中才能显示它的存在、作用和演化。信息的各项运作都是通过对载体的运作来实现的，通过传送载体而传送信息，通过加工载体而加工信息，通过存取载体而存取信息，等等。一切信息载体的运作都要消耗能量，因而一切信息运作都需要消耗能量。这是信息对物质依从性的另一种表现。

9.4 信息与系统

运用信息科学的观点和方法研究系统，可大体分两个层面来说。一个层面是研究者如何获取对象系统的信息（组分的信息，结构的信息，特性的信息，行为的信息，功能的信息，环境的信息，系统如何与环境互动的信息等），如何对信息进行加工处理（分析、综合、提炼等），如何利用信息进行决策、设计、操作、控制等。各门科学、各种知识领域历来都是这样做的，只不过使用的不是信息科学的语言，讲的是数据、资料、事例、图表、公式、概念、命题、原理、法则、规律等等，而不称其为信息。科学技术发展到今天，各门学科都大量引进信息技术，研究方法和技术手段日益信息化、数码化，各门学科都需要运用信息科学的概念和术语，这叫作学科的信息化。

另一个层面是撇开所涉及的物质运动和能量转换问题，只把研究对象看成信息的运作过程，用信息科学的概念、术语和方法解释系统现象的方方面面。考虑一个最简化的模型。仅就信息运作看，任何系统都可以抽象表示为由三个分系统串联而成的整体，一是探测器，二是信息处理器，三是效应器。处理器是系统的本体部分，探测器和效应器是系统与环境的连接者，三者的关系，整个系统与外部环境的关系，如图 9-2 所示。

探测器面对环境的作用或刺激，负责收集、感受、过滤外来的信息，并用系统自身能够"了解"和利用的方式表达和记录下来。由探测器把反映环境特性的信息送入处理器（此处的信息运作多种多样，但核心是信息处理），加工处理就是系统依据这些信息使组分和结构发生相应的调整和变化（对环境的响应），以形成能够适应和改变环境的能力、机制、策略等，并以组分和结构的变化记录和固定下来。处理器的输出既是对环境信息的接受、消化和改造，又融合了系统自身特点、需求、禁忌等信息，再传送给效应器，由效应器用外部环境（主要是功能对象）能够感知和接受的方式表达出来，跟环境（特别是功能对象）交换信息，相互作用，引起环境的回应性变化。在具有认知能力的系统中，这种信息运作表现得最完整。

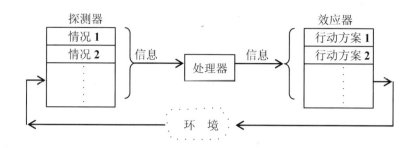

图 9 – 2   系统的一个简化信息模型

这种简化模型早已应用于控制论和运筹学中，系统的输入—输出模型即一例，只不过使用的不是信息科学的语言。在基础科学层次上研究系统，主题是揭示系统现象的基本原理、规律和运行机制，这类模型由于过分简化而用处不大，重要的是从识别、通信、信息的创生和消除等角度去说明系统现象和问题。

1. 识别问题。要素之间的互动，分系统之间的互动，层次之间的互动，部分与整体之间的互动，系统与环境之间的互动，首先需要识别互动的对象。没有识别，就没有关系、整合、组织、演化可言。分子生物学对基因层次的生物识别问题已有深入的研究，社会系统的识别机理也有相当深入的了解，化学层次的识别问题也开始进行探索。唯独在最基本的物理层次上，物理的分子、原子、基本粒子有无识别问题，如何识别，至今尚未提上议事日程，甚至把对识别的讨论视作非科学问题。没有物理学的支持，识别就不能上升为系统科学的普适概念。系统科学讲的是互动，既然是互动，识别就是相互的，识别他物的同时也要表征自己，相互表征，相互交流，相互识别。系统科学需要的是建立关于系统识别的一般理论。

2. 通信问题。系统中的所有信息运作几乎都与通信有关，要在通信中实施，或为通信做准备。人类社会和动物社会都离不开通信，用信息科学的语言阐释社会系统的构成和运作，在微观层次（基因）用通信解释生命体的传宗接代（父代向子代传送信息），在宏观层次上用通信解释系统如何存续、运行、发挥功能、演化等整体涌现性。通信是相互的，就如同市场上的买方与卖方，在相互通信中相互识别，寻找合作方，以及合作方式和合作力度。困难在于这一切能否推广应用于无生命系统。

3. 信息创生问题。这是更为关键的系统科学问题。人们在生活中时时都能感受到信息的创生，系统要适应变化了的环境，提高有序程度，向更高水平演化，都需要创造新信息。但我们至今对系统如何创生新信息所知甚少。

4. 信息消除问题。信息的不守恒性也表现在信息容易丢失、损耗、畸变，或有意识地消除。系统的维生、创新、改进、发展必须善于保存信息，避免信息消失。但信息的消失绝非单纯的消极因素，而是对系统的维生、改进、创新、发展至关重要的。俗话说，旧的不去，新的不来。要建立新结构，产生新性能，就必须消除旧结构，放弃旧性能。一切除旧布新或新陈代谢都包含消除旧信息的运作，通过消除旧信息的载体而消除旧信息。人体生病是某些器官受到病毒侵害，或体内关系失调，功能紊乱，这些都是人体系统新增加的有害信息（噪声），治病就是要消除这些信息；如果代表疾病的新信息一旦产生便永恒存在下去，得病就意味着死亡了。所以，对于系统来说，信息的消失和信息的积累、创造是同等重要的。

有信息的运作就有不同事物的相互联系和作用。有互动就有信息的交换，组分之间、不同分系统之间、不同层次之间、系统与环境之间的互动有时可以不考虑物质和能量的交换，却一定要考虑信息的交换。在物质世界中，事物之间的互动总是同时进行着物质、能量、信息的交换；在社会系统中，个人之间、团体之间、国家民族之间不停地发生思想互动，思想交流当然也要消耗能量，但仅仅是为了交换信息，而非以交换物质和能量为目的。

整体地看，信息是系统在同外界相互作用时交换来的非物质的东西，交换出去的信息原本蕴藏于系统的组分、结构、属性、行为中，交换进来的信息原本蕴藏于环境以及系统跟环境的关系中，反映的是物质运动、能量转换的特性、方式和程度等等。系统识别环境，跟其他系统通信，目的是形成、维护、改进自己的结构，或创造全新的结构。所谓结构，实质是内化了的、稳定的信息运作模式，系统凭借这种模式把组分整合为一体，去感受、辨识、预测环境，从事信息的加工、处理、传送、存储、提取、创新、消除等运作，支配物质和能量运动，制定应对环境、维护和发展自己的策略，指导自己的行动。

9.5 信息与负熵

熵是物理学的基本概念之一，克劳修斯基于热力学从宏观上阐述的熵概念，后来被理解为系统混乱即无序性的度量。他认为物理世界的自发过程总是向着熵增加方向进行，也就是宇宙不断向无差别的热平衡状态退化，这样的论断被称为"热寂说"。波尔兹曼给熵以微观解释，把信息与熵联系起来，信息被理解为系统有序性的度量，熵增加意味着系统丢失了信息，这些观点已经包含信息是负熵的思想。薛定谔把熵概念推广应用于生物学，提出负熵概念和著名论断"生命是靠负熵来喂养的"，把负熵和生物有序性联系起来，开拓了从信息运作角度理解生命现象的途径，也提供了用信息论诠释自组织和他组织的途径。广义地讲，外部环境给系统提供资源、营养、有利条件就是提供负熵，负熵就是信息。申农定义的信息熵 H 刻画的是系统消除不确定性的能力，实质就是负熵，公式（9-2）提供了计算负熵的方法。维纳把负熵概念推广应用于机器、动物和社会领域，实际是把负熵作为系统科学的一般概念，信息的负熵原理成为系统科学的一般原理。

讲"信息是负熵"在一般情况下都是正确的，而且揭示出信息对系统的根本价值，具有重要的系统学意义。现实的系统必定同时存在两种趋势，一是正熵的自发增加，二是系统的反熵行为，通过信息的创新、增殖、变化、传送等手段以减少正熵，增加负熵。能够做到后一点的系统是有生命力的系统，不能做到这一点的系统势必走向消亡。维纳说："在控制和通信中，我们一定要和组织性降低与含义受损的自然趋势作斗争，亦即要和吉布斯所讲的增熵趋势作斗争。"除了通信与控制，人的一切实践活动，科学、技术、工程上的发现、发明、设计、构建、创造，经营管理中的运筹、决策、操作，文艺创作和表演，一切的一切，都是在反熵，即减少正熵而增加负熵。社会进步的历史就是信息量和信息种类不断增加、信息品位不断提高的过程，在向信息社会过渡的今天，人们应更清楚地理解这一点。

但也不能一概而论。信息与噪声、负熵与正熵相比较而存在，相对立而演变，无不在一定条件下相互转化。从通信的角度看，作为通信大敌的噪声显然属于正熵，噪声是反信息，通信系统力求躲开和消灭噪声。但即使在通信工程中，噪声也可能发挥积极作用，利用噪声的通信有其特殊价值。何况噪声和信息的区分是相对的，对系统 A 是噪声的东西，对系统 B 可能是信息。从系统演化角度看，噪声能起消除失效信息、创生新信息的特殊作用，故有噪声导致进化的观点。另外，提供信息未必一定是提供负熵。哄孩子的话大都是谎言，安慰病人的话也多有谎言。谎言原本不是信息，而是噪声。但善意的谎言在许多情形下有利于病人或弱者的生存，就语用信息看，善意的谎言给对象带来的是负熵，讲出实情倒有可能给对象输入正熵。须知人世间的事情是复杂的，在信息问题上也应该辩证地对待。

9.6 信息与涌现

宇宙中已发现的基本粒子不过几十种，化学元素不过108种，由它们构成的物体却有无穷的差异。同样是那些基本粒子和原子，整合、组织成物理化学分子，如漂亮的水晶石，或天上的云街，都不具备生命力；按照生物大分子的形式组织起来，再进一步按照细胞的结构模式加以整合，就具有神奇的生命力。同样的粮食，做法不同，饭的色、香、味大不相同。几乎完全相同的元部件，按照不同的结构模式组装为完整的机器，就呈现出显著不同的性能，甚至被视为重大技术创新，这种现象司空见惯。一个企业由于管理不善而濒临倒闭，调整领导班子，改变经营理念和管理方式，就可能转变为盈利大户。同样黄皮肤、黑眼睛的中国人，同样是960万平方公里的国土，在鸦片战争和抗美援朝战争中的表现和结果有天壤之别，原因概在于系统自身的组织结构不同。总之，组织、整合、管理方式的不同，系统将有不同的特性、行为和功能。由此提出一个重大理论问题：系统整体涌现性的成因是什么。

技术科学层次的理论主要回答做什么和怎么做的问题，基础科学层次的理论主要回答是什么和为什么的问题，核心是揭示世界的奥妙，解除困惑人类理性的种种神秘性。自然科学的发展基于物质运动、能量转换原理消除了一系列困惑人类数千年的神秘性，但面对亚里士多德"整体大于部分之和"的命题却一筹莫展。同样的组分材料，同样的能量消耗，却呈现出极不相同的系统整体特性，这种差异从何而来？这个困扰人类心智的大问题，自然科学和社会科学无法回答，甚至被当成伪问题，要靠系统科学和信息科学来解决。

系统科学的回答是：系统产生整体涌现性的奥妙在于信息，而不在于物质和能量。信息不同于物质和能量的一大特点是，物质是不灭的，能量是守恒的，而信息不守恒，信息可生可灭。把分散存在的东西组织起来，既不增加，也不减少宇宙的物质，改变的只是物质存在的形式。而物质形式的改变实质是信息的创生、消灭、变换。同样一盒积木块，小孩子可以搭成房子，也可以搭成宝塔，呈现出两种形态和功能不同的系统。这期间改变了的是什么？作为物质实体的积木块没有任何变化，两者耗能的差别也可以忽略不计，改变了的只是积木块的相对位置、关系、作用等，即信息。孩子头脑里创生了房子的结构信息，他就搭成房子，你看到（描述）的是门、窗、墙壁等，都是信息；孩子头脑里创生了宝塔的信息结构，他就搭成塔，你看到（描述）的是宝塔的式样、层数等，也是信息。两种系统的信息是孩子的设计和操作创造的，把它们推倒，这些信息随即消失殆尽，而积木块依然如故。这就是信息的神奇之处。玩积木如此，物质世界的一切系统皆如此。

整体涌现性的来源和奥秘正在于信息可生可灭这种不守恒性，新系统的生成，旧系统的衰亡，系统的维持、演化、发展，一种系统转变为另一种系统，归根结底是信息的创生、传送、转换、增殖、损耗、消除。信息代表系统的整合力和整合方式，代表系统的组织力和组织方式，信息的一切运作都不可能造成物质和能量的增减、生灭，却可能改变物质存在和能量转换利用的方式。本系统增加的物质、能量，是从环境获取的；本系统减少的物质能量，转移于环境之中。系统各种涌现特性的呈现和消失仅仅是信息的创生、传送、转换、增殖、损耗、消除的结果，宇宙的物质、能量虽然没有生灭增减，但整合、组织、转换、利用它们的方式改变了，因而出现了新组分、新结构、新属性、新功能、新系统。

钱学森："在组织一个大系统的过程中，系统内部的信息传递是个非常重要的问题，信息的准确程度对整个系统的功能关系极大。"系统科学的基础理论，即钱学森倡导的系统学，是关于系统整体涌现性的科学。涌现的科学定义，涌现的特征，涌现发生的条件，涌现形成的机制和规律，如何描述或刻画涌现，如何控制涌现的发生和发展，如何利用涌现趋利避害，等等，是系统学的基本课题，必须从信息观点来考察。这种科学探索还刚刚开始，今天的人们对此所知甚少，系统学还任重而道远。

第 10 讲

系统工程

从本讲起，我们开始逐章介绍系统科学的具体学科，首先要讲的是系统工程。翻开中国近 30 年来的报章杂志，系统工程早已成为一个常见的词汇，工程家、实业家、科学家、学问家、军事家、政治家、教育家，以至工人、农民、士兵、学生、社会大众，甚至艺术家，都在讲系统工程，试图把系统工程方法应用于自己的工作和生活中。

10.1 系统工程简史

从古到今，凡是成功地解决了某个实际问题、办成某件有意义的事情，以现代科技的眼光去审视就会发现，他们都应用了今人所说的系统工程方法，都符合系统工程原理。钱学森说得好："在人类历史上，凡是人们成功地从事比较复杂的工程建设时，就已不自觉地运用了系统工程方法。"从国外情况看，建造埃及金字塔，修筑古罗马城，架设伦敦大桥，开凿巴拿马运河，都是用组织起来的方式以系统工程方法解决问题的不朽范例。在我国历史上同样有大量体现了系统工程思想和方法的佳作杰构，这里仅举两例。

大约公元前 250 年左右，秦昭王在位期间，蜀守李冰父子领导民众在岷江上游修建了都江堰水利工程。工程涉及分水、引水、溢洪、排沙的复杂关系，李冰父子利用当地山形、水势、沙流的特点和相互关系，以及地质条件，把整个工程分解为"鱼嘴"分水工程、"飞沙堰"分洪排沙工程、"宝瓶口"引水工程三大主体分工程，加上 120 个附属围堰分工程，就地取用卵石、竹子、木材，完成了这一伟大创举。跟主要靠挖渠、凿洞、筑坝而构筑的现代水利工程相比，都江堰水利工程通过对自然地理环境的最小改变，巧妙地集防洪、排沙、灌溉于一体，获得巨大效益，2500 多年来一直造福于当地人民。该项工程所体现出来的系统工程思想，常令今天的系统工程师叹为观止，大有值得今人借鉴之处。

北宋大中祥符八年（1015），皇宫失火被烧毁，大臣丁谓奉朝廷之命"营复宫室"。他所面临的难题之一是，运输、存放建筑材料同清理废墟和施工之间存在矛盾，尤其"患取土远"。丁谓的做法是，先把宫前大街挖成一条大沟，引汴河水入沟形成一条可以行船运输的水道，各地收集来的竹木排筏以及由船运来的各种材料，都经过沟渠运入宫中。待工程完毕后再把水排放掉，将废弃无用的砖瓦、石头、泥土等填入沟渠，重新修筑成为通衢大街。整个工程体现了令人击节称赞的整体协调性，收到"一举而三役济，计省费以亿万计"的效果（《梦溪笔谈》）。拿现在的标准看，同样称得上是一项杰出的系统工程。

但是，一直到 20 世纪 40 年代以前，在漫长的人类历史上，尽管这类杰出工程事例数不胜数，创造了极其宝贵的经验和技术，却都不能同现代系统工程相提并论。因为他们没有系统工程概念，没有理论指导，不是自觉应用系统观点，所凭借的主要是个别杰出人物在实践中练就的杰出办事经验和艺术，因而不能系统地传授，无法大规模地推广应用。其结果，与人类生存发展密切相关的大量工程活动由于没有这种科学技术可用，往往经历不必要的曲折，工程效率低下，所积累的经验也难以传承和发展。

进入 20 世纪以来，一方面是科学技术获得极大发展，另一方面是生产过程和经营管理的大型化、复杂化，导致工程活动也在大型化、复杂化，工程的经营管理单凭个人经验和艺术远远不能满足要求，如何应用科学技术于工程活动的组织管理成为时代的迫切需要。从那个世纪初开始，不同领域分别出现了一些互不知情的尝试，经过数十年的探索和积累，到了 20 世纪 40 年代，特别是在那场人类历史上规模空前的世界大战的强劲推动下，系统工程作为一种科学的技术和方法，其产生的客观社会需要和科学技术自身的准备条件终于齐备了。

20 世纪 40 年代，贝尔电话公司承担了设计建造美国电话通信网络的任务，在工程组织管理上进行了大胆创新。他们应用系统观点，明确地把该项工程任务看成一个系统，按照时间顺序划分为规划、研究、开发、开发中的研究、工程实施五个阶段进行管理，取得良好效果。除提供了一个成功的案例和一套具体经验之外，重要的还在于他们首创了一个新概念——系统工程，来称谓工程组织管理的这种新技术、新方法。

系统工程这个词一出现就不胫而走，迅速被不同行业的工程家采用，在多种大型工程项目和军事装备系统的研制开发中展现出前所未有的有效性。最著名的是阿波罗登月工程，美国人承认，此一工程的成功首先归功于应用系统工程方法。20 世纪 50 年代中期，美国密执安大学的古德和迈克霍尔对这方面的实践经验做出初步的理论总结，出版了这个领域的第一部专著《系统工程》。20

世纪 60 年代，A. D. 霍尔为系统工程制定了一套颇具特色的方法论，被称为"霍尔三维结构"。自此，系统工程作为一个新学科正式形成了。

系统工程在中国的发展主要得力于钱学森的推动。钱学森关于系统工程的研究起步于他还在美国工作时期。加州理工大学喷气推进中心（JPC）是美国航天系统工程的发源地。1949 年，钱学森担任该中心第一任 Goddard 讲座教授，正是 JPC 开始研究和应用系统工程的时期，钱学森无疑是美国航天系统工程的创建者之一。1955 年回国后，钱学森承担了创建中国航天事业主要科技负责人的重任。中国的科学技术基础远远落后于美国，要在这样的条件下搞航天事业，而且在比美国和苏联还要短的时间内获得成功，系统工程方法的应用起了重大作用。在长达二十多年的工作中，钱学森又吸收了苏联航天科技的管理经验，把系统工程的一般原理和方法应用于中国的具体情况中，在导弹和卫星研制取得极大成功的同时，在系统工程思想和实践方面也取得丰富的收获。20 世纪 70 年代末，钱学森逐步淡出国防科技领导层，重新把主要精力用于学术研究，首先就是从理论上总结中国航天系统工程的经验，发表了大量文章和讲演，形成有中国特色的系统工程理论。主要内容有：系统工程的产生背景和历史沿革，系统工程的定义和学科归属，系统工程的理论基础和应用前提，部门系统工程的划分，实施系统工程的组织形式等。有关成果汇集于《论系统工程》一书中，已成为中国系统科学的经典著作，产生了广泛而深刻的影响。

10.2 系统工程：组织管理的技术

用系统观点和语言学观点考察，系统工程是一个复合概念，由系统和工程两个亚概念整合而成，其内涵由系统和工程的内涵及其整合方式决定。工程一词规定了发挥作用的对象范围和功用，系统工程是为解决工程实践问题而提出来的，突出的特点是强调实践性，追求有效性、可行性、便用性、经济性等；系统一词规定了它的指导思想和方法论，必须把对象作为系统，自觉应用系统思想和系统方法解决工程问题，以区别于传统的工程。

在人类工程史上，由于没有系统观点和方法的指导，干工程而没有通盘考虑，不做统筹规划，零敲碎打，头痛医头，脚痛医脚，拆东墙补西墙，这类现象比比皆是。随着近代科学发展起来的还原论也广泛渗入工程活动中，许多工程家误以为科学方法就是分析方法，只要善于把一项工程划分为诸多小工程，做到分工明确，各司其职，就能把工程搞好。这是把整个工程当成各个分工程的简单加和，忽视分工程之间的协调配合和整体目标，必然导致工程效率低下，甚至失败。系统工程就是为纠正这种失误而提出来的，强调把工程作为系统对待，整个工程不是各分工程的加和，而是一个有机整体，必须从整体上认识和解决问题。

工程的灵魂是它所使用的技术，技术的高下优劣决定工程的高下优劣。技术＝工具＋设备＋程序＋方法，工具设备属于硬技术，不同类型的工程拥有不同的硬技术，不属于系统科学的研究范围；工程组织管理的程序和方法属于软技术，既然工程都是作为过程系统而存在和展开的，适用于工程的方法和程序就应当符合系统思想和原理，必须讲究整体性、相关性、有序性、开放性等，作为实践活动还讲究可靠性、平稳性、快速性（时效性）、安全性等。这就是为什么在工程一词前面加上系统这个修饰词的缘故。

切忌把系统工程跟土木工程、冶金工程、建筑工程、航天工程等并列起来，以为系统工程不过是在这些已有工程之外的另一类新的工程。系统工程其实不是工程实践，而是干成干好工程实践必须应用的方法、程序和技术，一种知识体系。简言之，系统工程是组织管理的技术。表述得更明确点，如钱学森所说："'系统工程'是组织管理'系统'的规划、研究、设计、制造、试验和使用的科学方法，是一种对所有'系统'都具有普遍意义的科学方法。"其特点可以概括如下：

（1）系统工程是一种知识体系，不是工程实践；

（2）系统工程是工程技术，不是科学理论，讲究的是实际功效；

（3）系统工程是普遍适用的方法，一切工程都适用；

（4）系统工程的精华是系统观点，强调从总体着眼构思，从局部着手实现，从全局出发用好局部，从全过程出发关照好各个阶段。

如何把系统思想贯彻于工程项目的组织管理中，使工程活动具有足够的科学性、可行性、经济性，霍尔的三维结构提供了迄今为止最有说服力的概念框架和思路。不妨分别就他所说的三个维度来考察系统工程。

10.3　时间维中的系统工程

工程的系统性体现在时间维中，就是工程活动由诸多阶段（步骤、活动）组成，不同阶段之间存在前行与后继的关系，或因果关系，哪些操作必须在前，哪些操作只能在后，哪些操作可以同步或交叉进行，哪些操作允许机动安排，等等，都有一定章程，需要严格划分、精心安排、精心组织。工程作为过程系统，有起点和终点，起点和终点的确定，阶段的划分，不同阶段的衔接和转换，如何从起点有计划有步骤地过渡到终点，都要讲究客观性、科学性、系统性和可行性。

尽管具体的工程千差万别，但撇开各个特殊的具体特性，工程作为系统应有共同的过程结构，即适用于一切过程系统的阶段划分。霍尔最先提出并研究了这个问题，认为一般工程都是由以下五个阶段组成的过程系统：

1. 系统研究阶段（纲领性规划）。一个工程项目摆在面前，系统工程师首先要对工程的环境进行研究，包括自然的（物理的）、经济的和社会的环境。这个阶段有两个目标：一是制定总体工作纲要，在政策上取得一致意见，包括资源和新的开发在各个项目中如何分配；二是为下一步提出具体方案提供背景信息，如成本、资料、新技术的应用等。在此阶段上，系统工程师不仅要做广泛的技术调研，全面掌握相关技术的发展状况，还要作成本费用和顾客需求的研究，以便制定出实行一项系统工程的总体方案。

2. 探索计划阶段（拟定方案Ⅰ）。本阶段的目标是，在系统研究阶段工作的基础上，提出具体方案、解决具体问题和分析具体需要，指明进行某种特殊的开发研究将解决什么问题，确定下一步开发研究需要做哪些中间实验，解决哪些理论问题。这些研究都是探索性的，既有涉及技术的和物理的环境问题，也要查明拟议中待开发的新工程在技术上和经济上的优缺点，为制定开发研究计划提供材料，打下基础。

3. 开发计划阶段（拟定方案Ⅱ）。以上一阶段的初步方案为基础，本阶段的任务是具体描述行动计划，具体说明行动的目标和达到目标的方法建议，以便让工程管理者依据它来指导整个开发过程。开发计划有五个要点：（1）确定总的目标；（2）确定具体目标，这些具体目标整合起来即可确定能够满足总目标的整个系统；（3）将目标与现行技术进行比较，查明足以达到目标的技术手段是否具备，有哪些尚待开发的新技术，制定新的开发项目和方案；（4）作费用估算，找出最省最好的方案，制定总体财政计划；（5）查明尚存的不确定性问题，收集新的财政资料，最后做出工作计划书。

4. 开发阶段中的研究（实施阶段Ⅰ）。上一阶段主要是制定开发计划，本阶段的工作是执行这些计划，对所查明的问题进行研究，向工程实施阶段提出各种具体要求，向有关人员解释开发计划中的技术材料，如果发现更好方案，应该调整或改变开发方案。这类研究的参与人员众多，需要系统工程师进行协调。开发活动的后期包括某些实施计划的内容，如工程系统工程在第四阶段后期开始进行生产和安装活动，故称为实施阶段Ⅰ。

　　5. 工程实施阶段（实施阶段Ⅱ）。开发研究包含工程实施的第一阶段，本阶段才是实施阶段的主干部分，应该在所有开发工作都已完成后再开始。这一阶段的任务还包括总结经验，掌握技能，还要不断与客户联系，进行某些必要的实验，不断改进系统。由此缘故，这一阶段也称为系统的后续阶段，或反馈阶段。

10.4　逻辑维中的系统工程

　　在更深层次上考察就会发现，工程的系统性还体现在工程活动过程的内在逻辑性上。只要是工程实践，不论其具体内容有多么不同，分析和解决问题的思考程序大体是一致的，思维过程的这种逻辑同型性是工程过程的客观逻辑性的主观反映，哲学上叫作思维与存在的同一性。霍尔最先领悟到这一点，发现就分析和解决问题的思考程序来看，上述五个阶段都包括以下几个步骤，即具有相同的逻辑结构。他称之为系统工程的逻辑维，要求系统工程师按照此一逻辑结构开展（细化）各阶段的工作：

　　1. 明确问题（问题定义）。给所要解决的问题以准确的表述或界定，叫作问题定义，其意义非同小可。同一工程项目的不同问题定义，决定了工程目标和技术路径也不同。定义问题是系统工程的逻辑起点。一项工程要解决的问题产生于客户（包括市场）需求，又受到大环境的制约和限定。例如，中国在20世纪60年代搞"两弹一星"，科技的和经济的环境远远不能跟美苏相比，美苏两家当时都断定中国自己搞不成"两弹一星"，这绝非无稽之谈。定义问题包括两个相互联系的方面，一是准确描述客户需求，二是查明能够利用的环境和条件，以及必须承受的环境制约和限定；把这两方面有机结合起来，以便认定工程上马的必要性、科学性、可行性和经济性。"两弹一星"的成功，就在于应用系统工程方法深刻认识中国的国情，正确地规定目标，选择了一条切实可行的工程路线。

　　2. 目标选择与评价标准的确定。问题定义是目标选择的逻辑前提，目标选择是问题定义的逻辑结果。一个工程系统开始时的可能性空间（不确定性空间）是巨大的，甚至是无限的。一个良好的问题定义能够显著地压缩可能性空间，显著地增加问题的确定性，使目标选择变得切实可行。而目标选择进一步压缩了制定方案的可能性空间，便于引导人们寻找达到目标的各种可能方案。目标选择还规定了评价系统优劣的标准，包括定量化指标，如可靠性、稳妥性、经济性、安全性等。明确问题属于工程认识，目标选择属于工程决策。

3. 系统综合。前两个步骤解决的是做什么的问题，包括系统的任务、追求的目标、必须适应的环境等。接下来几个步骤要解决怎样做的问题，第一步是系统综合。系统综合的任务是提供一组满足系统目标、能够经受住评价的备选方案。系统综合的实质是创新，因为优化的方案一般都不是现成的，而是基于特定的任务、环境和目标创造出来的。创新的基本模式有二：一是集成性创新，即对现有技术和方案进行筛选、重组、整合，通过创造新的系统结构模式而集成现有技术以产生（涌现出）新的系统性能；二是原创性创新，新方案的关键组分（技术）是新创的，再设计新的结构模式，以产生全新的系统性能。系统综合是系统工程师展现创造性才华的绝佳场合。霍尔说得好："系统工程师在某种意义上是个梦想家，他用在物理上和经济上可行的东西，和他所期望将来能够实现的东西，来描绘一幅梦幻图景。"

4. 系统分析。依据系统目标和评价标准，考察上一环节（系统综合）所提出的所有备选方案，查明每个方案的属性、特征、优缺点，确定它们在何种程度上实现了系统目标，再从多个角度（如技术因素、工作进展、成本费用、难易程度等）对不同方案进行比较，为下一步骤的系统优化打下基础。系统综合的结果基本是定性的东西，实际工程必须有定量结论，这就是系统分析的任务，通过分析计算给出精确、可靠而完备的数据。因此，系统分析的关键是建立系统的数学模型，进行数学分析和数值计算，没有这一步的工程组织管理还不是真正的系统工程。不同方案的比较往往是复杂的，每个方案付诸实施都可能出现意想不到的结果，有时还可能出现灾难性后果，故必须小心谨慎。

5. 选择最优系统。完成了系统综合和系统分析，就逻辑地走到工程系统决策中的决定性环节：从各种备选方案中选择最优方案，确保系统优化。单指标择优简单而确定，多指标择优一般都比较复杂；备选方案较少时择优易，备选方案较多时择优难；备选方案多而指标非单一，不同指标相互抵触，这方面优则那方面非优，那方面优这方面就不优，不存在各方面都最优的方案，须进行综合评价，只能相对地追求多目标综合优化。这种优化决策不能建立在"拍脑瓜"基础上，须要借助数学手段，力求决策的科学化。

6. 实施计划。把选定的方案付诸实施，是系统工程应用全过程的最后一个逻辑环节。实施过程并非一概不做研究，实际上，实施中局部修改方案的事并不罕见，发现重大问题而回头重新进行某个步骤的事也是有的。

以上六个步骤不是以问题定义为起点、以实施计划为终点的单向链式结构，而是包含多个反馈环的复杂结构。

10.5 知识维中的系统工程

无论从时间维看，还是从逻辑维看，运用系统工程解决问题的过程属于知识密集型劳动。历史地看，系统工程实际上是适应所谓知识型经济和知识型社会的孕育而产生的，它的广泛应用又加速了知识型经济和知识型社会的出现。

系统工程师首先要懂得系统科学，善于从整体上认识和解决问题。系统工程师不负责解决工程的专业问题，只负责解决工程的组织管理方面的问题。把系统工程作为一个学科，其宗旨是要把千百年来人们单凭经验甚至艺术进行的工程组织管理上升为科学技术，自觉而全面地应用系统科学原理和方法于工程实践中。但必须指出，用好系统工程并不排除经验知识和组织管理的艺术；相反，一个成功的系统工程师必须把科学技术同实践经验和办事艺术结合起来，把逻辑思维和形象思维结合起来。

工程的系统性还体现在它所用知识的系统性上。我们说系统工程是普遍适用的方法，指的是一切工程活动都能够而且需要使用系统工程，并不意味着任何工程只用系统工程方法就可以解决问题。既然人们的一切办事活动都是工程，工程活动的类型必定千差万别，各有特点，系统工程只提供工程组织管理的一般方法和技术，各种具体工程的造物活动还需要各自的专业知识。工程系统工程还需要自然科学的知识，教育系统工程还需要有关教育工程的专业知识，军事系统工程还需要有关军事工程的专业知识，等等。把每一种具体工程的专业知识同系统工程的普适知识结合起来，形成各种部门系统工程，如企业系统工程、行政系统工程、法治系统工程、科研系统工程、工业系统工程、农业系统工程、社会系统工程、环境系统工程、情报系统工程、计量系统工程等等。

由于工程都追求实用价值，都需要消耗物质资源，故一切工程都要考量效率和效益，讲究经济性，都要做投入产出分析，或成本效益分析。这类工作属于工程的组织管理范畴，正是需要系统工程处理的问题。所以，系统工程师必须要懂得一些经济学知识，要有经济头脑。此外，任何工程都是在社会环境中进行的，牵涉到法律、政治、文化、舆论的方方面面，系统工程师必须对这些方面的知识有足够的储备，必要时参与解决工程在法律、政治、文化、舆论方面的问题。总之，系统工程师应是所谓 T 型人才，知识渊博，头脑灵活，求真务实。正是基于以上考虑，霍尔提出系统工程的知识维、时间维、逻辑维，将此三个维度统一起来，就是图 10 - 1 所示的霍尔三维结构。

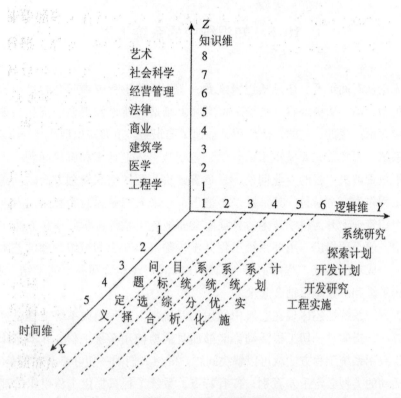

图 10 - 1　霍尔三维结构

　　仅仅把系统工程理解为管理技术是片面的，系统工程同时也是一种科学思想，核心是系统思想。对系统工程师来说，居第一位的不是积累系统科学的知识，而是掌握系统思维，积累系统工程的经验。系统工程师还要有哲学头脑，从哲学高度思考工程问题。著名系统工程专家都富有哲学思想，从迄今著名的系统工程案例中都可以窥见哲学的洞见。系统工程师要培育创造性思维，因为系统工程是"组织化的创造性技术"的一部分（霍尔）。

10.6　系统工程的几项重要技术

　　经过数十年的努力，系统工程已积累了大量行之有效的技术和方法。这里介绍以下三点，希望有助于读者领略系统工程的精妙之处。

（一）计划评审技术（PERT）。PERT是一种采用网络形式的工作流程图来安排、分析工程计划进度的方法，首先是为了在工程实践中合理控制时间、寻求最优工期而创造的，后来推广应用于调配资源、控制成本费用、优化工期等方面。PERT网络由四种要素组成：（1）事项，代表工程的始点或终点，无须消耗时间和资源；（2）作业，指工程中须消耗一定资源和时间的每一项活动，由事项和连接箭线组成，事项是作业之间的连接点；（3）路线，指的是以工程开始时刻为始点，终了时刻为终点，从始点开始顺着连线箭头连续地到达终点的通路；（4）虚作业，指网络分析逻辑上需要、实际操作时不需要（不消耗资源）的作业，用虚箭头表示。网络图把一项系统工程的所有作业（活动）、不同作业之间的有机联系和相互制约形象直观地表示出来，使系统的整体和细节一目了然地呈现于面前，便于系统工程师整体地分析、了解和掌控整个工程，也便于各个分系统相互了解、沟通和配合。图10-2是一架飞机研制网络图的简化表示。

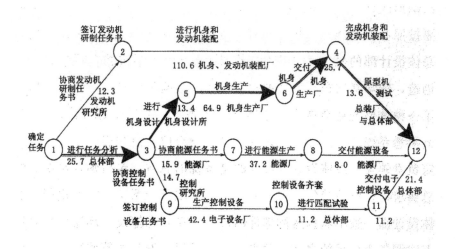

图10-2　一架飞机研制的网络图

（二）关键路径法。在PERT的网络图中，从始点到终点有多条路径，大型复杂系统工程存在数量巨大的可能路径，其中，必有一条路径对工程全局具有决定性的影响，称为关键路径，或称为短线。例如，整个工程能否按期完成，要看关键路径能否按期完成；要缩短整个工程的工期，要看能否缩短关键路径的工期。这是优化系统工程的重要方面。绘制出PERT的网络图之后，系统工程师必须找出关键路径，把指挥调度的重点放在关键路径上。明确关键路径也便于工程的各分系统明了自身在整体中所处地位，尽到自己的责任。这套技术就叫作关键路径法，它是哲学上抓主要矛盾思想在系统工程中的具体应用。

（三）总体设计部方法。个人从事的工程活动也用得上系统工程方法，但只有大型复杂的工程过程才能充分显示系统工程方法的优越性。组织众人从事工程活动就需要专职的组织管理者，由一个人带领若干助手或参谋人员所组成的管理者群体行使系统工程师的职责。但随着现代工程的大型化和复杂化，这样的组织形式已不能有效地运用系统工程方法，工程的组织管理者也需要按照系统原理组织起来，以承担系统工程师的职责。由此产生了总体设计部的概念，以及相应的组织形式。它首先由苏联航天部门创造，钱学森结合中国发展航天事业的经验加以充实和提高，形成一种重要的社会技术。总体设计部是运用系统工程方法的集体，由熟悉系统各方面专业知识的科技人员组成，由知识面比较广的专家负责领导。总体设计部设计的是系统的总体，包括确定对系统的总要求，设计系统的总体方案，以及实现整个系统的技术途径，总体设计部一般不承担具体部件的设计工作。总体设计部还要从总体上协调各个分系统之间的关系，解决矛盾，做到统筹兼顾。总体设计部还要把本系统当成更大系统的一部分，从这个更大系统的需要来设计本系统的总体，协调与更大系统其他部分的关系。总体设计部方法在中国航天事业的崛起中发挥了不可或缺的作用，现在正向其他行业推广。

第 11 讲

运筹理论

从学科形成和发展来看，运筹学和系统工程难解难分，国外系统科学界至今仍有人划不清二者的界限。本节遵照钱学森的意见，把运筹学当成系统科学体系中的一门技术科学，为系统工程提供理论指导。

11.1 运筹学简史

历史上运筹决策的杰出事例数不胜数，但都属于经验和艺术的范畴。科学界对运筹问题的探索始于 20 世纪，著名的有约翰森（1907）和爱尔朗（1909）的电话拥挤现象研究，泰勒的工时定额研究（1911），兰彻斯特用数学方法对作战格局的描述（1916），列文森对零售问题的研究（1926），列昂捷夫对投入产出的研究（1932），康托洛维奇对工业生产计划安排的研究（1939），等等。总的来说，这些工作是各自独立进行的，研究者尚未意识到这类问题的共同本质，没有明确以系统思想为指导，尚未把事理同物理区分开来，共同点是自觉地把自然科学方法引入事理领域。进入 20 世纪 30 年代之后，这类探索在明显加速，虽然还形不成一个特定的研究领域，但正在从星星之火迅速走向燎原之势。

决定性的推动力来自第二次世界大战。随着法西斯在德国崛起，新的战争威胁迫使英国从 1935 年起开始进行有组织的军事运筹研究，主要是关于皇家空军的设备、飞行人员、地勤人员战术配合的有效性评估，创造出一些运筹学基本技术。战争爆发后，为解决德军夜间空袭给本国防空带来的种种问题，英国陆军防空指挥部于 1940 年秋成立了以物理学家伯莱克特为首的军事运筹小组，后改为陆军运筹部，做了卓有成效的工作。伯莱克特于 1941 年草拟的"运筹备忘录"，对大西洋两岸的运筹学研究产生了深远影响，标志着军事运筹学已呈现雏形。鉴于这类问题都跟 Operation 有关，故被英文文献称为 Operation Research，由于战时保密的缘故，当时没有公开，只称为 OR，即中文文献现在讲的运筹学。如此命名也表明人们已经意识到这是一类不同于物理问题的问题，一种不同于自然科学的科学。

由于战争需求的紧迫性，运筹研究在参战后的美国迅速发展起来，并逐步取代英国成为这一领域的主力，对战胜法西斯发挥了重大作用。OR（美国人称为 Operational Research）方法在军事运筹中发挥的出色作用，使科学家预感到它在民用事业（特别是经济和工业管理）中应用的巨大可能性。战争结束后，发达国家特别是美国的一批学者开始向民用领域推广 OR 方法，并迅速取得成功。这个时期的 OR 方法在理论上也取得巨大进展，如旦捷格创立的单纯形法（1947），给线性规划提供了强有力的计算方法，大大扩展了它的应用范围。1948 年，英国建立了第一个运筹学组织，1950 年出版《运筹学季刊》。1949 年，美国也建立了运筹学组织，1952 年出版了《美国运筹协会学报》。1951 年，美国学者莫尔斯（美国运筹学创建时期的领军人物）和金博尔写出这一领域的第一本著作《运筹学方法》。这些事件标志着运筹学正式诞生了。

运筹学在 20 世纪 50 至 60 年代取得巨大进展：一是十多个主要分支学科相继建立，使运筹学成为一个庞大的知识体系，有一整套漂亮的数学理论，其精确性庶几可以跟自然科学媲美；二是运筹学走出英美世界，掀起世界性的理论研究和实际应用的热潮；三是在军事、经济、社会、政治、文化等领域得到广泛应用，获得难以估量的实际效果。

中国的运筹学是从国外引进的。OR 诞生之时，滞留于美国的钱学森在从事控制论研究的同时，也注意到运筹学的发展，嘱咐即将回国的学生把运筹学带回祖国，断定运筹学在社会主义的中国必定有大用场。1955 年回国途中，他和同行的许国志已开始策划如何把 OR 引进中国。回国后，他们在中国科学院组建了中国第一个 OR 小组，后发展为运筹学研究室，隶属于中国科学院力学所。如许国志所说："在草创初期，力学所的运筹学室受钱学森的学术思想影响很深。"1978 年以后，钱学森从系统科学学科体系建设的整体出发，厘清运筹学与系统工程的关系，明确了运筹学是技术科学，而非基础科学，研究对象是事理运动而非物理运动。鉴于国际运筹学界面对"OR 向哪里去"的问题议论纷纷，莫衷一是，钱学森经过深思熟虑提出两点方向性的意见：一是就对象系统的特征看，研究工作应该"向巨系统方向推进"；二是区分运筹学和事理学，提出建立事理学的任务。这些意见已经发生了相当的影响，其更深远的科学意义还有待系统科学今后的发展来评价。

11.2 运筹学：指导系统工程的科学理论

从系统工程逻辑维的讨论中看到，应用数学模型进行精确的定量分析计算，获得必要的数据结果，对于有效解决实际工程问题是十分重要的。如钱学森所说："为了在实际系统研制成功以前拟定与验证系统的总体方案，估计系统各组成部分之间的相互适应性，考察系统在实际的或模拟的外部因素作用下的响应，按照系统工程的方法，总是把与系统有关的数量关系归纳成为反映系统机制和性能的数学方程组，即数学模型，然后在约束条件下求解这个数学方程组，找出答案。这个过程就叫系统的数学模拟。"系统工程是工程技术，不是理论原理，需要有一个专门的科学理论给系统工程提供建模的原理、方法、技术。这就是运筹学，一种体系组织管理的实践所总结出来的、有普遍意义的科学理论。

草创时期的运筹学已明确提出，它所研究的问题是非自然科学的，几乎都涉及人的参与，涉及策略和反策略的较量，但解决问题的途径必须遵循自然科学家所习用的思路，走定量化的道路（伯莱克特）。在钱学森的系统科学体系结构中，系统工程是工程技术，不是科学理论，运筹学是科学理论，不是工程技术，二者分属两个层次。运筹学是一门定量化的科学理论，一种最优化理论，大量使用数学工具，故钱学森有时称运筹学为系统工程的数学理论。但运筹学总体上毕竟不是数学，更不是自然科学，而是关于如何办事的科学理论，一种关于事理的定量化科学理论。

从数学角度看，运筹学的内容有三大块：一是系统工程必需的数学建模理论；二是求解数学模型、对模型解进行分析的算法，如线性规划的单纯形法、网络分析的标号算法等；三是运筹数学自身的理论（概念定义、定理证明等），如对偶理论。第一项特别强调的是系统思想，决定性的环节是把握问题的事理本质，由此规定了运筹学属于系统科学，而非数学。后两部分又称为运筹数学，既是运筹学的组成部分，也是数学的组成部分，它们也须符合系统思想，但起关键作用的是数学思想和数学技巧，而非系统思想和系统技术。

由于运筹问题千差万别，各具不同的数学本质，故不存在适用于一切运筹问题的统一数学模型。只能依据系统思想把现实的运筹问题划分为若干普适类，分别制定数学模型，一种数学模型对应着运筹学的一个分支学科，形成运筹学的不同分支学科。按照数学模型对运筹学分支的划分，主要有：

·线性规划，可用线性数学模型描述的、关于制定办事规划的科学理论；

·非线性规划，需用非线性数学模型描述的、关于制定办事规划的科学理论；

·整数规划，一类要求变量只能取整数值的规划论；

·几何规划，一类目标函数和约束条件都是正定多项式的线性规划；

·动态规划，研究多时段决策过程的理论和方法的运筹学分支；

·网络分析，利用网络图形分析事理运动的运筹学分支；

·排队论，关于排队（随机聚散）现象的科学理论；

·存储论，或称库存论，关于最优存储策略的理论和方法；

·决策论，主要研究不确定性决策问题的运筹学分支；

·搜索论，关于搜寻所在位置不明的目标物的运筹学分支；

·更新论，通过修理或替换零部件使运行期间的设备系统得以恢复或接近其最佳状态的运筹学分支；

·可靠性理论，研究系统运行的可靠性规律和优化设计、控制方法的运筹学分支。

为了使读者对运筹学的特质多少有所领略，以下三节分别介绍运筹学的三个分支，重点在于揭示其运筹思想和系统观点，不涉及抽象的数学内容，更不涉及技术内容。

11.3 制定规划的科学理论：规划论

人的理性，人的自觉能动性，一个重要表现就是行为的计划性。同时，有几件事要办，就有一个时间、精力、资金、物资等（统称为资源）如何安排分配的问题，群体或组织办的事情还有人力、任务（也是资源）分工安排的问题。同样的事项，同样的资源，不同的安排和分配便有不同的效果，或优或劣，搞不好可能资源耗尽而事情没有办成。所以，老话说："凡事预则立，不预则废。"俗话则说："吃不穷，穿不穷，算计不到受了穷。"

对要办的事情、尤其是大型复杂的事情进行规划安排，是一种颇有讲究的学问。制定规划，做出安排，实质是资源的优化分配问题。资源分配的必要性源于两个相互联系的方面：一是资源有限，如果资源没有限制，允许任意取用，如同人呼吸空气一样，那就不存在分配问题（如果目前空气污染的状况任其发展下去，或许有一天空气亦须分配）；二是同时要办多件事情，如何分配资源才能获得最佳效益（如果只有一件事情要办，全部资源都归它使用，同样不存在分配问题）。把有限的资源分配给多个事项，就有个如何分配即规划的问题。

实际的规划即资源分配问题形形色色，从以下两种常见的规划问题中可以大体领略规划论的要点：

（1）排序问题。假设要办的事情划分为 k 个项目，由于时间、人力、所用设备等的限制，必须把它们排出一定顺序，按顺序限量使用时间、人力和设备，保证办事过程井然有序，最大限度地利用资源，这就是排序问题。生产活动中经常会碰到这样的问题，有 k 个零件 A_1、A_2、$\cdots$、A_k，须在 p 个机床 M_1、M_2、$\cdots$、M_p 上加工，要求找出一种花费时间最小的安排，叫作工序规划，是一类最简单的规划问题。假定期末有五门课程要考试，准备时间有限，你如何分配时间也是一个规划问题。

（2）运输问题。设某产品可由 k 个产地 A_1、A_2、$\cdots$、A_k 供应，产量分别为 a_1、a_2、$\cdots$、a_k；有 p 个销售地 B_1、B_2、$\cdots$、B_p 需要该产品，销售量分别为 b_1、b_2、$\cdots$、b_p，A_i 地的产品运往 B_j 地的运费为 c_{ij}，要求制定运费最小的分配方案，就是运输问题。

可以把规划问题最一般地表述为：设有数量一定的 m 项资源，分别记为 b_1、b_2、$\cdots$、b_m，都是常量；所要规划安排的事情包括 n 个活动项目，解规划问题就是决定如何把这 m 项资源分配给 n 个项目，使得事情在整体上效益最优。各个项目所得资源量是待定的，即 n 个可以观察测量的变量，分别记作 x_1、x_2、$\cdots$、x_n，分配方案原则上有无限多种；主要约束条件是不论如何分配，都不能超越给定的资源量 b_1、b_2、$\cdots$、b_m。我们对这个问题的数学建模思想和方法做一些说明。

办事总有一定的目标，希望把事情办成办好，使资源得到最充分最有效的利用。要建立规划问题的数学模型，关键有两个：一个是用数学方法描述办事的目标。目标就是系统预定要发挥的功能，或者用工程完成后获取的报酬（如利润）来衡量，或者用工程所付出的代价来衡量。令 G 代表系统的功能目标，不同方案对应于不同的 G，故 G 是分配方案的函数，即 $G = G(x_1, x_2, \cdots, x_n)$，称为目标函数，是衡量资源分配方案优劣的数学工具。制定规划的原则是报酬力求最大，代价力求最小，统称为目标（功能）最优化，通过目标函数最大化或最小化来实现。关键之二是用数学方法表述资源有限这个约束条件。资源耗费也因分配方案的不同而不同，其间存在某种函数关系，不妨记作 $f(x_1, x_2, \cdots, x_n)$。所谓约束，指每一种资源在 n 个活动项目中的分配量之和不得超过其给定量，可用代数不等式表示，m 项资源对应 m 个代数不等式。把这两方面结合起来，就得到规划论的数学模型如下：

目标函数 $\quad G = \max\ (\min)\ G\ (x_1,\ x_2,\ \cdots,\ x_n)$ （11 - 1）

约束条件 $\quad f\ (X)\ \leqslant B$ （11 - 2）

其中，

目标向量 $\quad X = (x_1,\ x_2,\ \cdots,\ x_n)$ （11 - 3）

约束向量 $\quad B = (b_1,\ b_2,\ \cdots,\ b_m)^{\mathrm{T}}$ （11 - 4）

11.4 排队与服务的科学理论：排队论

人世间有聚就有散，有散也有聚。存在两类聚散现：一类是有确定规则的聚散，如同事之间上班聚而下班散，人们习以为常而无须过问；另一类是无规则的聚散，自古就引人关注，亲人、朋友聚散无常往往激起人的情感波澜，古往今来的诗人作家对此特别敏感，从聚散现象中发掘出无数审美价值，创作出许多流芳千古的佳作。"别时容易见时难"（李煜），"相见时难别亦难"（李商隐），"聚散苦匆匆，此恨无穷"（欧阳修），"浮生着甚苦奔忙，盛席华筵终散场"（曹雪芹），等等。但在中国漫长的历史上，聚散现象没有跟生产和一般社会活动联系起来，没有产生进行经济考量的社会需要，因而从未成为科学和学术研究的对象。

运筹学关心的是那些因聚散而形成的排队现象。日常生活中存在大量排队现象，如食堂排队买饭，影院排队买票，医院排队挂号，"粉丝"排队等候偶像签名，等等。由于不涉及生产活动，而且社会成本分散到个人承担而显得微不足道，同样不值得作为科学技术问题来处理。但是，随着工业文明的勃起，特别是进入 20 世纪以来，这类聚散无常而导致排队的现象开始大量出现在生产管理和社会活动中，要求给以理论的说明，制定解决问题的有效方法技术。前述爱尔朗关于电话拥挤现象的研究即早期一例。船舰等待进入港口停泊，飞机等待降落机场，农田等待水库放水，都属于随机聚散现象。如果港口、机场、水库处于繁忙时期，船舰、飞机、农户就必须排队等待。这些排队现象关系到经济、军事、社会运行的大事，涉及重大经济利益和社会成本，或事关国家安危，显示出特有的科学价值，需要科学理论的指导，要求作为一类科学技术问题对待。解决排队问题的社会需求促成排队论的问世。

排队现象的实质是等待服务的社会问题，基本特征如下：

（1）等待服务的一方统称为顾客，提供服务的一方统称为服务台，排队问题是由服务台和顾客两大分系统构成的事理系统；

（2）资源、财力等的有限性，加上经济效益最大化和社会成本最小化的要求，决定了服务台的服务能力总是有限的，如果顾客对提供服务的需求超出服务能力，顾客就必须排队等待；如果服务台的服务能力超过服务需求，经常处于空闲状态，势必降低服务效益，服务台要承受经济损失；

（3）顾客来到服务台要求提供服务是一种难以准确预料的随机聚散现象，有高峰期和低潮期，高峰期出现拥挤现象，需要排队等待，顾客必须付出排队代价；低峰期顾客不足，服务台出现空闲现象，服务台要承担经济损失；两方面需要统筹兼顾。

能够同时反映上述要求的数学模型应该具有以下特点：既然是系统，就应当符合系统原理；既然追求优化，就属于求极值的数学问题；既然是随机聚散现象，就必须运用概率统计方法。排队论属于一种随机系统理论，数学模型是一种概率统计模型。

11.5　寻找目标物的科学理论：搜索论

人在日常生活和工作中有大量事情可以归结为寻找目标，目标可能是物、人、事、地方，也可能是原因、方法、机会。如猎人寻找猎物，渔民寻找鱼群，爱美的姑娘到商店寻找时尚服装，考研者寻找导师，学者查找文献资料，等等。找物、找人、找事、找地、找因、找方法、找时机等，在运筹学中统称为搜索。

日常生活中寻物找人之类事情靠经验一般足以解决问题，如果事情涉及工农业生产、社会治安、军事部署等问题，则意义重大，单凭经验就不够了。冷战期间，为挫败美苏两霸对中国的核讹诈，我们必须独立自主地研制原子弹和氢弹，铀材料是必不可少的；由于两霸的封锁，中国只能在自己的国土上寻找铀矿，我们的地质勘探队伍出色地完成了这一意义重大的搜索任务。社会主义建设对能源的需求，推动地质勘探人员四处寻找石油，发现了大庆油田等油气资源，都是意义重大的搜索活动。在现代社会中，经济、政治、军事、文化、科技、学术、体育等领域都有各种各样的搜索任务，解决这类问题的需要产生了搜索论。

事实上，运筹学家最初研究的搜索问题就是由尖锐的军事斗争提出来的。"二战"时期，直接同德国法西斯作战的英国要靠美国供应武器，运送武器的船队在大西洋上常常受到德国潜艇的拦截，损失惨重。但德国潜艇随机出没，英国军队要在接到运输船队报警后开始出动，而当飞机或军舰到达出事地点时，敌舰早已潜入深海，很难捕捉。英国军方组织科学技术人员进行研究，创造了一套如何组织飞机和军舰查明德舰位置和出没规律的科学方法，为反潜战胜利做出了贡献，同时也给搜索论奠定了基础。

从科学研究的角度看，按照一条完全确定的路径即可找到目标物的搜索，是平庸的搜索，没有研究的必要。"大海捞针"式的寻找目标，事实上没有达到目标的可能，同样不是科学研究的对象。目标存在不确定性，又有一定的确定性，这样的搜索才是搜索论要研究的问题。搜索论研究的一般情形是，目标肯定存在，但它究竟在何处不明确，希望通过搜索而消除不确定性。目标可能存在，也可能不存在，事先不能确定，通过搜索证明确实它不存在，也不是失败的搜索。

搜索活动是由搜索对象（目标）和搜索主体两大分系统构成的事理系统。搜索对象大体分为两种：一种是矿物之类没有能动性的对象，一种是具有能动性的对象，特别是像人或人群这种能够运用智慧应对主体搜索的对象。搜索对象需用可辨识的目标特征来描述，如形状、大小、位置、数目等，以及它的反探测能力（如罪犯的反侦察能力）。搜索主体也有两个分系统，即搜索手段（或称搜索力，包括资金、设备、人力、允许的时间等）和搜索方案。所谓搜索，就是分配搜索手段、组织搜索活动以找到搜索目标的过程，亦即由搜索目标、搜索手段和搜索方案三要素组成的系统。

搜索目标的达成意味着搜索主体获得一定的报酬或效益，需要做效益评估。搜索必须付出代价，起码要花费时间，大型搜索活动要耗费大量资金、设备、人力，甚至付出环境代价，需要做代价评估。搜索的基本原则是在最短的时间内以最小的代价完成搜索，找到目标物。显然，系统科学倡导的整体关照、统筹兼顾、综合优化等原则在搜索中都必须遵守。通过综合效益评估和代价评估，以决定搜索系统总体性能的优劣。

到中关村图书大厦买书，如果你由一层开始逐层往上寻找，每一层又逐个书架挨着寻找，很可能整整一天都一无所获。写文章时想到引用马克思的一段名言，如果你想从《马恩全集》第一卷第一页顺次找起，将不知拖到猴年马月。寻找目标必须讲究方法，制定有效的策略，运筹学称为搜索策略。大型搜索活动往往经历曲折复杂的过程，付出相当的代价。要在最短的时间内以最小代价找到目标物，你就得讲究搜索方法的科学性和有效性。

一项搜索活动的所有可能答案构成的集合，叫作搜索空间。中关村图书大厦所有陈列出来的图书构成你选书的搜索空间。搜索策略的功效在于压缩搜索空间，以最小的代价排除绝大部分可能答案。一般地说，设搜索目标由 k 个特

征量 p_1、p_2、…、p_k 来刻画，那么，以这 k 个特征量为坐标张成的空间，就是搜索空间，其中，每一个点都代表一个可能目标。搜索过程就是逐步压缩这个空间的过程，亦即排除过程。应当在实际搜索行动开始前先从理论上进行排除，然后在实际搜索过程中进一步排除，直至最终使目标物呈现在面前。图书是分类陈列的，如果你明确了要找的是文学书籍，自然科学、社会科学、计算机等类别就统统被排除，搜索空间的大部分立即被压缩掉。如果你找的是中国古典诗词，就进一步压缩了搜索空间，可以迅速方便地达到搜索目标，找到你要买的书。

从系统观点看，解决搜索问题的核心是如何把搜索目标（效益）和搜索代价整合在一起。搜索效益和搜索代价都是变化的，按照现代科学通行的简化方法，给定其中之一而只允许另一个变化，由此形成两种基本的处理方式，也就是搜索问题的两种提法：一种是在给定的搜索效益要求下，如何分配搜索资源（搜索力）使搜索代价最小。另一种是在规定的搜索代价限制下，如何分配搜索资源以获得最大搜索效益。这两种简化方式适用于比较简单的搜索问题，对于大型复杂的搜索任务，必须面对搜索效益和搜索手段同时改变的情形，动态地寻找这两方面综合优化的搜索解。

搜索活动一般都有随机性。大海捞针，或守株待兔，找到目标都是近乎零概率事件。"众里寻他千百度，蓦然回首，那人却在灯火阑珊处"，属于纯粹的偶然性，无法以科学方法把握。办事不能靠偶然性，搜索不是撞大运，不能采取守株待兔的方式。搜索论研究的问题应是具有非零概率的找物行为，概率统计方法是必须使用的数学工具。

有了上述概念和理解，针对给定的搜索任务，精细地考察它的搜索目标、搜索手段、搜索策略，以及搜索环境，然后建立适当的数学模型，再收集必要的数据，通过求解模型，分析结果，并控制搜索过程，就可能找到有效的甚至最优的搜索策略。

11.6 运筹＝算计＋计算

把日常的事理问题抽象表示为数学形式，使事理问题获得定量化的描述和解决，乃是运筹学的巨大成就。但运筹学本质上是事理学，属于系统科学，数学只是工具。如果颠倒二者的关系，一味追求数学形式的漂亮而忽略问题的事理本质，就会把运筹学引向歧路。事实上，运筹学研究在 20 世纪 70 年代以后就出现过单纯追求数学形式漂亮的倾向。

检查英文文献有关 operation 一词的种种用法，尽管含义不尽相同，可以是操作、作业、使用、运用、运行，有时还指作战，但都属于技术科学和工程实践层面上的用语。钱学森等人最初曾把 Operation Research 译为运用学，考虑到英语 OR 还应当有筹划（Planning）的意思，又联想到汉高祖刘邦"夫运筹帷幄之中，决胜于千里之外，吾不如子房"的名言，后来又改称运筹学，包含有使引进的理论中国化的用意。今天看来，既然把这门学科界定为指导系统工程的技术科学，似乎称为运用学更确切些。

中国传统文化的"运筹"一词，其丰富性远超英文 operation 的含义。无论是英国人讲的 Operation Research，还是美国人讲的 Operational Research，都是技术科学，强调的都不是谋略而是技术，不是思想而是方法。汉语的运筹指的首先是运用智慧进行大政方针的筹谋策划，运筹 = 算计 + 计算，居第一位的是算计而非计算。在汉语中，算计和计算是两个大不相同的概念。算计不属于方法层面，而属于思想层面；不属于技术层面，而属于哲学层面；不属于知识层面，而属于智慧层面。而计算属于方法层面，而不属于思想层面；属于技术层面，而不属于哲学层面；属于知识层面，而不属于智慧层面。

就现代中国来说，毛泽东主张革命不走苏俄城市暴动之路，而采取农村包围城市的战略，邓小平提出以"一国两制"方针解决港、澳、台问题，本质上都是运筹，而非 operation research，是算计，而非计算。算计离不开计算，但算计高于计算，算计规定着计算，算计须以计算来支持。毛泽东在指挥三大战役时，也要计算敌我兵力对比、估计双方力量消长速度等，但核心是确定决战的时机、地点、方式等定性问题。

运筹和运用（OR）需要的是两种才能。钱学森说过："领导艺术是一种离开数学领域的才能，它能从大量事物的复杂关系中判断出最重要最有决定意义的东西。"运筹才能在本质上是这种离开数学的能力。当年 OR 创立者在建立这些定量化理论时，最具决定性的步骤是定性地理解问题的事理本质，提出基本假设，再把它用数学语言表达出来。这是一种数学能力，无疑也需要很高的智慧，但属于跟中国传统文化讲的运筹不同的另一种智慧。应当承认，中国知识界的这种数学能力总体上至今仍然落后，仍然需要花大气力去发展。同时，应当注意，仅有数学能力还不够，还须有运筹能力，应大力弘扬中国独特的运筹思想。

钱学森等提出事理概念，把运筹学看成事理学的一个分支，倡导建立事理学，代表系统科学发展的一个重要发展方向，值得重视。现在的运筹学主要研究能够建立明确数学模型的那些事理问题，相对而言要简单一些，运筹的成分比较少，层次比较低。事理学研究难以建立明确数学模型的复杂事理问题，需要的是高层次的运筹能力。

　　无论西方偏重于数学智慧和分析方法的运用（operation），还是中国偏重于哲学智慧和综合方法的运筹，都有片面性，社会的发展日益需要把两者结合起来，把运用和运筹结合起来，把计算和算计结合起来，把数学能力和非数学能力结合起来。这种结合起来的东西才是真正的运筹学，代表系统科学未来的发展方向。

第 12 讲

控制理论

在钱学森的系统科学体系中，控制理论也是一门技术科学，主要任务是给控制工程提供理论指导。控制思想原则上也适用于经营管理，但至今涉及人的控制的理论尚未建立起来，故仍然不能作为系统工程的理论基础。

12 – 1　无所不在的控制现象

什么是控制？控制首先是一个关系概念，凡讲到控制，至少涉及两方面，一是施加控制的一方（施控主体或控制器），一是受到控制的一方（受控对象）。如图 12 – 1 所示，控制是前者对后者施加控制的一种不对称关系。控制又是一种目的性行为，施控主体采取一定的策略手段作用于受控对象，力求使其行为状态发生合目的的变化，从现在的实有状态转变为期望的未来状态，如图 12 – 2 所示。现实世界形形色色的关系无非五大类，身心（身体与心理）关系，人人（自己与他人）关系，人机（人与工具、机器）关系，人天（人类与大自然）关系，天天（自然物与自然物）关系。每个关系领域中都少不了控制，即身心关系中的控制、人人关系中的控制、人机关系中的控制、人天关系中的控制、天天关系中的控制。

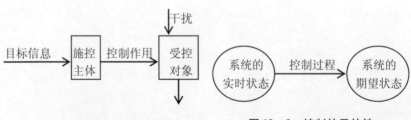

图 12 – 1　控制关系的不对称性　　　图 12 – 2　控制的目的性

身心关系中的控制。人体作为系统，心理活动对生理活动有控制作用。体育呈现出显著的控制效果。正面的控制作用有可能使大病变成小病，甚至无病；负面的控制作用，本来无病却天天怀疑自己有病，将形成思想负担，使小病变成大病，甚至最终要了人的命。总之，个人作为系统需要而且能够自我控制，控制情绪，控制欲望，控制饮食，等等，不可等闲视之。

人人关系中的控制。人的社会关系归根结底是自己与他人的关系，放大看，还包括个人与集体、小集体与大体集体、部门与国家、国家与国家之间，都少不了控制与被控制的关系。领导者做决策、定计划、下命令、检查结果、奖励惩罚都是控制，领导就是控制。在一个社会组织中，有关活动的参与者（个人和机构）在职权上划分为管理者与被管理者，被管理者按照管理者的指令从事目的明确的工作，管理就是控制。一切生产活动，设计、施工、操作、验收，以至于举行会议，都充满控制与受控的关系。教育是控制，教育者决定教育的方向、内容、方法等，期望按照预定目标塑造和改变受教育者的知识结构，乃至思想品德。所谓民主选举也是一种控制，某个群体中的选民在多个竞选者中做出选择，是对未来一定时期由谁来控制和怎样控制本群体的选择。一切控制都离不开选择，选择就是控制。人与人的关系不限于控制—被控制关系，但只要有人群就有控制，此乃是不争的事实。

人机关系中的控制。制造和使用工具是人跟动物的本质区别之一，从人类诞生那天起，就有人机关系，有人机关系就有控制。在日常生活中，端碗吃饭，提笔写字，骑车上街，都要通过控制工具来达成生活目标。生产劳动几乎都是通过控制工具来进行的。大机器生产赋予人机关系以崭新的内容，计算机的发明和大规模使用更使人机关系在社会生活中占有十分重要的地位，不仅机器控制的问题日趋复杂，控制技术日趋精致，而且出现了机器控制人的危险。网隐使部分青少年走上歧路，就是他（她）们受到计算机控制的结果。

人天关系中的控制。人从事改造自然的实践活动，培育植物，驯化动物，兴修水利，都是人试图控制自然界某一部分的行为。大自然更在全局上控制着人类的活动，如气温升降、刮风、下雨、旱涝、地震等等。美国的新奥尔良市被卡特里娜飓风摧毁，表明大自然对人类的控制多么强劲。工业文明的负面后果导致气温上升、环境污染，是人类控制自然的后果，反过来又控制人类现在和今后的行为。

天天关系中的控制。大自然的不同组分常有某种控制与被控制的关系，自然界存在种种自控行为，如太阳控制地球植物的光合作用，基因控制生物个体的发育，风控制水面状态，"风乍起，吹皱一池春水"（冯延巳），力学上叫作"风生浪"。

总之，人类认识和实践活动所能达到的一切领域都存在控制，人的生存发展时时、处处离不开控制，问题只在于如何控制是合理的、科学的和有效的。

12.2 控制理论简史

既然控制现象如此无所不在，跟人的生存发展如此休戚相关，人类从诞生之日起就不得不思考什么是控制和如何控制的问题。甚至应当说，人特有的意识和能力是在受自然控制和力图控制自然、控制社会的实践中形成和发展的。首领管理部落属于社会控制，是从动物祖先那里继承过来，并发扬光大的。制造和使用工具从事生产劳动，兴修水利、冶金制陶、耕田渔猎是人类独创的控制行为。一切工程技术都离不开控制，远古的工程技术都是借助工具进行的人工控制，经过漫长而缓慢的积累才逐渐有了零星的自动控制技术，如测定方向的指南针，计时用的铜漏，张衡发明的地动仪，传说中诸葛亮发明的木牛流马，古埃及的水钟，等等。但他们都是偶然而单纯的技术发明，属于手工的技术和艺术创造，形不成建立控制的科学理论的社会需求。古代人类已经在思考社会控制问题，如《老子》倡导无为而治，孔子倡导仁政，柏拉图倡导理想国，近代法国人安培讲的作为政治科学的控制论，孙中山讲的"政治就是管理众人之事"，等等，都包含社会控制的深刻思想，但作为科学理论的控制论不可能首先从社会控制的研究中产生出来。

推动对控制进行理论研究的主要动力来自生产技术的需要。欧洲工业革命的成功，瓦特蒸汽机的广泛使用，成为历史的转折点。蒸汽机运转不可缺少的调速器是一种控制装置，保证它的稳定性是一个必须解决的重大技术问题，必然引起科学界的注意。19世纪60年代，大物理学家麦克斯韦第一个把蒸汽机调速器稳定性作为科学问题提出来，以微分方程为工具，从理论上研究并解决了这个问题。以此为起点，机器的自动调节成为越来越受到重视的科学技术问题。到20世纪30年代，初步形成一套基于自然科学原理、应用数学工具的自动调节理论，称为伺服系统理论，用以指导自动机器的研制和操作。

反法西斯战争对控制论的诞生提供了强有力的推动。出于服务战争的需要，曾有神童之称的美国数学家维纳参与火炮自动控制和计算机的研制，熟悉了当时的自动化技术，但他的注意力主要放在控制理论的研究上。同生理学家罗森勃吕特的多年合作研究，特别是写作《行为、目的和目的论》一文，维纳初步形成了控制论的基本思想。1948年，维纳出版《控制论：关于在动物和机器中控制和通讯的科学》一书，标志着控制科学作为现代科学的一个重要分支正式诞生了。

需要指出，维纳创立控制论是在若干前行研究的基础上进行的。有两位学者的工作必须提及，一位是美国生理学家坎农，他于 20 世纪 20 年代推出《躯体的智慧》一书，包含许多控制论思想，特别是他提出的内稳态概念对维纳颇有启发。另一位是罗马尼亚学者奥多布莱扎，他在 1938 年出版的《协调心理学》一书中独立阐发了许多控制论思想。由于第二次大战的阻挠，或许还有"弱小民族"地位的缘故，奥氏的工作长期未能引起世人关注。

20 世纪 40 年代末到 50 年代初，滞留于美国的钱学森被迫退出航空航天科技的研究，把主攻方向转向新兴的控制论。他从维纳的《控制论》中吸取了能够直接应用于工程设计的内容，又吸取了伺服系统理论的成果，加上自己在航空航天自动控制方面的实践经验，形成关于控制理论的新框架，于 1954 年以英文出版了名著《工程控制论》，先后被翻译为多种文字出版，在世界范围产生了广泛影响。钱学森由此而跻身于控制科学界有世界影响的学人行列。

控制论在 20 世纪 50 至 60 年代获得巨大发展，形成完整的定量化理论，特别是线性系统理论，其逻辑的严格性、描述的精确性不亚于任何一门自然科学。控制论的重要代表人物还有卡尔曼、贝尔曼、比尔、扎德等。

12.3　控制与信息

控制论作为一门现代科学，主要是为了研制和使用自动机器而发展起来的。一切自动系统的控制装置和受控对象都是物质系统，其构成环节或者是机械的，或者是液压的，或者是气动的，或者是电磁的，都由物质材料制成，靠消耗能量来运转，同样属于物质运动和能量转化。所以，早期的伺服系统理论，甚至在维纳《控制论》之后勃兴的控制理论，主要是作为一类特殊的物质运动和能量转换，以物理学原理为科学依据描述和处理的。控制工程师在研制和调试控制系统时，讲的是信号（物理信号、化学信号、生物信号、神经信号等）如何如何，而非信息如何如何。如在图 6 - 1 所示的系统中，讲的是电压信号和电流信号，而不说电压信息和电流信息。所以，控制问题的研究起初归属于自然科学、特别是物理学和工程科学，尚未意识到他们所开辟的是一个不同于自然科学的新型科学领域。

关于控制的科学虽然主要脱胎于自然科学，但毕竟不同于传统的自然科学。

在从事控制问题研究的前辈和同代人迷惑不解的同时，维纳独具慧眼，第一个发现并从理论上阐明这一点，指出："控制工程的问题和通信工程的问题是不能区分开来的，而且，这些问题的关键并不是环绕着电工技术，而是环绕着更为基本的消息（准确地说是信息——引者）概念，不论这些消息是由电的、机械的或神经的方式传递的。"以信息观点审视控制问题，是维纳的一个具有深远意义的学术贡献。在《工程控制论》序言中，钱学森从另一角度指出控制论的特点："这门新科学的一个非常突出的特点就是完全不考虑能量、热和效率等因素，可是在其他各门自然科学中这些因素却是十分重要的。"

自然科学把目的性排除于它的概念体系之外。控制既然是目的性行为，关于控制的理论就需要制定描述目的性的新工具。这就必须引入信息概念。因为所谓系统目的，乃是一种系统未来可能达到的状态，能对系统产生一种强劲的吸引力，使系统"不达目的，誓不罢休"。这种状态既然不是现实存在的，它就不能用描述物质和能量的传统概念来描述，却可以用信息概念来描述。系统的目的是这样一种系统状态，它无法以实时可测的物理量来表述，只能以信息的形式表达出来，却是在未来有可能实现的；从信息形态的存在变为现实存在的状态，就叫作达到目的。最典型的是人或人类群体的目的，它以观念形态存在于人的大脑中，或记载于文件资料等物质载体上，再经过有计划的努力转变为现实的存在。一切控制行为都始于控制目的的确立，终于控制目的的达成，贯穿全过程的是信息的运作。

信息运作是控制的灵魂，控制作为一种行为过程包含了9.3节所讲的信息运作的所有项目。实施控制的前提是获取完备而有效的信息，包括受控对象的信息、系统工作环境的信息、控制系统自身的信息和控制过程的信息，既有实时的信息，也有过去的或历史的信息。有效控制的关键是施控者制定正确的控制策略和指令，去改变受控者，这就需要对获取的信息进行加工处理。指令信息必须能够为受控对象识别和接受，指令的形成建立在充分了解受控对象特性的基础上，控制实质上是施控者与受控者的信息沟通、转换和利用过程。在人参与的控制过程中，各种信息运作都需要编码，以信号或符号载体的运作来实现信息运作。复杂的控制还需要存储暂时用不上的信息以备需要时提取，以及消除失效的信息。而一切信息运作都依赖于信息传送，控制过程始终是一种通信过程。缘于此，维纳在《控制论》一书中反复强调控制与通讯密不可分。

从功能和价值角度看，控制是系统的一种反熵手段，控制就是反熵。实施控制的必有性，或者来自系统有序性被破坏，正熵增加到不能允许的程度；或者为满足系统发展、进化的需要，寻找有序性更高的结构—功能模式。控制目的的实现，表示系统通过收集、加工、传送、利用信息抵消了正熵，增加了负熵，恢复和提高了系统的有序性，或者建立了新的结构—功能模式。街头发生骚乱，局面失去控制，一片混乱，表示城市作为系统的正熵骤增；采取正确有效的对策，经过努力，局面重新得到控制，意味着消除了正熵，系统重新有序化。突如其来的"非典"，大批人莫名其妙地被感染，人心惶惶，社会一时陷入混乱，正熵突增；政府采取有力对策，疫情迅速得到控制，病人痊愈，社会生活重新有序化，还意外地增加了社会凝聚力。这些控制行为都发挥了反熵作用。

每一门学科的基本特征都可以用它所特有的词汇表显示出来。就研究对象看，维纳把控制论的研究范围主要限定于动物和机器，《控制论》一书的副标题明确界定控制论是关于在动物和机器中控制和通讯的科学。维纳曾经针对金属自动机或血肉自动机的研究指出：这些"研究都是通信工程学的一个分支，它的基本概念就是关于消息、干扰量或'噪声'（一个从电话工程师那里取得的术语）、信息量、编码技术等等的概念"。金属自动机是机器的代表，血肉自动机是动物的代表，维纳的这段话说的是整个控制论的特有概念，显示了控制论是有别于自然科学的一类新型科学。

12.4　控制与反馈

既然控制的实施总是在信息传送、变换和利用中进行的，信息传送的方式方法就决定着控制的方式方法。在汉语中，馈与送同义，俗话有馈送和馈赠的说法。信息馈送的方式和方向多种多样，主要是顺馈和反馈两种。信息从输入端向输出端的传送是顺馈，如图 12-3（1）上部所示。图 12-1 中的信息传送也是顺馈。反馈则是在控制系统中把信号或信息从系统（或它的分系统）的输出端反向馈送到输入端，即反向馈送信息，如图 12-3（1）下部所示。不可把图 12-1 和 12-3（2）所示的顺馈信息控制说成"无馈信息控制"，有控制就有信息的顺馈，但有控制未必一定有信息反馈，引入反馈是控制系统发展的高级形式。

图 12 - 3 信息的馈送

从输出端反馈回来的信息同输入信息以何种方式进行整合，反映不同的控制思想，发挥不同的控制功能。反馈信息和输入信息相加是正反馈，作用是激励对象，强化和放大输出行为。反馈信息和输入信息相减是负反馈，作用是抑制对象，弱化和缩小输出行为。火药爆炸利用的是正反馈原理，引信将周围极少量的火药分子点燃（输出），被点燃的火药释放出来的热量把更多的火药分子点燃（反馈激励），进一步释放新的热量，点燃新的火药分子，如此反复进行，直至达到爆炸的临界温度。给发烧的病人打针吃药是负反馈，以求体温（输出）降下来。在社会系统的管理中，奖励是正反馈，目的是肯定对象的行为状态，激励对象发扬光大这种行为；惩罚是负反馈，目的是否定对象的行为状态，要求对象改弦更张，代之以相反的行为状态。正负反馈都是中性的，问题在于如何运用它们。

瓦特的蒸汽机调速器中已经有信息反馈，麦克斯韦的理论研究包括了对其中反馈控制的数学分析。但只有经过维纳等人的工作，反馈才成为控制论的基本概念，形成反馈控制理论。反馈技术的引入对于控制工程，反馈概念的引入对于控制理论，具有重大意义。从系统生存演化的角度看，负反馈是系统的稳定性机制，扮演重要角色。在现实环境中运行工作的系统不可避免要承受种种来自内外的干扰作用，或多或少会偏离稳定态，需要通过负反馈控制去克服干扰，恢复稳定态。负反馈又是系统实现目的性行为的关键机制，系统通过不断地负反馈去寻找目的态。一个经典的例子是维纳讲的用手拿杯子，杯子的位置提供了目标信息，手的位置移动是输出信息，观测手与杯子的距离形成误差信息，把信息反馈给大脑，大脑处理信息后发出控制指令，移动手以缩小距离，反复进行这种操作，最终达到抓住杯子这个目的。系统还需要依靠负反馈机制保持目的态。正反馈在系统的生存演化中也有重要作用。正反馈是系统的放大机制、激励机制，一个新生系统要发育成长，离不开正反馈的放大作用。本书将在以后做进一步的说明。

反馈概念还有助于深入理解系统和环境的互动关系。现在的控制论只讨论系统自身的反馈环，不考虑系统与环节互动中的反馈作用。但实际系统的控制行为不仅改变着受控对象，而且影响着系统的环境。在环境中生成、发展和演变的系统，跟环境之间建立了各种各样的、或明或暗的反馈通道，形成各种各样的反馈环。短期看，系统内部的控制行为对环境的影响一般是微弱的，但经过积累迟早会引起环境的某些不可忽视的变化，这种变化再反馈到系统自身，就可能产生系统预设的控制目标和控制任务未曾考虑的严重后果，即俗话所说的"自作自受"。更一般地说，只要是开放系统，它与环境就是相互反馈的，系统的行为表现迟早会影响环境，环境的变化迟早要影响系统。通常所说的自然界的回报、社会的回报、他人的回报，所谓"恶有恶报，善有善报"，讲的都是环境对系统的反馈作用。

12.5　控制与系统

控制是一种系统现象，或系统功能，要靠一系列元件、环节、分系统合理而有效地整合为一个统一体，才能承担一定的控制任务，达到预期的控制目的。简言之，前面几节讲的各种控制功能都是系统的整体涌现性，还原到它的组成部分是看不见的。

施控者（控制器）和受控对象是构成控制系统的两个一级分系统。充分认识受控对象作为系统的特性，是设计、分析和操纵控制器的必要前提。尤其要把控制器作为系统来对待，谈论控制系统主要是谈论控制器，设计控制系统就是设计控制器。控制器作为系统，由若干具有特定功能的元件或环节构成，他们是非控制系统的对象所不具备的。从信息运作的角度看，控制是获取、传送、加工、变换和利用信息的信息运动，但组成控制系统的环节显著不同于组成通信系统的环节。作为一种系统行为，控制属于一类过程系统，信息从上一环节到下一环节的运动都是分过程，但不同环节承担着不同任务，彼此协同运作才能完成系统整体的控制任务。控制系统具有功能结构，构成控制系统的主要功能环节（元件或分系统）有：负责获取信息的敏感（测量）环节，负责处理信息、形成控制指令的决策环节，负责实施控制作用的执行环节。以这三种主要环节为骨架，再加上某些起连接、校正、辅助（如放大）等作用的中间环节，形成有机联系的整体，就是控制系统。

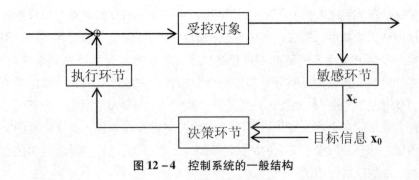

图 12 - 4 控制系统的一般结构

按照控制任务（由控制目的规定）划分，控制系统有以下基本类型：

（1）定值控制，控制任务是确保受控量 y 稳定地保持在某个预定值 y_0 上，即 $y = y_0$。受控量（如室温、车速、年产量等）可能因受到干扰而偏离预定值，控制的任务就是克服干扰，使受控量维持在预定值上（实际只要求保持在预定值附近的一个允许范围内）。工程、技术、经济、社会系统广泛存在定值控制系统。盛夏的居室靠空调机保持在适当的温度上，体温靠人体具有的恒温调节机制保持在37℃，国家通过宏观调控把经济增长率控制在一个适当数值上，以防止经济过热。

（2）程序控制，控制任务是执行某个预定的变化程序 u（t），以确保受控量 y（t）按照这个程序变化。钟表的运行，个体发育的基因控制，国家执行五年计划，教师执行教学计划，都是程序控制。计划就是有待执行的程序，控制就是确保程序得到执行。这类控制的结构特征是设置程序机构，由它保存和输出程序，控制器按照程序去控制对象，完成控制任务。

图 12 - 5 程序控制系统框图

（3）随动控制，控制任务是保证受控对象跟踪一个行为具有机动性、无法预知的目标物而行动，最终"捕捉到"或"击中"目标物。顾名思义，随动控制就是控制器随目标物运动而运动的控制方式，或跟踪作机动运行的目标物的控制方式，故又名跟踪控制。自动火炮搜索敌机，雷达跟踪目标，猎人瞄准猎物，企业随行就市的管理，都是随动控制。

按照控制方式划分，控制系统有以下基本类型：

（1）简单控制，一种只下达控制指令、不检查控制效果的控制方式。图12－6是简单控制的一般框图。工程、教育、管理、行政领导等领域都有这类控制，官僚主义式的领导就是简单控制。简单控制的优点是系统结构简单，实施过程方便易行。当对象的行为规律可以确切掌握、环境的干扰可以忽略不计、对象能够忠实执行指令时，这种控制方式是可行的，甚至是理想的。

（2）补偿控制，一种通过采取补偿措施以克服干扰影响、提高控制效果的控制方式。医生打预防针，政委做思想动员，父母叮嘱子女如何如何，教练员提醒运动员冷静对待裁判的不公和误判，都是补偿控制。补偿控制的必要性来自外部干扰不可忽略，可能性在于干扰性质能够精确描述，并且系统有能力采取补偿措施。补偿控制的结构特征是系统中设置有专门的补偿装置，负责观测干扰信息，并把它传送到控制器输入端，经过加工处理，形成控制指令。补偿机构一般都比较复杂，技术要求相当精致。

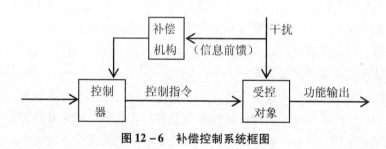

图 12－6　补偿控制系统框图

（3）反馈控制。把反映对象行为特性的输出信息反馈到控制器的输入端，跟目标信息进行比较，形成误差，根据误差的性质和程度、以缩小并最终消除误差为准则制定控制指令，去改变对象的行为状态，称为反馈控制，又称误差控制，如图12－7所示。以定值控制为例，反馈信息 $y(t)$ 与目标信息 y_0 之差 $\Delta y = y - y_0$，叫作误差信息。根据误差 Δy 制定控制指令，干预受控对象，使其行为状态发生变化，以消除 Δy。误差控制的结构特征是系统内设置反馈环节，负责观测对象的输出信息，并将信息反向传送到输入端。由于干扰信息一般都具有偶然性或其他不确定性，观测和描述干扰信息的难度很大。误差控制避开观测和描述干扰这一环，只就对象外在的行为状态做文章，一旦误差超出允许范围，系统就采取行动，给对象施加控制，直到把误差缩小到允许范围，因而技术上比较简单，控制效果反而更好。

在采取反馈控制的系统中，信息传送形成闭合环路，故又称为闭环控制。采取简单控制策略的系统中信息传送没有闭合回路，一般又叫作开环控制。采取补偿控制策略的系统实际也是开环控制，因为它把干扰信息直接馈送到输入端，信息传送中没有形成环路，不可把补偿控制误认为闭环系统。

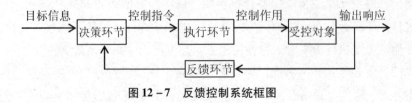

图 12 – 7　反馈控制系统框图

12.6　控制系统的描述

控制理论是一门定量化的科学理论，要求用数学模型描述系统，利用数学模型解决控制系统的分析、综合、设计、调试和操作等问题。对于线性控制系统，已经建立起一套相当成熟有效的理论，即线性控制理论。对于不能用线性化加微扰方法处理的非线性系统的控制问题，也有一些深入的研究，但成套的非线性控制理论尚未建立起来。

经典控制论使用的是黑箱方法。一个对象无法打开或不允许打开，没有内部状况的信息可以利用，只能从其外部观测和施加影响，就称其为黑箱。被视为黑箱的系统还是可以认识和控制的，即给系统以输入激励，观察和记录系统的输出响应，从输入和输出的关系了解系统的行为特性，这叫作黑箱方法。黑箱方法就是输入—输出方法。军事斗争大量使用黑箱方法，如战场上的火力侦察。心理学广泛使用黑箱方法，心理实验就是把受试者当成黑箱。外交活动中的试探对方也属于黑箱方法。

现代控制理论主要应用状态空间方法。控制科学的基本理论问题有：稳定性问题，观控性问题，鲁棒性问题，性能指标问题，过渡过程问题等。稳定性等动力学理论问题留待第 20 讲，本节只对其他问题作点简要说明。

系统的观控性。观控性指能观察性和能控性。令 x 记实际的状态，x_0 记期望的状态，如果存在一个控制作用 u，能够使系统从 x 变到 x_0，就说状态 x 是能控的；如果所有可能状态 x 都能控，就说系统是完全能控的。如果依据控制作用 u 和输出 y 能够确知状态 x，就说 x 是能观的；如果所有状态 x 都能观，就说系统是完全能观的。依据观控性可以把控制系统划分为四类：既能观又能控的，能观而不能控的，能控而不能观的，不能观又不能控的。

在控制系统的性能指标中，最基本的要求是精确性、快速性和平稳性。精确性是控制系统首先要确保的性能指标，精度不够，意味着控制任务没有完成，控制目标没有达到。控制精度用稳态误差衡量。控制要讲究时效，从施加控制到达成控制目标的时间不能太长，力求在最短时间内完成控制任务，至少不能超过允许的过渡时间。过渡过程是一种动态行为，动态过程必定有对平稳性的要求，因为快速性过大可能引起动荡，对系统造成破坏。所以，快速性要求和平稳性要求之间有矛盾，须兼顾两方面。

　　由于对象和控制器各环节具有惯性等原因，系统给受控对象施加控制作用后不可能立即得到预期的效果，而要经过一个忽长忽短的过渡过程。我们就下图结合最简单的定值控制来谈论过渡过程和控制系统的性能指标。

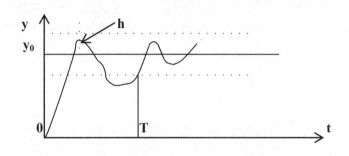

图 12 - 7　控制系统的动态品质指标

　　上图中的虚线为允许误差范围的边界，T 为过渡过程时间，反映的是控制过程的快速性。h 为超调量，反映的是控制过程的平稳性。老话说"不过正不足以矫枉"，过正即超调，矫枉即消除误差。超调反映的是控制过程的平稳性，有超调的控制快速性好。但超调过分则平稳性差，系统可能被破坏，故平稳性和快速性须适当兼顾。

第 13 讲

博弈论

本节介绍的系统理论，西方称为游戏理论，起源于人们对游戏和赌博活动的考察，实际上是研究竞争现象的系统科学。为免于被人误解成教人如何游戏人生，中文译名称为对策论，又称为博弈论。对策论更能体现这一学科的科学性和严肃性，突出了问题的关键是策略对抗；博弈是中国文化特有的术语，称博弈论显得更优雅深邃，富有文化底蕴和社会意义。

13.1　从诺伊曼到纳什

人类对竞争现象的关注极其久远，各种棋类游戏都是对竞争现象的模拟和提炼，都是精妙的博弈模型。西方经济学早就关注竞争现象的研究，所谓经济人就是经济竞争的参与者。达尔文主义把竞争视为生物进化最关键的机制，提出"物竞天择"的著名原理，产生了极其广泛的影响。但这些理论都不算博弈论，原因在于它们还不是对一般博弈现象的研究，没有系统思想的指导，又缺乏适当的数学工具。

博弈论是在 20 世纪兴起的系统运动的大氛围中诞生的，是这一学术大潮的重要支流。最早的工作是法国数学家波莱尔关于随机情况下策略选择的理论探索（1921），但主要创始人是美籍匈牙利人冯·诺伊曼。诺伊曼是 20 世纪少有的科学全才，在数学、量子力学、计算机科学等多个科学前沿都有开创性工作，享有"计算机之父"的美誉。诺伊曼于 1928 年证明的最小最大定理，奠定了策略性博弈的理论基础。1944 年，他和经济学家摩根斯特恩出版《游戏理论与经济行为》一书，把这门学问从关于桥牌、象棋格局的研究提升为处理经济、社会、军事、政治、心理诸多领域竞争性行为的数学理论，标志着博弈论的问世。

诺伊曼等研究的是合作型博弈，不同局中人之间允许"串通"或"共谋"。说得雅致点，就是允许彼此达成协议，且这种协议具有约束力，各方都得执行。

从 20 世纪 50 年代起，博弈论的研究热点转向非合作博弈，即局中人不能公然"串通"或"共谋"，即使暗中达成某种协议，也不具备约束力。非合作博弈的研究主要是美国数学家纳什开创的，他在 1950 年和 1960 年发表的两篇论文，提出和论述了纳什均衡这一重要概念，奠定了非合作博弈的理论基础。

博弈论后续的发展是沿着两个主要方向进行的，20 世纪 50 年代为高潮期。早期的博弈论基本属于数学分支，20 世纪 70 年代开始引起经济学家的兴趣，迅速形成经济博弈论的研究热潮，取得丰硕成果，好几个博弈论研究者后来都获得诺贝尔经济学奖。另一个方向是研究竞争与合作的关系，探索大自然和人类社会如何从竞争中涌现出合作行为。从人类的长远发展看，后者的意义很可能更为深远和重大。

13.2 博弈与系统

凡两方或多方为获取某种利益或达到某种目的而展开较量、并最终分出输赢胜负的行为和活动，都称为竞争。人类实践活动的一切领域，经济（工业、农业、商业、服务业、知识业）、政治、外交、军事、文化、科技、教育、体育等，都存在竞争。抗旱、治污是人与自然的博弈；上有政策，下有对策，是社会系统上下级之间的博弈；竞标、拍卖、交易等是人与人的经济博弈，等等。

竞争取胜的基础是实力，但每一次具体的竞争行为中，参与竞争者的实力基本是既定的，具有决定意义的是策略的运用。博弈论研究的就是这种策略性竞争，故称为博弈。撇开各种竞争形形色色的具体特质，提取它们的共性来看，博弈是一种系统现象，需要用系统观点来审视。仅就游戏看，博弈的魅力在于策略互动，运用策略跟对手较量是对人类智力的激励和褒奖，因而具有巨大的魅力。君不见棋迷为找对手而百般求他人跟自己下棋的憨态，金庸笔下的独孤求败渴望有人能战胜自己，都说明除了物质利益的追求，人类还有渴望遇到真正的竞争对手并战而胜之的心理追求。

竞争或博弈是系统科学的重要概念。有差异就有竞争，系统内部组分之间有竞争，系统跟环境有竞争，只要存在有限资源的分配问题就有竞争。凡系统都有一定的惰性，惰性能诱发熵增加，竞争是系统的反熵机能，通过竞争激发组分以及整个系统的主动性、能动性、创造性，涌现出更大的整体效应。相反，竞争性的削弱将导致系统生命力的削弱。但竞争有良性和恶性之分，恶性竞争破坏系统的有序性，导致正熵增加。所以，无论从哪个方面看，系统科学都需要研究竞争，人们应该学会驾驭竞争。

博弈本身就是系统，由以下组分（要素）构成：

（1）局中人。参与竞争、拥有选择和实施策略的权力、直接承担竞争成败得失之后果者，叫作博弈的局中人。局中人可以是动物或人，可以是球队、公司、学校、工厂等社会群体，也可以是利益集团、阶层、阶级、国家、国家集团等，甚至不同文明之间也有竞争。竞争中常有谋士、智囊、顾问之类的参与者（如战国时期齐王和田忌赛马博弈中的孙膑），观看他人下棋而爱给一方出主意者，都不算局中人。一个严格意义上的博弈系统至少有两个局中人，也可能有多个局中人。

（2）策略集。局中人在博弈中可能采取的行动方案，叫作策略。历史上无数以弱胜强的事例表明，博弈的胜负虽然以实力为基础，但关键是实力如何使用，博弈是策略的较量。实力如何运用就是策略，策略高下将导致实力强弱的转化。局中人至少握有两个策略，构成各自的策略集，只有一个策略的局中人跟其他局中人构不成博弈。以中国象棋为例，一次跳马或出车或飞象都不算一个策略，下完一局棋的全部走法一起才是一个策略。局中人各取一个策略同对手较量构成一次博弈，各方策略构成的组合称为一个局势，一次博弈必有多个局势。以儿童玩的石头·剪刀·布游戏为例，双方的策略集都是｛石头，剪刀，布｝，一共九种不同策略组合即局势，如（石头，布）、（布，布）、（剪刀，石头）等等。请读者写出齐王和田忌赛马博弈中双方的策略集，再写出几个可能的局势。

（3）博弈规则。参与博弈的局中人必须遵守一定的规则，规定局中人可以做什么，不可以做什么，按照怎样的次序博弈，如何处罚违规者，如何确定各方得分，何时算作博弈结束。有些著作把局中人、行动、结果都算作博弈策略，属于概念混淆。

（4）赢得函数。一局博弈结束，局中人或输或赢，或得或失，统称为得失。博弈的系统性表现为，任何局中人的任何策略单独拿来看，都无所谓正与误、好与差、优与劣，无法决定输赢，只有各方的策略相互碰撞形成的策略组合，即局势，才决定胜负得失。所以，局势或输赢属于博弈系统的整体涌现性。得失可以用打分来定量表示，每个局势对应一组代表各方得失的数，称为局中人的得分，全部局势和它们对应的得分一起构成一个函数，称为赢得函数，或支付函数。

因此，博弈系统就是如下形式的四元组：

$$博弈系统 = \{局中人，策略集，博弈规则，赢得函数\} \qquad (13-1)$$

博弈是由局中人互动互应而形成的系统，赢得函数是整体上定量刻画博弈系统的数学工具。有了局中人和各自的策略集还不算博弈系统，在确定的规则约束下实施策略较量的过程，才是博弈系统。所以，博弈是过程系统，输赢的分野是博弈系统定性的整体涌现性，赢得函数则是其定量的整体涌现性。博弈论是一门定量化系统理论，主要课题是如何依据赢得函数寻找优化的策略。

博弈的分类。按照局中人划分，有两个局中人的是二人博弈，有三个以上局中人的称为多人博弈；多人博弈中，允许某几方结盟的是结盟博弈，否则为非结盟博弈。按照策略集划分，策略数有限的是有限博弈，策略数无限的是无限博弈。按照赢得划分，局中人得分之和恒为零的是零和博弈，否则为非零和博弈。

13.3 零和博弈

一类简单的博弈是局中人的得分之和恒为零的情形，称为零和博弈，反映的是博弈各方利益的对抗性。如果只有两个局中人，就是二人零和博弈，一方获利意味着对方失利，且得分恰好数值相同而符号相反，或者打成平手，得分之和恒为零。如果双方的策略集都是有限集合，就称为二人有限零和博弈，是最简单的博弈类型，其赢得函数可用一个有限矩阵表达，有一目了然的好处。石头·剪刀·布游戏就是一种二人有限零和博弈，赢得函数为：

甲＼乙	石头	布	剪刀
石头	(0, 0)	(−1, 1)	(1, −1)
布	(1, −1)	(0, 0)	(−1, 1)
剪刀	(−1, 1)	(1, −1)	(0, 0)

(13.2)

齐王与田忌赛马也是二人有限零和博弈，请读者写出它的赢得函数。

对于参与博弈的任一方来说，其他方采取什么策略是不可预料的。跟运筹和控制一样，博弈也是在不确定性中寻找确定性。一次性的博弈面对的是偶然性，难免有碰运气的成分。反复进行的博弈面对的是随机性，高明的博弈者总是审时度势，精细地研究对手的个性、习惯、思维方式等等，往往能够猜测到对手最可能采取的策略，具有概率性。《三国演义》讲孔明摆空城计是一个典型。社会生活中的大量博弈是反复持续进行的系列博弈，要处理的是随机不确定性，概率统计成为博弈论的重要数学工具，理论基础之一就是最小最大定理。

所谓最小最大定理断言，在博弈双方都是不心存侥幸的理性人假设下，甲方的最优策略是这样来确定的：在乙方采取某种策略后，甲方采取最不利于乙方的策略与之对抗，使乙方得利最小；然后再从乙方所有得利最小的情况中选择己方得利最大的那一种。这是一种追求稳妥的博弈策略思想，单就一次博弈看，甲方显然太保守；如果是多次重复进行的博弈，则甲方可望获得最大的获胜可能性。

13.4 非零和博弈

在大量现实的博弈中，局中人的利害既有对立的一面，也有一致的一面，经过策略对抗有可能达成某种妥协，局中人各有所得。这就是谈判问题，经济、政治、社会博弈主要都属于这一类。看两个例子。

夫妻博弈。现代家庭基本都有电视，各电视台同时放映的节目很多，存在一个如何决策（选择）的问题。夫妻的爱好一般都有差别，除了少数一方说了算的权威型家庭，夫妻之间因选择节目而展开博弈是常有的事。假定今天晚上黄金时间有火箭对马刺的篮球赛对决，也有喜剧新小品。妻子是小品的"粉丝"，对体育不感兴趣，丈夫是姚明的"粉丝"，也爱看小品，但忒想看姚明的表演，这就形成一次博弈。这种博弈既有较量，又贯穿着协商和妥协，双方的争论和协商就是博弈，一般都能获得双方都可接受的解决。

夫妻的策略集都是{球赛，小品}，共有四种局势。双方的赢得函数可能如下表所示：

丈夫 ＼ 妻子	球赛	小品
球赛	(2，−1)	(1，3)
小品	(1，−3)	(1，2)

(13－3)

斗鸡博弈。两个公鸡相斗，策略集都是前进、后退，共有四种局势。如果双方都选择前进，势必两败俱伤，彼此彼此，得分均为中负（中等失分）；如果一进一退，进者大胜，赢得面子得分为正大（大得分），退者大败，输掉面子，得分为负大（大失分）；如果双方都选择后退，都是失败者，彼此彼此，得分都是负小（小失分）。赢得函数可设定如下：

鸡乙 \\ 鸡甲	前进	后退
前进	$(-2, -2)$	$(3, -3)$
后退	$(-3, 3)$	$(-1, -1)$

$$(13-4)$$

斗鸡博弈是个模型，实际生活中不乏此类博弈的原型。1962 年，美国与苏联在古巴导弹危机中的博弈就是著名例子，肯尼迪坚持进攻策略而赢得高分，赫鲁晓夫先硬后软最终选择退却而大失颜面。不过，越出美苏两国就世界巨系统中战争与和平的博弈来看，终归是一大好事。在社会生活中，有时后退一步看似失败，但放在更大范围、更长远时期看，却是得大于失。成语塞翁失马讲的就是这个道理。

非合作博弈的重要问题是寻找纳什均衡。一局博弈总有多个局势，即博弈各方所出策略的集合。所谓纳什均衡指的是这样一种局势，尽管双方都不满意（都不是最优结果），但都不愿意主动破坏这种局势，因为如果自己主动更换策略而对方不变，结果就更糟糕。存在纳什均衡的博弈系统具有自稳定机制，具有稳定性的局势就是纳什均衡。同一博弈系统可能有 0 个、1 个或多个纳什均衡。

13.5　囚徒困境

在理性人假设下建立的博弈论，理论上应该能够帮助人们找到最优策略，推动社会的优胜劣汰。但人们常常看到，实际发生的事件往往相反，追求利益最大化的理性博弈实际上导致许多不合理的、非期望的结果，令人颇感无奈。如何解释这种现象，它们发生的机理何在，引起博弈论研究者的注意。

我们从著名的囚徒困境说起。1950 年，美国数学家塔克借用两个囚犯的故事构造了一个非合作型博弈模型。两个暴徒甲和乙联手入室偷窃杀人，警察抓获二人时只搜出被盗财物，二犯只承认偷窃而否定杀人，罪犯和警察之间形成一种博弈关系。为防止他们串供，警察将二人隔离审讯，并宣布坦白从宽、抗拒从严、立功受奖的政策。警察对他们说：盗窃罪应判刑 1 年，杀人罪应判 10 年；如果你们都主动坦白交代杀人罪行，每人判刑 5 年；如果你的同伙主动交代而你拒不坦白，则他只判刑 3 个月，你则判刑 10 年。这样一来，问题就变成两个罪犯之间的博弈，警察则是这个博弈系统的环境条件。两个罪犯的可能策略都有两个，要么向警察坦白（背叛同伙），要么拒不坦白（与同伙合作）。由于无法串供，为了不被对方出卖而蹲 10 年监狱，两人都采取了坦白罪行的策略。于是构成了有以下赢得函数的二人非零和博弈：

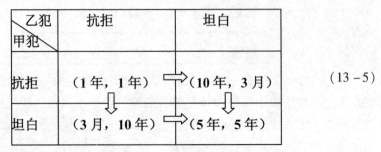

$$(13-5)$$

按理说，双方都采取抗拒策略而各判一年对他们最有利。但由于这类罪犯都是唯利是图、道德低劣之辈（这恰好符合博弈论的理性人假设，各博弈方都以自身利益最大化作其行为的唯一准则），为避免因对方主动揭发而使自己判 10 年、对方只判 3 个月的局势出现，双方都主动向警察交代杀人经过，结果都被判刑 5 年（坦白而算不上立功）。博弈双方都知道（坦白，坦白）不是最优局势，但为避免出现更不利的局势，双方都不会主动改变这一局势，故（坦白，坦白）是一个具有稳定性的局势，构成囚徒博弈的一个纳什均衡。追求最大利益的个体理性选择，却导致双方得分都小于可能的最高值，这就是困境。（13-5）式中箭头表示纳什均衡的形成是一种动态过程，博弈参与者不断分析情况，选择策略，进行试探，在博弈系统内在自稳定机制的作用下，最终稳定到某个叫作纳什均衡的局势上。显然，纳什均衡是博弈系统的整体涌现特性，分别考察系统组分是看不到的。

从理性人假设出发选择最优策略的博弈，所得结果却是非优的，颇为令人困惑。但现实生活中大量存在颇不合理却无法避免的事情，究其原因，都是一定的社会博弈所造成的纳什均衡。囚徒困境使人们看到博弈论应用于社会科学的诱人前景。

13.6　礼尚往来：竞争导致合作

囚徒困境博弈模型也暴露了理性人假设内在的不合理性，引人深思。它立即引发了一场研究热潮。一次性囚徒困境属于静态博弈，如果重复进行多次就成为动态博弈，呈现出极为重要的新特征。在现实生活中，个人或群体都不能寄希望于在一次博弈中大捞一把便洗手不干，应该追求的是在不断重复进行的博弈中每次都有不菲的收益，这就不能像两个囚徒那样采取背叛策略。另一方面，生物界从来都不乏合作共生的事例。为什么自然界在物竞天择的大趋势中能够产生如此令人叹服的合作现象？机理何在？这同样引人注目。

美国密歇根大学政治学教授艾克斯罗德首先提出并研究了重复囚徒困境的这一新课题。这类博弈允许双方都能够从合作中得到好处，同时，也存在一方占另一方便宜或双方都不合作的可能性。为找到处理这种情形的最好策略，他组织了一次博弈模型竞赛，邀请来自经济学、心理学、社会学、政治学、数学等领域的博弈论专家提交参赛程序，让它们跟一个随机程序进行循环赛。结果发现，在 14 个参赛模型中，获胜者是一个叫作"礼尚往来（一报还一报）"的最简单的程序，提出者是一般系统论重要代表人物拉波波特。"礼尚往来"博弈模式的要点是：在不断重复进行的博弈中，不管他人用什么策略，自己的第一步总是合作，只要对方采取合作，自己就继续持合作态度；如果对方不合作，为惩戒对方，自己下一次就以牙还牙，采取不合作态度，直到对方采取合作态度后，自己再重新采取合作态度。在艾克斯罗德后来又组织的改进型比赛中，"礼尚往来"程序都取得胜利。

礼尚往来模式的成功给人以启示：基于回报的合作似乎是可能的。这一点有重要的理论和社会意义。近代资本主义在西方兴起以来，人们相信没有权威控制的社会不可能产生合作，霍布斯在三百多年前就从理论上论证过这一点。重复囚徒困境的研究推翻了这个成见，证明在没有权威控制的社会条件下，利己主义者之间各自追求自身利益的运作也能够产生有回报的合作行为。现实生活中许多合作现象可以由此得到一定的合理解释。

重复囚徒困境博弈模型仍然基于理性人假设，合作的形成多少还有些不得已的成分在内。但它的构建也包含这样的认识：跟大多数现实的人际关系一样，重复囚徒困境博弈双方的利害并非完全对立的。这多少包含了对理性人假设的弱化或修正。迄今为止，西方学人讲的理性仅仅是经济理性，东方文化还强调道德理性，人类社会自古就存在的合作行为应该是两种理性相结合的产物。资本主义只讲经济理性，导致社会生活中竞争严重压抑了合作，尔虞我诈成为常事，国家之间奉行弱肉强食的丛林法则。以往的社会主义只讲道德理性，陷入新的空想主义，无法赢得跟资本主义的竞争。今天的人类已经发展到新的转折点，人与人之间，国家与国家之间，更多的应该是共赢博弈，自己发展也让别人发展，自己安全也让别人安全，己所不欲，勿施于人。其基础就是把经济理性和道德理性结合起来。这样的博弈理论应当引起学界关注了。

第 14 讲

系统动力学

前面三讲都是以追求精确化著称的系统理论，事实证明，它们都难以处理复杂系统的问题。从 20 世纪 50 年代末开始，各种对付复杂性的理论方案相继提了出来，本讲介绍的是一种最早提出的应对复杂性的系统理论。

14.1 无法简化的复杂性

自然科学早就遇到过复杂性，但它相信世界原本是简单的，复杂性不过是披在简单性之上的一层面纱，可以设法剥离消除掉。自然科学坚信能够把复杂性还原为简单性，把不确定性还原为确定性，把非线性还原为线性，把无序性还原为有序性，把定性还原为定量，把不精确描述还原为精确描述，等等，并且发展出一整套简化描述的方法。科学、技术、工程 400 年来的巨大发展，证明这种思想和方法论的正确性和有效性。

在草创时期的 20 世纪 40 年代，系统科学家已经意识到自己研究的是复杂性问题。但自然科学的辉煌成就使他们继承了关于复杂性的传统看法，相信精确化、定量化、公理化是系统科学研究的唯一途径，复杂性问题也不例外。在 20 世纪 50 至 60 年代，作为系统科学当时的主体部分，运筹学、控制论、博弈论等学科正是沿着这条路线前进的，建立起完备的线性系统理论，在描述的精确化、定量化、公理化方面几乎不逊色于理论自然科学。

从 20 世纪 50 年代后期开始，系统科学越来越多地遇到按照上述方法难以解决的复杂问题。今天回头看去，人们发现科学技术已有的辉煌都建立在这样一个前提之上：对象系统具有良好的结构。所谓结构良好的系统，一是系统具有一组可以精确观测的特征量，即输入变量、输出变量和状态变量可以精确观测，可以获取完备的数据资料；二是这些特征量之间的关系可以用明确的数学形式表示出来，即存在精确而有效的数学模型。如前面提到的规划论、排队论、库存论、定值控制、随动控制、二人有限零和博弈等。更确切地说，这类系统问题具有良好的数学结构，允许把系统问题归结为数学问题来解决。这类对象原则上都属于简单系统，即复杂性可以经过简化处理而加以消除的那些系统。

但现实生活中需要进行运筹、决策、控制的大量问题具有这样一些特点，要么存在一些无法精确观测的特征量，不可能取得完备的精确数据资料；要么特征量之间的关系无法用明确的数学形式表达出来，不可能建立精确的数学模型；要么两者兼而有之。这些就是所谓结构不良（或称病态结构）的系统问题。今天看来，所谓结构良好性就是简单性，而结构不良性就是复杂性，一种无法约化为简单性的复杂性。对于结构不良系统，那种一味追求精确化、定量化、公理化描述的做法不再有效，必须另觅蹊径。系统科学界开始萌发这样一种新思想：放弃把复杂性还原为简单性的方法论原则，转变为把复杂性当作复杂性来处理，建立描述和处理复杂性的系统理论。系统动力学就是较早产生的一种。

14.2　从佛瑞斯特到圣吉

系统动力学（SD）的创始人是美国电气工程师和管理学家 J. W. 佛瑞斯特。佛氏早年参与电子计算机研制和控制论研究，在控制论主流集中精力解决控制技术中的理论问题的同时，他的注意力转向社会经济系统，试图把控制论的思想和方法应用于经营管理中。他用控制论发展起来的反馈原理和动态分析方法对企业经营管理中决策过程的信息流和物质流做出很好的解释，同时，也逐渐体认到经营管理的决策问题太复杂，当时正在迅猛发展的所谓现代控制理论和线性系统理论难以有效处理这些问题。佛瑞斯特由此走上一条与控制论主流不同的学术道路，于 1958 年发表第一篇题为《工业动力学——关于决策的重大突破》的论文，1961 年出版《工业动力学》，1969 年出版《城市动力学》，1971年再推出《世界动力学》。这些论著为系统动力学奠定了基础，SD 迅速发展成为一门具有广泛影响的学科。

到 20 世纪 70 年代，系统动力学的研究对象已超越一般企业经营管理，扩展到社会巨系统的战略问题研究，成为各方决策者和战略家的理论武器。70 年代初，佛瑞斯特建立了美国全国系统动力学模型，把美国社会经济问题作为一个整体加以研究，揭示出美国与西方国家经济长波形成的内在机理，成功地预见到美国经济将在 20 世纪 90 年代中期跌入低谷。大约同一时期，在佛瑞斯特的指导下，罗马俱乐部建立了系统动力学电脑模拟的"世界模式"，对若干具有全球性意义的重大问题展开研究，进行预测，写出《增长的极限》等对人类前途影响深远的著作，显示出这个系统科学新分支的价值。

佛瑞斯特的学生彼得·圣吉自20世纪70年代末步入学术殿堂以来，一直致力于把系统动力学原理和方法应用于组织学习、创造原理、认知科学、群体深度对话、模拟演练游戏等方面的融合。20世纪80年代初，圣吉跟一批杰出企业家联手，以佛瑞斯特《企业的新设计》（1965）一文的构想为基础，吸收其他几种管理理论的长处，绘制出一套学习型组织的蓝图，正确地预见到未来企业的改革之路，由此在学术界崭露头角。到20世纪90年代，圣吉推出风靡世界的著作《第五项修炼——学习型组织的艺术与实务》，有力地推进了管理科学，丰富了系统思维，使系统动力学登上一个新台阶。

14.3 基本概念和思路

系统动力学的核心概念是以下三个：

（1）反馈回路。在复杂大型系统中，不同部分之间由于信息的传送和流通而形成各种闭合回路，大多是局部反馈回路，还有关系全局的反馈回路。存在反馈回路是复杂系统的重要结构特征，反馈代表一种系统运行的内在机制，在很大程度上决定着系统的行为和功能，故着重通过分析反馈回路来揭示系统结构是系统动力学的一大特点。按照反馈信息与顺馈信息综合的不同方式，划分为正反馈回路（＋）和负反馈回路（－）两种。按照反馈回路在系统信息流通转换中的作用，划分为主要反馈回路与辅助（次要）反馈回路。两者交叉影响，形成系统动力学常讲的四种反馈回路：主要负反馈回路，辅助负反馈回路，主要正反馈回路，辅助正反馈回路。图14－1中的AB、BC、CA是三种因果关系，由于局部因果关系的性质有别，形成两种不同的反馈回路。左图中A增导致B增，B增导致C减，C减导致A减，整体上是一个负反馈回路。右图中A增导致B增，B增导致C减，C减导致A增，整体上是一个正反馈回路。

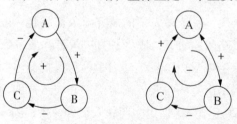

图14－1 两种反馈环路

（2）流。从决策控制的角度看，社会系统的运行过程就是人员、资金、物资、设备和信息的流动过程，五种流相互连锁、反复放大而引起企业行为的变化，呈现出具有某些共性的动态模式。系统的管理控制在很大程度上是对系统内部各种流的管理控制，关键是掌握其中的动力学机制。因此，系统动力学把流作为一个一般性概念，虽然难以精确定义，却颇具生命力。系统结构归结为这些流动的渠道、方式以及种种相互依存、相互制约的关系，可以称为系统的"流结构"。系统动力学的结构分析主要就是弄清系统固有的流结构，通过各种反馈回路形成流动网络。流的定量特征主要是流量、积累（系统内部流的堆积量）和流速，由它们构成系统的输入变量、输出变量和状态变量，状态变化也可以看成系统自身的一种流。系统动力学通过对流的研究来定量地了解系统的性质和运行规律。

（3）时间滞后（简称时滞或时延）。这是系统动力学从控制论引入的另一基本概念，对于了解系统的动力学复杂性至关紧要，因为时延加反馈是动态系统产生复杂性的重要内在根源。t 时刻的因产生的果在 t 时刻不会发生，要在 $t_1 = t + \Delta t$ 时才能出现，这种现象就是时间延迟，Δt 为时延量。动力学系统原则上都有时延，有反馈回路的系统把信息从输出端反馈到输入端必定要经历一个时间间隔。简单系统的时延可以忽略不计，在较为复杂的系统中，时延对系统行为和特性有重要影响，必须认真对待。事实上，社会系统每一项决策的贯彻都需要一定的时间延滞，其正确性和有效性不可能实时地表现出来。图 14 - 2 是淋浴中水温调节过程中时延的示意图，你用手转动调节开关后，由于水温不可能立即发生预期的变化，你就会沿同一方向继续转动开关，导致过度调节，以致不得不再往相反方向转动开关，由此而引起系统振荡。初学骑自行车的人对时延带来的后果都有切身体验，车把反复地左转右转，摇摇晃晃，以致最后摔倒在地，就是反馈加时延造成的调节过度和振荡所致。社会经济系统的振荡现象也是由反馈加时延造成的。

图 14 - 3 是单变量系统时延的一种定量刻画。时延由两部分组成，从 0 到 t_0 是系统的死区（又称失灵区），输出（果）对输入激励（因）毫无反应；从 t_0 起出现非零的输出响应，且逐步增大，直至 t_1 时到达预定值，从 0 到 t_1 就是时延量。时延是流的特殊形式的积累，影响系统状态的变化。基于这些认识，系统动力学用积累方程或流速方程来描述时延的作用。

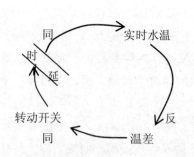

图 14 – 2 淋浴水温调节的时延（引自圣吉）

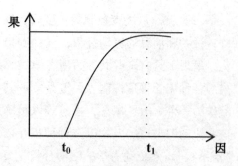

图 14.3 因果关系的时延

　　运筹学作为一种定量化的决策理论，只要有了数学模型，给定完备的数据，系统行为就完全给定了。因此，运筹学模型实质上是一种由数据产生行为的模型。但社会系统本质上不仅是结构不良的，也是缺乏数据的，仅仅基于数据所产生的行为是不完全的行为，甚至不足以反映其主要方面。在一定意义上讲，对于系统行为的形成，比数学结构更关键的是系统的流结构。系统动力学注重揭示系统的种种流结构，把对流结构的定性描述与有关数据的收集和处理结合起来，与单纯定量分析相比，能够更有效地处理社会经济系统决策中的复杂性。对于在系统科学中引入定性与定量相结合的方法，系统动力学功不可没。

　　系统动力学同样用模型方法，但使用的是计算机仿真模型，其主要组成部分是因果关系分析、流图、计算机程序等。分析因果关系的得力工具是反馈概念，分析动力学特性的得力工具是时延概念。找出系统固有的各种反馈环和存在时延的环节，是应用系统动力学方法分析问题的关键步骤。在此基础上，再进行流图设计，形象地刻画出系统各组分之间的相互作用。但流图只是对系统结构的定性刻画，要进行定量刻画，还需要把流图转化为结构方程式。鉴于社会经济系统的复杂性，系统动力学的定量化模型都是非线性微分方程。如 20 世纪 70 年代提出的佛瑞斯特—麦多斯世界模型，以非线性微分方程描述世界范围内人口、资源、污染等方面的复杂动态关系，揭示出现有发展模式的不可持续性，对于人类认识到必须转变发展模式、采用可持续发展战略，起了很大作用。

　　完成了流图设计，还需要利用计算机语言把它转换为计算机程序，上计算机模拟系统运行，通过对结构和参数的调整进行战略和策略的仿真实验，分析实验结果以引出政策性建议。由于这一点，系统动力学被称为"战略与策略实验室"。所以，系统动力学也是人机结合解决系统问题新方法的开拓者之一。

14.4　系统基模

　　系统动力学早期的目标主要还是发展一套定量描述系统的方法，但也包括许多对系统思想和方法的定性阐述。特别是经过圣吉的发挥，后一方面获得更系统而深入的发展，更适于系统科学的初学者。这集中体现在 SD 所提炼出来的若干系统基模上，用这少数几个基模可以涵盖管理中如何运用系统思维的大量问题。根据圣吉的概括，共有 12 个基模，如反映迟缓的调节回路，成长上限，舍本逐末，目标侵蚀，恶性竞争，富者愈富，共同悲剧，饮鸩止渴，成长与投资不足，等等，它们代表经营管理中违背系统思想的 12 种常见的表现形式。由于这些非系统思维在作怪，原本应该加以抑制或回避的系统机制被不自觉地激发出来，原本应该发挥作用的系统机制被不自觉地屏蔽起来，结果使系统陷入困境。通俗地讲，这叫作系统"报应"。下面对其中部分基模略加说明。

　　反应迟缓的调节回路。在管理中采取某种调节举措，由负反馈构成的调节回路中如果存在时延而又没有意识到，一时看不到满意的效果，管理者就会进一步强化这种举措，结果导致所采取的改正行动超过所需要的量，引起系统不稳定；如果再碰上增长回路起作用，势必会使系统产生强烈的振荡。或者由于管理者看不到效果而干脆放弃调节，以致产生其他意料不到的反效果。如果面对的是这种系统，调节行动一定要沉稳耐心，避免过度反应。长期而言，应设法改进系统，增大其反应速度。

　　成长上限。企业系统，以至国家作为系统，都既存在增强回路，也存在调节回路。此类系统的运行发展中常可看到这样一种现象，由一个或数个增强回路的作用而产生一个快速成长期，在成长达到某个限制（资源限制或其他）时，调节回路开始发挥作用，接着出现一个成长减缓期。如果此时增强回路反过来运转，就可能导致系统原来的成效越来越差，形成一个加速衰败期。这就是成长上限基模。避免出现这一基模的办法是不要触动增强（成长）回路，同时设法除去系统承受的限制。

　　舍本逐末。对于经营管理中出现的问题，一般有两类解决办法：一类是治本，叫作根本解；一类是治标，叫作症状解。采用治标的办法解决问题，即"头痛医头，脚痛医脚"，在短期内可以产生正面效果。如果一味使用这种暂时消除症状的方式，将使根本解的使用越来越少。久而久之，就会导致采取治本措施的能力逐渐萎缩，系统更加依赖于症状解，这叫作治标伤本。应对的办法是标本兼治，但注意力应集中到根本解上，从治本的高度来思考如何治标。但只考虑根本解也不行，因为标是本的体现，特别是当根本解显现效果的时延太长时，如果治标可以为治本换取时间，就应当暂时使用症状解，通过治标为治本赢得时间。

恶性竞争。系统之间的竞争如果只着眼于自身利益的最大化，势必处处把自己的行动建立在战胜对手的基础上，一方领先就使另一方感受到威胁，处心积虑地要重建自己的优势。每一方都把自己的行动视为针对对方的防卫措施，相互间防来卫去，最终把竞争提升到任何一方都不希望的程度，即恶性竞争。其结果，或者是两败俱伤，或者是鹬蚌相争渔翁得利。当年美苏军备竞赛就是这种情况，今天某些国际势力妄图诱使中美两国陷入新的军备竞赛的恶性循环而搞垮中国，我们必须警惕。避免恶性竞争的办法是抛弃零和博弈模式，"寻求一个双赢政策，将对方的目标也纳入自己的决策考量"（圣吉），争取实现共同发展。

共同悲剧。这是一种对每个部分都有利、但对整体有害的决策模式，是在研究自然生态现象中首先发现的，但也常常发生于企业经营管理中。它的形成往往依赖于两个条件，一是存在由群体共用的资源，二是个别决策者能够自由决定自己的行动，利用无须付费的资源达到短期利益，长期下去则须付出未曾料到的重大代价。如果分享资源的个体很多，各自专注于自己的需要而采取行动，其总和将形成一个有生命的大系统，造成一种对各个局部都不利的整体局面。个体应该认识到共有资源使它们都隶属于一个大系统，在进行自我管理的同时，设法建立这个大系统的调节机制，对资源进行共同管理，避免导致共同悲剧。

饮鸩止渴。一个政策短期内似乎很有效，但同时会产生有害的后遗症，其效果只是表面的暂时的；长期采用将形成一种坏的政策偏好，使后遗症越来越重，系统越来越依赖于这种政策而难以自拔，决策者往往会惊呼："这在过去总是有效的，为什么现在不灵了？"以借钱方式支付贷款利息，以吸毒自解忧愁，"以酒消愁愁更愁"，都是饮鸩止渴的实例。应对之道是把眼光聚集于长期焦点上，尽量不用短期有效但危害长远发展的对策。

14.5　学习型组织

学习型组织的概念代表管理科学中的一种新理念和新技术，理论基础是系统动力学。这里讲的组织首先是指工厂、公司、商店等企业，同时，也包括学校、医院、政府机构、军事单位等社会系统，甚至国家和国际组织。

从 1911 年提出泰勒制起，管理理论就在应用系统观点，后来相继出现的各种管理理论和流派越来越重视应用系统观点于管理实践。但它们所讲的组织基本上都是权威控制型的，仰仗于福特、史隆之类杰出领导人一夫当关、运筹帷幄和指挥全局，部属和职工只需忠实执行命令、积极肯干，组织就可以赢得竞争。但历史发展到 20 世纪后期，随着经济全球化、社会信息化、世界一体化趋势的兴起，高新技术日新月异，新产品的生命周期日益缩短，权威控制型组织越来越缺乏竞争力。企业的管理模式、管理理念和管理技术迫切需要更新。在这种历史条件下，以建立学习型组织为核心的管理理论便应运而生。

所谓学习型组织，圣吉作过这样的描述："在其中，大家得以不断突破自己的能力上限，创造真心向往的结果，培养全新、前瞻而开阔的思考方式，全力实现共同的抱负，以及不断一起学习如何共同学习。"学习的根本任务是培养创新能力，学习型组织就是创新型组织，企业乃至国家唯一持久的竞争优势就在于比竞争对手更善于学习，因而更善于创新。建设创新型国家是我国的国家目标，创新型国家必须是学习型国家。

建立学习型组织是可能的。其一，人和动物的基本区别之一在于人是天生的学习者，中华民族的先贤几千年前就倡导"活到老，学到老"。其二，学习型组织早有先例或雏形，从历史上看，成就卓著的团体并不是一开始就成功的，而是通过不断学习、不断创新而达到的。中国能有今天这种令世界震惊的发展，是中华民族一百多年来不断学习的结果。其三，系统科学和管理科学的发展提供了理论武器和技术手段，包括近年来逐步厘清和发展了学习型组织必需的技术、知识和途径，圣吉把它归结为建立学习型组织的五项技术，称之为"五项修炼"。

第一项修炼是自我超越。它是学习型组织的精神基础，指的是学习不断厘清个人的真正愿望，集中精力，培养耐心，并努力地实现它。虽然个人学习并不意味着组织也在学习，但个人学习毕竟是组织学习的前提，组织学习必须建立在个人学习的基础上，以个人不断学习为起点，形成学习型组织。此项修炼兼有东西方的精神传统。

第二项修炼是改善心智模型。心智模型指存在于个体思维或群体思维中的关于如何行动的种种假设、成见、偏好、信念，甚至图像、印象等。它深刻影响甚至决定着人们的思维方式，但往往很难觉察到，多半是在不自觉地发挥作用。需要学习如何使隐藏于内心深处的心智模型浮现出来，严加审视，努力加以改善。

第三项修炼是建立共同愿景。组织的凝聚力在于拥有共同的愿景，共同的愿景能够改善个别成员与组织之间的关系，产生众人是一体的感觉，从思想上、精神上把全体成员凝聚起来，使它们从内心希望归属于一项重要的任务、事业和使命。共同愿景不是个人愿景的简单相加，而是对个人愿景进行科学整合而涌现出来的系统效应。

第四项修炼是团队学习。现代组织中学习的基本单位是团体而非个人，起关键作用的是集体智慧而非个人智慧，共同愿景的形成主要依靠团队学习。团队学习的修炼从深度会谈开始，使个人内心的假设、偏好浮现出来，找出有碍学习的互动模式（如习惯性防卫模式），暴露相互冲突的想法和愿景，通过会谈而整合出共同愿景。

第五项修炼是系统思维。上述四项修炼如果互不相干地进行，就不可能造就真正的学习型组织，只有把它们整合为一个有机系统才能产生整体效应。这四项修炼是有内在联系的，只有使它们合理地互动互应，才能产生正的系统效应。这就需要系统思维，它是把其他四项修炼整合为一体的另一项修炼。

其实，以毛泽东为代表的中国共产党之所以能够赢得革命成功，就在于它是一个学习型组织，它所倡导的思想改造就是改善心智模式，为穷人翻身、民族解放而奋斗、建设共产主义社会就是共同愿景，批评与自我批评就是深度会谈，辩证思维就是系统思维。有人把这一套斥为教条或极"左"而抛弃，却把圣吉的理论视为全新创造而顶礼膜拜，是不正确的。当然，革命年代的经验带有当时历史条件的局限性，不能简单照搬，但它在本质上是中华民族的一笔重要的精神财富，应当珍惜。

按照圣吉的设想，提出学习型组织理论还有更宏伟的目标，即构建未来社会的考量。就人的角度讲，传统组织的功能是追求更大的经济利益（老板和管理者）和谋生（职工），而人则沦为工作的奴隶。建立学习型组织的真谛是让人活出生命的意义，改变工作观，透过学习重新创造自我。就整个社会来说，建立学习型组织的目标是把企业建设成为致力于从根本上改善这个世界不公平现象的团体，加深人类命运与共的一体感。这些思想跟共产主义者的信念和历史目标有不少共同之处。

14.6　系统思维

系统科学的代表人物，如贝塔朗菲、切克兰德、钱学森等，都对系统思维有所阐述。但第一个系统地阐述系统思维的是圣吉，他以企业经营管理的丰富实践为依据，针对非系统思维的种种表现，以增长回路、调节回路和时间延滞为核心概念，对系统思维（更准确地说是管理系统思维）作了迄今为止最全面而有说服力的阐述，要点如下：

非系统思维的表现之一是局限思考。工业文明使社会分工越来越细，人们被分隔局限于一个个狭窄的职业圈子里，养成只见树木、不见森林的思维习惯。社会组织中的人将组织依功能而切割，只专注于自身职务上，把责任局限于自己的职务范围，没有整体观念，必然形成局限性思维。系统思维是一项"看见整体"的修炼，要求既见树木，更见森林，自觉地超越局限思考，要懂得局部目标之和不等于整体目标，局部成功不等于整体成功。如果一件事情最终出了问题，不要归咎于某个局部或个人，应该从组织的结构或政策上，亦即从不同局部互动方式上找原因。

非系统思维的表现之二是当事情出了问题时，习惯于从外部找替罪羊，归罪于别人或环境。归罪于外部的思考方式实际是局限性思维的副产品，是以片段思考的方式看待外部世界的结果。系统思维也承认外部原因，但强调内因是主要的、经常性的因素，一般情况下出了问题应从组织内部找原因，要注意内与外是互动的，外部的不利影响可能是内部因素造成的，或者是通过内因起作用的，应从内部、从内外互动关系中寻找解决问题之道。

非系统思维的表现之三是常常被未觉察的结构和看不见的运作所困，以至于让某些力量在管理者的视野之外左右系统行为。系统思维有助于掌握一种能够发现那些隐蔽的，但一再重复起作用的结构形态，使自己从以前看不见的力量的支配下解脱出来，进而拥有运用和改变这种结构形态和运行力量的能力。

非系统思维表现之四是坚持线段式的因果观，不考虑事件的全体及其环状因果互动关系，养成以片片段段、专注于个别事件来处理问题的习惯，而且认为每个事件都有明显的原因。系统思维则注重考察组织中不同职务互动所产生的环状因果关系，提供了一套用以描述各种病态环状互动关系及其变化形式的概念，有助于人们更清楚地看待在事件背后运作的简单结构，做到善于驾驭复杂性。

非系统思维的表现之五是没有时延概念，看不到短期效益可能同时联系着长期弊病，管理者的许多举措常常在显示恶果之前呈现良好状况的假象；病态在不知不觉中缓慢地积累，一旦呈现为致命威胁时已经无法解决。系统思维要求管理者懂得，实际系统都存在时延，时延是形成动力学特性的重要机制，它能够使难以觉察的缓慢变化不断积累放大。必须学会识别缓慢渐进的过程，识别因与果之间的时间差距，防患于未然。

　　非系统思维的表现之六是不区分主次轻重。显而易见的解决办法往往是无效的，至多可以取得短期效果，却使长期效果恶化。另一方面，小而专注的行动如果用对了地方，能够产生重大而持久的效果。系统思维是一项区别高杠杆解（小的改变能够持续导致重大改善的解）和低杠杆解之差异的修炼，断言解决问题的关键在于找出小而有效的高杠杆解。这就要求人们透彻了解系统中各种力量的运作，看出系统深处的结构，观察变化的全过程。

　　非系统思维的表现之七是眼里只有细节复杂性，看不到动态复杂性，往往迷失于复杂的细节中。时延（因与果在时间上不相连），渐糟之前先渐好，相同的行为在短期和长期有显著不同的结果，等等，都是动态复杂性造成的。系统思维要求既要看到细节复杂性，更要看到动态复杂性，更重要也更难把握的是动态复杂性。要善于发现复杂事件背后运作的动力学机制，揭示深层次的非线性因果环路的作用，掌握动态的均衡搭配，找到以简驭繁的途径。

　　非系统思维的表现之八是局限在狭小的时空范围考虑问题，看不到对象系统还从属于更大的时空范围，因而不能完全辨识系统整体运作的微妙特性。"在系统思维的过程中，我们放弃必定要由某人或某单位负起责任的假设。"（圣吉），要放弃本系统中心主义（放大了的个人中心主义），把眼光投向更开阔的时空范围，注重考察本系统跟其他系统的互动关系，从中找出造成问题的因果反馈环、时延等机制产生的影响，进而寻找解决问题之道。圣吉关于当年美苏争霸的分析为此提供了一个极好的范例。

　　如果说学习型组织主要是对管理科学的贡献，有关系统思维的论述则是对系统科学的贡献。长期以来学界存在一种误解，以为只有给定系统的动力学方程，才能分析系统的动力学特性；没有动力学方程，就只能考察系统的静态特性。圣吉的工作表明，不用数学模型，基于定性分析，仍可对系统的动力学特性做出深入分析。这一点颇有启发意义。

第 15 讲

模糊系统理论

跟系统动力学差不多同一时期提出的对付复杂性的另一种理论方案，是 L. A. 扎德开创的模糊学，其中一个重要部分就是本讲介绍的模糊系统理论。

15.1　扎德与模糊系统理论

科学近 400 年来的发展越来越崇尚描述的精确、严格和定量，摒弃描述的模糊、不严格和定性。19 世纪，大物理学家开尔文给这种方法论观点以如次的表述（1883）："在物理科学中，学习任何论题的关键的第一步是寻找它的数值计算原理和与之有关的一些性质的测量方法。我常说，要懂得一点东西，你就必须设法把这件东西测量出来并且把它表达为数字。相反，当你不能把它测量出来又无法把它表达为数字时，你对这件东西的知识是贫乏而又不充分的，知识可能开始在你的头脑中出现，但无论如何，你的思想还未进入科学的境界。"为了避免给学界同行以"思想还未进入科学的境界"的坏印象，科学家争相远离模糊的、不严格的、定性的工作，越来越追求精确化、严格化和定量化。

这种方法论观点显然也影响到新兴的系统科学，尤其是运筹学和控制理论，而忽视数学模型的经验含义和实际效果，一味追求定量化、精确化、形式化。其结果，出现了被人讽刺为 "X 杂志的文章与 X 实践没有关系" 的荒唐局面。扎德是以卡尔曼为代表的现代控制理论开拓者群体中的一员，也颇擅长这种精确、严格和定量化的方法，对这一理论的建立和发展颇有建树。例如，至今仍被控制科学界采用的适应性概念的定义就是扎德给出的。不过，到 20 世纪 60 年代初，面对控制论和运筹学向何处去的问题，扎德对系统科学一味追求严格性、精确性和定量化的发展方向产生怀疑，开始跟卡尔曼等人分道扬镳。1963 年的一篇文章已有所显示，1965 年在著名论文《模糊集合》中正式推出他的替代方案。

扎德新的科学思想和方法论的影响不限于控制论，也扩展到系统科学的其他分支学科，形成模糊系统理论，进而又超越系统科学，在广泛的学科领域推动了描述方法的模糊化。扎德的创新是从数学开始的，形成后来被称为模糊数学的数学新分支。后来又扩展到逻辑、语言、管理等领域，我们统称为模糊学。所谓模糊学，就是以现实世界广泛存在的模糊性及其在人脑中的反映为对象，以在理论上把握模糊性、在实践上有效地处理模糊性为目标，所建立的概念体系和方法论框架。

扎德不仅是模糊系统理论和模糊学的开创者，而且是这一新兴研究方向的持续推动者。从1965年到90年代中期，每个十年他都有新的开拓，不断提出新思想、新概念、新理论。有关论文集结出版，1987年的《模糊集与应用》，1996年的《模糊集、模糊逻辑和模糊系统》，2000年的《模糊集与模糊信息粒理论》，在世界范围产生了广泛而深远的影响。

模糊系统理论和模糊学在中国学术界引起热烈响应，形成一支庞大的研究队伍，刘应明、汪培庄等人都做出重要贡献。中国是国际模糊学研究的主力之一。

15.2　破除精确性崇拜

科学理论的基本任务是揭示对象世界的奥秘，回答事物是什么和为什么的问题，建立理论体系；进而应用理论于实际，回答做什么和怎么做的问题。基础理论讲究的是真理性和真实性，实际应用讲究的是可行性和有效性，总之是描述的有意义性。任何理论描述，不论它逻辑上多么严格，形式上多么漂亮，数值上多么精确，只要它不反映对象世界的真实情况，就是没有意义的，因而是非科学的。科学的描述首先必须是有意义的描述。

人们在很长时期内不自觉地认为，精确的描述一定是有意义的描述，模糊的描述一定是没有意义的描述，越精确就越有意义。也就是说，科学的方法一定是精确的方法，模糊方法一概是非科学方法，或者说是在没有找到精确方法之前的权宜方法。人们相信，精确化的范围是无限的，一切科学描述都需要并且能够精确化，今天尚未精确化的东西，明天就可能精确化，用这种方法不能精确化的东西，总可以找到别的方法使它精确化。这就是扎德所说的现代科学的"精确性崇拜"，它曾经有力地推动科学的发展，形成可贵的科学精神。用中国语言来讲，就是精益求精。

但是，任何具体的真理都具有相对性。描述的精确性与描述的有意义性之间的一致是有条件的，不可把对精确性的追求绝对化。一般来说，对简单性对象的描述越精确就越有意义，至于复杂性对象，精确的描述未必一定是有意义的描述。或者说，能够精确描述是简单性的特点之一，难以精确描述是复杂性的特点之一。扎德发现，随着系统复杂性的增加，人们对系统作出精确而有意义的描述的能力就会降低，复杂性达到一定的阈值，精确性和有意义性将成为相互矛盾的东西：精确的描述不再是有意义的描述，有意义的描述不再是精确的描述。这是模糊学的一个基本假设，扎德称之为不相容原理，或称为互克性原理。

对于复杂性，真正科学的描述必须抛弃精确性崇拜，科学技术应该从过高的精确性要求上退下来，接受近似解的必要性和合理性，承认模糊方法也有其独特价值和有效范围，建立和发展能够处理模糊性的科学方法。

15.3　模糊性的数学刻画

复杂性的一种重要表现是模糊性。所谓模糊性就是事物类属的不分明性、不确定性，一个事物是否属于某一类不能苛求给出明确肯定的回答，只能说它在多大程度上属于或不属于。学习好与不好，汉语讲得流利与不流利，结构是否良好，问题是否复杂，生活是否幸福，高温，大雨，低频，邻域，很小的数，等等，都存在模糊性，不能简单地回答是或否，只能回答在多大程度是，或者不是，要看问题的语境。1000 是小数？或大数？或是很大的数？在不同语境下，小数、大数、很大的数都可能。

模糊性的反面是清晰性，指的是事物类属的分明性、确定性，对于一个事物是否属于某一类，是否具有某种属性，可以作出或是或否、明确肯定的回答。贾宝玉是男性，林黛玉是女性，台湾是中国的一个省，英文是拼音文字，整数、分数，可微函数，可积函数，等等，都是清晰事物，是就是是，不是就是不是。显然，现实世界既存在清晰事物，也存在模糊事物，既有清晰性，也有模糊性。

数学早已给出描述清晰事物和清晰性的方法，基础就是普通集合概念。给定集合 A 和元素 x，x 要么属于 A，记作 $x \in A$；要么不属于 A，记作 $x \notin A$，二者必取其一，且只取其一。为了定量地刻画这种精确隶属关系，数学引入集合的特征函数概念，记作 $f(x)$

$$f(x) = \begin{cases} 0 & x \in A \\ 0 & x \notin \end{cases} \qquad (15-1)$$

为了数学地刻画模糊性，扎德把属于关系模糊化，承认元素可以在一定程度上属于（部分地属于）集合，又不完全属于（部分地不属于）集合；又把属于关系定量化，引入隶属度概念，记作 μ，完全属于集合 A 的元素的隶属度为 $\mu=1$，完全不属于集合 A 的元素的隶属度为 $\mu=0$，部分属于又部分不属于集合 A 的元素的隶属度为一个介于 0 与 1 之间的实数 μ。这样就在元素 x 和隶属度 μ 之间建立起一种对应关系 $f_A(x)$，称为 A 的隶属函数。

$$f_A(x) = \begin{cases} 1 & x \text{ 完全属于 A} \\ \mu, 0<\mu<1 & x \text{ 部分属于 A} \\ 0 & x \text{ 完全不属于 A} \end{cases} \qquad (15-2)$$

（15-2）式实际上定义了一个模糊集合 A，$f_A(x)$ 是它的隶属函数。显然，隶属函数 $f_A(x)$ 是特征函数（15-1）的推广，即把 $f(x)$ 模糊化的结果。

一般来说，一个大学生班上的所有高个子组成的集合 H 就是一个模糊集合，有些同学是公认的高个子，有些是公认的小个子，有些则难以确定其类属。如果指定身高 1.8 米以上对高个子的隶属度为 1，身高 1.6 米以下对高个子的隶属度为 0，介于二者中间的个头给定一个介于 1 和 0 之间的数为其隶属度，就数学地刻画了高个子这个模糊集合 H。设班上共有 8 个男生 a、b、c、d、e、f、g、h，把它们置于横杠下方，每个人的隶属度置于横杠上方，则模糊集合 H 的隶属函数通常采用以下方式来表示：

$$f_A(x) = \frac{0.4}{a} + \frac{0.6}{b} + \frac{1}{c} + \frac{0.8}{d} + \frac{0.5}{e} + \frac{1}{f} + \frac{0.1}{g} + \frac{0.4}{h} \qquad (15-3)$$

其中，符号 + 不代表加法运算，仅仅表示汇集或集合的意思。显然，确定一个模糊集合的关键是给每个元素指定一个隶属度。隶属度并非可以实测的物理量，它的确定往往取决于人的经验。在处理模糊系统问题时，经验的意义就在于能够合理地确定隶属度。

关系是集合论的另一基本概念。经典集合论讲的是精确关系，给定一个二元关系 R，元素 x 和 y 要么具有关系 R，要么不具有关系 R，非此即彼，明确肯定。数的大于、小于、整除等关系，父子关系，祖孙关系，都属于这种精确关系。近似、远小于、平等、友好、远亲、近邻、面貌相近等关系却不同，x 和 y 是否具有这种关系无法作出明确肯定的判断，因为它们在一定程度上具有某种关系，又不完全具有该关系。《红楼梦》中王夫人说晴雯长得有点像林姑娘，意味着她也觉得不完全像。100 是否远大于 1，在不同的语境下有不同的判断。在给定的讨论范围内，如果至少有一对元素 x 和 y 只是在一定程度上具有关系 R，又不完全具有关系 R，就称 R 为一个模糊关系。远亲、近邻等都是模糊关系，现实生活中的关系大多是模糊关系。

类似于模糊集合，扎德也把关系概念模糊化，用隶属度和隶属函数刻画模糊关系。我们只考虑二元关系。一个从论域 U 到论域 V 的二元模糊关系 R 可以用一个矩阵 R 来描述，矩阵的元素 r_{ij} 只在 0 和 1 之间取值，r_{ij} 代表元素 $u_i \epsilon U$ 和 $v_j \epsilon V$ 具有关系 R 的程度。矩阵 R =（r_{ij}）就是模糊关系的隶属函数。设论域（集合）U =（a，b），V =（x，y，z），R 是从 U 到 V 的一个模糊关系，分别给定元素对（a，x）、（a，y）、（a，z）、（b，x）、（b，y）、（b，z）对 R 的隶属度 r，就得到模糊关系 R 的定量刻画

	x	y	z
a	0.6	0.3	1
b	0.7	0	0.5

$$(15-4)$$

其中，那个 2×3 阶数值矩阵就是 R 的隶属函数，称为模糊矩阵 R

$$R = \begin{pmatrix} 0.6 & 0.3 & 1 \\ 0.7 & 0 & 0.5 \end{pmatrix} \qquad (15-5)$$

根据模糊性的特征，模糊数学给模糊集合和模糊关系定义了一套运算，如模糊集合的并、交、补运算，模糊关系的合成运算等。利用这些运算，就可以对模糊系统的行为特性进行模糊的定量描述，以解决某些涉及模糊系统的理论和实际问题。这些研究成果构成模糊系统理论的内容。有兴趣了解这些模糊运算的读者，可查阅模糊数学著作。

15.4 模糊控制

第 12 讲介绍的控制理论属于精确性科学，一个控制问题摆在面前，要求建立精确的数学模型，制定精确的控制规律，获取精确的数据，进行精确的分析、计算、综合，形成精确的控制指令。一句话，追求精确性、定量化是控制论的基本准则。

但是，实际生活中大量控制问题无法应用，也用不着这种精确技术，而是利用模糊控制的思想和方法解决的。朋友，让我们设想你已经迈进汽车族的行列。你获悉某年某月某日上午八时在友谊宾馆有一个会议，它对你很重要。早

餐过后，你便驾驶自己刚买的奔驰车飞快地奔驰在北京的大街上。你比预定时间提前十分钟到达那里，却发现停车场只剩下一个夹在两辆车之间很窄的空位，你只能把车停在那里。这显然是一个控制问题。如果你懂一点现代控制论，头脑里有些精确性崇拜，认定凡是实施控制，必须严格按照控制论原理办，那你就得走下车来，先测量距离、方向、角度等，再建立精确的数学模型，然后求解模型以获得精确的控制规律，形成精确的控制指令，再上车据之操控方向盘，把车安全顺畅地停在那个空位上。然而，在你尚未完成这项"科学研究"时，会议早已开完了。真是糟糕，对精确性的崇拜使你失去一个难得的机会。

当然，现实生活中的你一定不会如此迂腐，而是一边观察停车场的情况，一边转动方向盘，反馈，调整，再反馈，再调整，几个回合下来，便顺利地把车停在那个位置上。但你采用的不是精确控制理论和技术，而是模糊控制理论和技术，控制指令是"向后开""向左一点""再向左一点""稍微向右一点"之类模糊用语。在精确性崇拜者看来，这种控制方法理论上不值一提，却可以简便而迅速地达到目的，远比精确性理论和技术优越。此类事例不仅在日常生活中存在，也大量存在于生产和别的社会活动中，大师傅炒菜，炉前工烧锅炉，画家作画，组织学术研讨会，外交家谈判，等等，都离不开模糊控制。事实上，人们一直在有效地应用模糊控制。这些事例表明，模糊控制必定有其特殊的理论和方法论价值。模糊控制的思想和方法并非扎德全新的创造，它早就在默默地为人类服务，扎德只是第一个获得理论上的自觉，初步给出一种科学的表述。读者不妨找你周围的模糊控制现象。

经验中的模糊控制是利用模糊逻辑和模糊语言进行的。作为高新技术的模糊控制是要让机器能够像人那样进行模糊控制，这就需要把模糊控制指令用数学语言表达出来，以便使机器能够识别和执行。扎德以模糊数学为工具，给模糊控制建立了一套具有现代科学品位的理论和技术。要点是绕过建立精确数学模型这一关，用模糊语言描述模糊控制规律，用模糊集合和模糊关系描述模糊语言。模糊控制最经典的实例是水面位置的控制，我们利用它对模糊控制理论和技术的真谛作点粗略的说明。

图 15-1 是一个水箱，K 为调节阀门。控制任务是排除干扰，使水位保持在预定值 0 处。阀门正向开代表注水，反向开代表排水。调节量为阀门开度 u，e 代表实际水位和预定水位之差。水箱实际运行中的水位即误差 e 的变化是连续的，为简化控制方式，把 u 和 e 离散化，分为五档，分别为正大（正向开大），正小（正向开小），0，负小（反向开小），负大（反向开大）。控制指令就是以下模糊条件语句：

若 e 正大，则 u 负大；

若 e 正小，则 u 负小；

若 e 为 0，则 u 为 0；

若 e 负小，则 u 正小；

若 e 负大，则 u 正大。 (15 – 6)

用适当的模糊集合表示正大、正小、0、负小、负大，用适当的模糊关系表示模糊指令，（15 – 6）就成为水位模糊控制的数学模型，定量地刻画了这个模糊控制系统的控制规律。设计适当的控制器，能够发送、识别和执行这些模糊指令，即可实现对水箱水位的模糊控制。

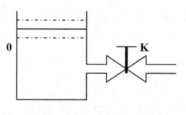

图 15 – 1　水位模糊控制器

15.5　模糊综合评判和决策

假定你是一位漂亮的女大学生，班内班外、系内系外、校内校外都有许多追求者，他们各有千秋，或相貌堂堂，或风度翩翩，或才高八斗，或财大气粗，或多情多义，或脾气温顺，等等，都是吸引女性之处。但凡人皆有长有短，所有方面都出类拔萃是不可能的。而相貌、风度、才智、情意、脾气等都是人的模糊属性，不像身高体重那样可以精确测量，不能应用精确科学的方法进行评判。如果你按照单一标准去评判，或者只要是大款或高官就嫁，这叫作单因素评判，问题简单，凭经验一般都可以令人满意地加以解决。不过，凭单一因素进行评判和决策一般都有很大片面性，财大气粗者可能为人粗俗，相貌堂堂者可能腹无诗书，才高八斗者可能长得丑陋，你都无法接受。如果你拒绝单因素评判，力求在多指标综合评判基础上作出决策，那么，如何较长论短做出满意的决策就颇费思量。模糊学发展出来的模糊综合评判的理论和技术，至少它的思想方法可能对你提供帮助。

模糊综合评判由两个方面构成：一是评判着眼因素，如容貌、才智、收入等，设有 n 个评判因素，记作 p_1、p_2、$\cdots$、p_n。二是评语，如满意，很满意，不满意等，共有 m 个评语，记作 q_1、q_2、$\cdots$、q_m。先就每个着眼因素进行单因素评判，分别确定该因素对各个评语的隶属度，如对容貌满意的隶属度为 0.8，对收入很满意的隶属度为 0.6，等等，形成一个单因素评判，共有 n 个。然后是对这 n 个单因素评判进行综合，n 个着眼因素的重要性不同，通过确定各因素的权重系数来解决，更看重的因素权重系数大一些，如有人更看重对象的才干，有人更看重对象的财产，等等，各有自己的权重分配。有了权重系数，使用类似模糊水箱控制的方法对所有单因素评判进行加权综合，求得综合评判。鉴于具体的方法太专业，这里就不再叙述了。人们在实际生活中一般都在做这种模糊综合评判，凭经验确定加权系数，凭经验进行综合运算，读者不妨做点考察。

评判的目的是决策，决策须依据评判来做出。日常生活中的决策多半都是模糊决策。基于模糊数学的模糊决策，其理论原理、技术和方法须求助于有关专著，这里只介绍模糊决策的基本思想。精确决策的目标是寻找最优策略，首先应找出全部可行策略，然后从中找出最优策略。这在繁杂的社会生活中往往做不到。原因之一是复杂系统一般不存在最优策略，原因之二是即使存在最优策略，实施这种策略的收益跟付出的代价相比，可能得不偿失。司马贺曾经给出这样一个形象的比喻：到一块成熟了的玉米地掰一穗玉米，如果目标确定为掰最大（最重）的一个，那就得把所有较大的玉米（可行解）都掰下来，称出它们的重量，确定其中的最大者。这是精确决策的做法，精确解也确实存在，但工作量巨大。模糊决策以令人满意原则取代最优化原则，找出一个令人满意的策略就行，无须一定是最优的。对于司马贺举的例子，把目标确定为寻找一个足够大的玉米，只需大略观察一会就可以找到。跟那个最大者相比，实际上相差无几，却省时、省事、省气力，综合看来要更优一些。掰大玉米是一个存在最优策略的问题，上述找对象问题则不存在综合最优策略，实际可行的原则是满意了就行，或者说寻找的是令人满意解。在复杂系统情况下，模糊决策才是科学的决策。

15.6　思维系统与模糊性

思维的对象世界广泛存在模糊性，人的思维器官也具有模糊性。以具有模糊性的思维器官去处理反映对象系统模糊性的信息，必然产生思维的模糊性。扎德认为："比起随机性，模糊性在人类认识过程的机制里，有着重要得多的作用。"对精确性和模糊性的新认识，导致关于精确思维和模糊思维的划分。

精确思维是指以消除一切模糊性、实现对象描述的精确化为目标而运作的思维方式，亦即在消除模糊性、追求思维运行过程和结果精确化的前提下运作的思维活动。充分发展了的精确思维有三个基本特征：一是严格的逻辑性：精确定义的概念，非此即彼的判断，严格遵循逻辑规则的推理论证。二是表达形式的数学化、定量化：获取精确的数据资料，建立精确的数学模型，运用精确的算法、程序求得精确的量化结果，排除一切模糊用语。三是真理判决的实验化：设计可严格控制的实验，测记精确的观察数据，以检验思维成果的真实性。数学家、自然科学家、工程师运用的主要就是这种思维方式。

模糊思维并非提倡把思维搞得模模糊糊，而是指在保留反映思维对象固有的模糊性的前提下运作的思维方式，亦即以把握对象模糊性为目标而运作的思维方式。当思维对象复杂到一定程度时，描述的精确性和有意义性成为互不相容的东西，思维就不能再以追求精确性、消除模糊性为准则，而应该放弃对过高精确性的追求，以把握模糊性为目标来运作。在逻辑思维层次上，就是要承认模糊概念（如高频、低温、民主、和谐等），模糊命题（如俄语难学、社会稳定等）和模糊推理，接受模糊真值概念。所谓模糊推理，不仅在于推理由模糊命题构成，更在于允许推理规则有模糊性。扎德喜欢讲的一个经典例子是：

如果葡萄红了，则葡萄熟了；

葡萄有点红了；
所以，葡萄有点熟了。　　　　　　　　　　　　　　　　　　（15-7）

葡萄红了和葡萄有点红了、葡萄熟了和葡萄有点熟了都是模糊命题，小前提对大前提前件的肯定不是严格的，而是近似的、模糊的，结论也是对大前提后件不严格的肯定。精确逻辑理论认为这样做不符合推理规则，故认定(15-7)属于无效推理。但人们在日常生活中大量使用这类推理，而且能够有效而方便地解决许多实际问题。模糊逻辑接受这种不严格的推理规则，允许从小前提对大前提前件不严格的肯定中，近似地推出不严格肯定大前提后件的结论，肯定了推理模式（15-7）的逻辑合法性。

强调精确性的科技工作也少不了模糊思维，已故化学家卢嘉锡根据化学这门重要的精确科学的发展经验对此给出很好的说明。他指出，实际过程往往带有不确定性或模糊性，科学研究常常会进入情况尚属朦胧、推理论据还不充分的状态。这时候，科学家要善于从模糊中察出端倪，看到轮廓，对过程进行毛估。"所谓毛估是一种近似的（包括半经验的近似计算）、定性的、概念性的描述、判断、估计和预测。而一切精确的计算则是基于这些正确概念基础上的

'上层建筑'"。这一点对所有精确科学都适用。

　　科学研究是一种祛情思维，不允许把研究者的主观感情、个人志趣带入思维过程，尤其不能带入思维的成果和总结成果的文本中。文艺创作和欣赏则是用情思维（有情思维），必须以情纬文，把真挚的情感浇铸于作品中，借作品排泄胸中块垒，用真情打动读者。白居易说："诗者，根情，苗言，华声，实义。"精确思维是祛情思维，用情思维只能是模糊思维。诗人的诗意总是在浓烈情感的突然袭击下生发勃兴的，情感是创作的发动机和导航器。但情感、志趣在本性上不能作定量化、形式化处理，无须也无法给出精确化描述。以郭沫若创作《凤凰涅槃》为例，按照他在《我的作诗经过》中的自述，当诗意突然袭来时，直感到"全身都有点作寒作冷，连牙关都在打战"，形成强烈的创作冲动。不妨设想一下，如果他不是乘兴立即"伏在枕上用着铅笔只是火速地写"，用那些模糊而极富感情的自然语言表达出来，而是求助于精确思维，那么，只要试图定量化、形式化的念头在脑海里一出现，那种浓烈而清新的诗意便迅即灰飞烟灭，以至于"六情底滞，志往神留，兀弱枯木，豁若涸流"（陆机），就不会有那首轰动一时的名诗问世了。

　　精确理论与模糊理论，精确方法与模糊方法，精确思维与模糊思维，各有自己的长处和短处，各有自己的适用范围。把它们应用在适当的问题上，它们就是科学的、有效的；不适当地夸大它们的作用，该精确的地方不精确，该模糊的地方不模糊，都是非科学的。

第 16 讲

软系统方法论

复杂性的一个特点是其内涵的无限多样性，一种说不清、道不明的多样性。在认识论意义上的表现，就是只要摆脱还原论科学简单性原则的束缚，把复杂性当成复杂性来对待，不同人就会从不同角度发现复杂性的不同表现形式，揭示复杂性的不同内涵，提出描述和处理复杂性的不同理论方案。其结果，在复杂性研究中形成了不同学派"八仙过海，各显神通"的局面，每一家都把握了复杂性的某一方面，每一家都说不尽复杂性的故事。前两讲分别介绍了认识复杂系统的两个视角及其不同的表现。本讲介绍英国学者切克兰德发现的另一个视角，以及他所提出的独特理论方案。

16.1 切克兰德与系统方法的软化

切克兰德最初是作为化学家和工程师登上科技舞台的，不久转向企业管理，致力于把系统科学的思想和方法应用于经营管理。经过 15 年的历练，积累了丰富的经验，越来越感到以司马贺"目标搜寻"范式为主导的管理科学的局限性太大，对系统思维的应用越来越迷恋，决心从理论上另辟蹊径。1969 年，切克兰德转入兰彻斯特大学系统科学系任教，从事学术探讨和理论总结，致力于后来称为软系统方法论（SSM）的创建。他的重要著作有：《系统论与科学，工业与发明》（1970），《走向现实世界问题求解的基于系统论的方法论》（1972），《运用系统方法：根定义的结构》（合著，1976），《系统论运动概观》（1979），《系统思维与系统实践》（1981，中译文的名称为《系统论的思想与实践》，不确切），《行动中的软系统方法论》（合著，1998），《系统思维与系统实践，含30 年回顾》（1999）。切克兰德的工作在系统科学界的复杂性探索中独树一帜，也代表了英国学界对系统科学的主要贡献。

计算机科学创造的软件、硬件概念具有特殊的科学和哲学意义。机器本质上是硬技术，机器的广泛应用是机械论盛行的重要根源。电子计算机也是机器，但它明确区分了软件和硬件，强调软件具有重要的甚至是支配性的作用，指明一条克服机械论的有效途径。由切克兰德开始的"软系统革命"，其源头应该追溯到这里。他区分了硬问题和软问题，硬工程和软工程，硬系统和软系统，硬方法和软方法，都被系统科学界广泛接受。引入软、硬范畴不仅从方法和技术层面丰富了系统科学，而且丰富了系统思想。一般情形下人们总是重硬轻软，因为传统看法是硬胜于软，强调软的要服从硬的。现代科技的发展更强化了这种观点，培育了尊硬轻软的价值标准。邓小平强调发展是硬道理，意味着承认存在软道理，但软道理服从硬道理，也反映出这种思想取向。由切克兰德开始的系统科学软化运动产生了持续而显著的影响，学界越来越看到硬、软之分的普遍性，意识到软因素往往支配硬因素，轻视甚至看不见软要素的传统观念必须抛弃。硬科学和软科学，硬技术和软技术，软工程和硬工程，硬计算和软计算，硬实力和软实力（约瑟夫·奈），这些概念越来越流行。笔者在本书中刻画系统时划分硬要素和软要素、硬结构和软结构、硬环境和软环境、硬功能和软功能、硬形态和软形态等，也是这一思想运动的余波。

软系统方法论跟中国传统文化颇为合拍。中华文化历来承认事物有软和硬、刚和柔两个方面，强调管理、领导、统治要软硬兼施、刚柔并济，讲究以柔克刚，以软制硬，四两拨千斤。系统科学的未来发展可以从中华文化中挖掘出宝贵的思想资源，开拓出新的研究方向，创建新的学科。

切克兰德对系统科学的贡献，还有两点必须提及：一是对涌现概念的强调，并给出专门的论述，在涌现论的形成发展中占有不可轻视的地位。二是对系统思维的强调和论述。系统思维在贝塔朗菲的著作中基本上还是一个一般术语，未作明确的界定，到切克兰德手里已成为一个科学概念，给出专门论述，启动了后来的系统思维研究潮流。从14.6节对圣吉系统思维的评述中，不难发现切克兰德的影响。

16.2 对世界系统论运动的整体评价

从上面列举的著作可以看出，切克兰德的学术视野十分开阔，对国际系统科学研究（他的用语是系统论运动）数十年的进展做了全面总结，并依此确定他的软系统方法论在整个系统论运动中的地位。切克兰德用图16-1概述了他对系统论运动的总体把握。

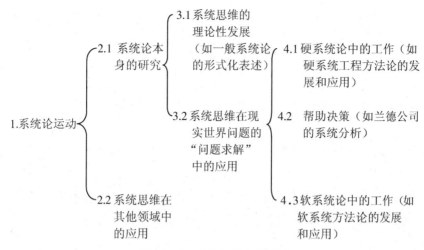

图16-1 系统论运动鸟瞰图

关于系统运动整体发展之来龙去脉，关于软系统方法论在系统科学中的地位，从图16-1可以解读出切克兰德的如下看法：

1 系统论运动分为两大方面，一是系统论本身的研究，二是系统思维在其他领域的应用，软系统方法论属于前者。

2 系统论研究又分为两大方面，一是系统思维的理论性发展，二是系统思维在现实世界问题求解中的应用，软系统方法论属于后者（3.2）。在另一个图中，他指出系统思维的理论性发展（3.1）由控制论、控制理论、等级层次理论和信息论组成，这实际上是他心目中的系统科学体系结构（20世纪70年代国际学界出现一种梳理系统科学体系的动向）。

3 系统思维在现实世界问题求解中的应用又分为三个方面：一是以硬系统工程为代表的硬系统论，指向操纵硬系统本身；二是以系统分析（运筹学和管理科学）为代表的帮助决策，系统思维充当决策的助手；三是软系统论，用系统思维处理软系统问题，软系统方法论属于后者（4.3）。按照切克兰德的说法：创立SSM的目的是"发展一种方法论以处理'软的'、无良好结构的问题，并运用这种经验作为洞察社会系统特殊性质的基础"。切氏特别强调，SSM是方法论而非具体方法。

在本书提及的所有系统理论分支中，从系统科学发展的总体上把握自己开拓的新学科的地位，这样做的只有切克兰德的SSM和钱学森的系统学。

16.3　硬系统和软系统

为了从整体上说明区分硬系统方法论和软系统方法论、建立软系统方法论的必要性，切克兰德给出自己的系统分类。除去超越了人类知识的那些超系统，应用系统思想研究的对象系统共有四大类，即宇宙进化出来的自然系统，人创造的人工物理系统，人创造的人工抽象系统，人类活动系统。他认为，硬系统论和硬系统方法行之有效的是自然系统和人工物理系统，一般不适于解决人类活动系统的问题，必须针对这类系统发展一套新的理论和方法，这就是他提出的软系统方法论。

软系统包括那些在高于物质操作层次上考虑的大多数人类活动系统。所谓人类活动系统，指一切人参与其间的系统。它们起源于人的自我意识，而由于人具有不可还原的自由意志，这类系统无法像自然系统和人工物理系统那样做可控性试验，无法取得客观的实验数据。硬系统和软系统的主要区别如下：

（1）硬问题与软问题。科学哲学的一个重要论断说，科学研究始于问题。还有一种流行说法：正确的提出问题等于解决了一半问题。早期的系统科学，如运筹学、系统工程（如霍尔的系统工程方法论）、控制论、现代控制理论等，也把这种论断奉为金科玉律。它们所讲的问题都是有明确定义的问题，如规划论的问题是把有限资源最优地分配给多项活动，存储论的问题是合理解决存储损失和缺货损失的矛盾，等等。这类能够明确定义的问题，就是所谓硬问题。软问题则是这样一类问题：明知有问题，且对问题深感不安，却说不出问题在哪里，无法给以明确的定义，因而也就找不到规范性的解决办法。由于对这类问题存在争议，有时称为议题。或者说，什么是"一个问题"这个问题本身成为需要研究的问题。更有甚者，要解决的问题不是一个，而是相互缠绕的一堆问题，剪不断，理还乱，因而被称为"堆题"。由此可见，随着系统从简单到复杂的演化，存在三个层次提升的问题：

$$问题（problem）\longrightarrow 议题（issue）\longrightarrow 堆题（mess）\qquad(16-1)$$

（2）硬目标与软目标。能够精确定义的目标是硬目标，相应的对象是目标导向的硬系统，如在10.3节所讨论的那样。硬系统可以做这样的表述：存在一个目标状态 S_1 和一个当前状态 S_0，存在多种方式能够使系统从 S_0 转变为 S_1。于是，目标差（S_1-S_0）就定义了系统的需要，或要达到的目标，或通过一种在能够满足该需要的各种方案中选择最佳者的规范性方法。对于这类系统，问题求解的步骤为：定义 S_1 和 S_0，选择最好的方式缩小或消除二者的差距。"相信现实世界的问题能够以这种方式表述是所有硬系统思维的根本特征。"（切克兰德）软系统则相反，不存在可以明确定义的 S_1 和 S_0，因而无法把需要或目标定义为消除目标差（$S_1 - S_0$），也没有实现这一点的规范性方法。或者说，目标定义中包含着基本的不确定性，乃是软系统的特征。所以，SSM 也是一种在问题求解中运用系统概念的方式，但与目标导向方法论那种在问题求解中运用系统概念的方式有显著的不同。

（3）硬结构和软结构。硬结构又称为良结构，特点是能够用语言把系统结构清晰地陈述出来，可以精确定义和定量表示，因而能够找到精确的解决办法。软结构又称病态结构，或称为松散结构，特点是无法精确定义，基本特性难以定量化，不同特性、不同参量之间的相互关系难以用数学形式表示出来。

（4）优化范式与学习范式。硬系统方法设想世界上的系统都有最优解，只要有了数学模型和数据，按照严格的程序即可求出这种解。软系统从信奉优化范式转变为信奉学习范式，不追求获得最优解，主张把解决问题的过程当成不断学习、逐步改善的过程。

（5）硬系统是那些无须考虑文化、政治、社会等因素的系统，有关问题在科学技术范围内即可完全解决。软系统则不然，必须考虑文化、政治、社会等因素，方能把问题解决好。

（6）硬系统是那种可以在实验室中做可控性试验，或者在书桌上进行理论分析、数学推导的问题，一次只允许一个参量变化，其余参量都保持不变。软系统做不到这一点。

总之，硬系统是应用硬方法足以解决问题的系统，软系统是硬方法失去效力、必须求助于软方法才能解决问题的系统。

16. 4　解释性系统理论

切克兰德认为，硬系统方法的理论基础是结构功能主义的系统理论，即控制论（Cybernetics）、控制理论（Control Theory）、等级理论、信息论、运筹学、霍尔的系统工程方法论等。在采取行动以改善或设计系统之前，人们就可以先通过观察和理论分析来理解这类系统。软系统则不然，对它们的理解不能直接来自观察和理论，需要超越观察和理论，关注通过行动概念定义的情景，找出蕴藏于人们头脑中的对问题情景的解释。这种理解也是在系统思维指导下进行的，但其依据不是功能主义的系统理论，而是解释性系统理论。

功能主义的系统理论信奉客观主义，解决自然系统和人工物理系统问题追求纯粹的客观性，研究者力求避免把主观性带入对问题的答案中。软系统的研究者总是带着一定的思想原则、理论概念、方法论框架去观察和解释问题，他们的世界观和所处的文化环境、社会习俗等都会对如何理解问题发生影响。要把握软系统的整体性，就需要了解跟系统有关的文化环境、社会习俗、社会规则、潜在的本质意义，以及研究者对对象系统及相关问题的解释，从而获得一种解释性的系统理解。解释性系统理论反对置身于问题情景之外的研究方式，强烈主张所有关系方都参与解决问题的过程，研究者也是参与者，参与者也是研究者。解释性系统理论的出发点是行动研究，研究者应该参与到行动过程中，跟问题情景中的人建立关系，使情景中的所有人既是行动者，又是研究者。

硬系统方法论追求一劳永逸地解决问题，软系统问题的解决应该是一种反思式学习过程。实际的情形常常是这样的，带着一定的思想框架和方法论的研究者进入某个现实问题情景，获得丰富的直观感受，然后在这种思想框架和方法论的支配下参与行动，寻求改善行动的思想和方案，认识上有所发现，在使问题情景有所改善（而非完全解决了问题）的同时，又导致另一种问题情景的形成，提出新的研究主题，启动新的循环。切克兰德用图 16－2 直观地描述了这种反思—行动—反思—行动的循环往复过程。

功能主义的系统理论相信对象世界是以系统方式存在着的，它所探究的是世界本身的系统性。SSM 则将"系统性从世界本身转移到对世界的探究过程中"（切克兰德），它所探究的是人们行动过程中的系统性，即应用系统思维研究和解决问题的过程。这种思路在圣吉那里得到进一步扩展，提出关于系统思维和学习型组织的理论。没有偏见的明眼人很容易从圣吉的学习型组织以及切克兰德的 SSM 方法中读出毛泽东《实践论》中阐述的认识论思想。切克兰德所理解的人类活动系统，贯穿着反思—行动—反思—行动循环往复以至无穷的过程；毛泽东讲的是"实践、认识、再实践、再认识，这种形式，循环往复以至无穷"，两者之间有内在的一致性。（切克兰德的循环论突出研究课题和积累经验的先期行动，故以反思作为循环的起点，有合理性，但在哲学上是肤浅之见。反思的动力和对象来自行动，没有行动，何须反思？对什么进行反思？）时下不少中国学人把圣吉的论著奉为金科玉律，怎不令人唏嘘！这也有助于理解晚年的钱学森为什么更重视宣传《实践论》的意义，实在是中国的现实令他有感而发。

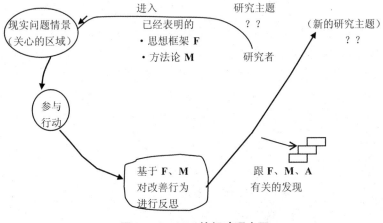

图 16 – 2　SSM 的行动研究环

16.5　软系统方法的应用流程

切克兰德认为，软系统方法论是自觉运用系统思维的方法论，具有以下四个特征：（1）能够应用于实际的问题情景中；（2）比一般日常哲学更能给行动提供指导；（3）与技术相比是不精确的（模糊的），但能够提供被精确性排除掉的灵感；（4）系统科学的任何进展都能被它吸收，并能够适当地应用于特定情景中。

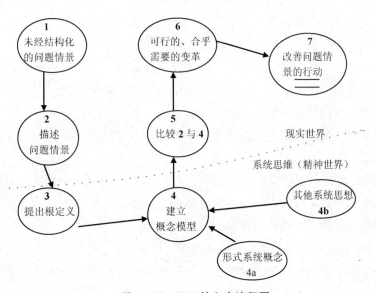

图 16 – 3　SSM 的七步流程图

切克兰德用图 16-3 直观形象地展示了软系统方法论的梗概，称为 SSM 七步图。用软系统方法解决问题涉及两种类型的人类活动，一类是现实世界的活动，即改造世界的实践活动；另一类是对于现实世界的系统思考，即精神世界的思维活动。两个世界用虚线分开，1、2、5、6、7 是现实世界的活动，必须包含问题情景中的人在内，可以使用问题情景中的任何规范语言；阶段 3、4 以及 4a、4b 属于思维活动，也可能包含问题情景中的人，必须使用系统科学的语言。七个步骤即七个阶段。

阶段 1：识别问题情景。应用 SSM 之初，要尽可能感受更多的问题情景，以产生改进局面的愿望，而不应当急于使用系统科学的词汇，以免曲解问题情景（习惯于硬系统方法的人很容易给问题情景导入先入为主的特定结构）和匆忙得出草率结论。

阶段 2：描述问题情景。这一阶段还不宜使用系统语言，而是用丰富的图像形式来描述问题情景。所谓丰富图像是一种创意和技巧，通过收集对象系统运行中的结构和有关过程的信息以及由二者的关系造成的氛围来绘制图像，以便使下一阶段的原创性思考方式以图像和卡通的形式表现出来。

阶段 3：提出根定义。从这个阶段起，SSM 由现实世界进入思维世界，要自觉而全面地应用系统思维和系统语言。根定义具有假设的性质，用切克兰德的话说："根定义应当是从某一特定角度对一个人类活动系统做出简要描述。"他曾举例说，一所监狱可以理解为一个惩罚系统，或一个洗心革面系统，或一个保护社会免遭攻击的系统等，代表同一问题情景的不同的根定义。根定义给出理解问题情景的方式，不同根定义代表不同的理解方式。

阶段 4：建立概念模型。此乃 SSM 方法的关键步骤，目的是对根定义进行解释，厘清思路。概念模型是一种活动系统的模型，由若干活动组成，故主要是一些动词，其中核心动词是转移，建模就是聚集表达由根定义所确定的系统必需的活动，按照逻辑关系组织起来，以形成环路来描述人类活动系统所涉及的互动关系。

阶段 5：比较概念模型和现实世界。这一步的目的是为对影响问题情景的可能变革展开辩论而准备材料，通过辩论质疑概念模型中的世界观，以求理解这些世界观，并提出可能的改革方案。

阶段 6：提出改革方案。这里说的改革，包括态度上的、结构上的和程序上的改革。改革必须既是合乎需要的，又是操作上可行的，是否需要和可行应结合历史的、文化的、政治的、社会的背景来考察。

阶段7：采取行动改善问题情景。

需要强调的是，SSM 的七步图并非一个可以严格划分、按部就班执行的方法程序，而是一个连续的循环的学习过程。SSM 也不提供长期的解决方案，而只是改善问题情景。因为选定的改革方案实施后还会产生新的问题情景，运用 SSM 的过程还得继续下去。也就是说，SSM 是一种参与型的系统方法论。

16.6 物理—事理—人理方法论

硬理论与软理论、硬技术与软技术、硬方法与软方法，一个共同的区别在于，硬的东西一般是唯一的，软的东西是非唯一的。把硬系统思想和方法软化的途径和方式不是唯一的。事实上，在切克兰德之前和之后，已提出多种把硬系统软化的理论方案，形成五花八门的系统理论。丘奇曼的批判性系统思考，阿可夫的互动规划，弗罗德和杰克逊的全面干预方法论，顾基发和朱志昌的物理—事理—人理方法论，都属于软系统方法论范畴。本节简单介绍后者。

复杂系统经营管理中涉及物理的、事理的和人理的三类因素。设备、资金、技术等是物理因素，一般都能够用自然科学、工程技术和硬系统方法加以描述和解决。人与物、部门与部门、活动与活动、过程与过程之间关系的协调属于事理因素，事理涉及心理、社会、文化等因素，带有主观性，单纯用自然科学、工程技术和硬系统方法不行。人的感知、心理、利益、得失、偏好、经验、习惯、爱恨、人与人的关系等等属于人理因素，同描述事理问题相比，自然科学、工程技术和硬系统方法对于描述人理更无济于事。实际上，物有物理，事有事理，人有人理，它们都在人类活动系统中发挥作用，社会系统的运行发展是物理、事理和人理交互作用形成的统一体，忽视和违背哪一方都不行。以这些认识为基础形成的一套方法论，就叫作物理—事理—人理方法论，简记作 WSR，基本原则就是在经营管理中坚持做到懂物理、明事理、通人理：

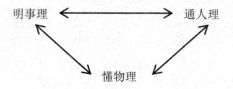

图16.4 物理—事理—人理方法论

物理、事理和人理三者是相互联系、相互制约的，WSR 方法论强调把物理、事理、人理统一起来，核心是理顺各种关系，让物的因素、事的因素和人的因素发生良性互动，以产生整体大于部分之和的整体涌现性。

物理因素基本是硬性的，事理因素很大程度上是软性的，人理因素几乎都是软性的。软性的一大特点是不确定性、易变性，事理特别是人理具有权变性。所以，WSR 属于典型的软系统方法论。按照朱志昌的表述，应用 WSR 方法包括以下步骤：领会意图，调查情况，制定目标，收集方案，决策评价，等等。

需要指明的是，讲人理不是提倡人情大于理性，以人治代替法治，看人眼色行事，而是在以系统思想观察和解决问题时，要坚持以人为本，重视人的因素，不要见物不见人、见事不见人，努力理顺系统内外的人际关系，设法避免人为的相互掣肘，充分调动人的积极性。如果系统工程师接受一项任务后，主要依据使用方长官的好恶倾向来拼凑模型，还美其名曰通人理，那就意味着以人情取代事理，以官本位取代科学。

第 17 讲

灰色系统理论

本讲介绍一种在中国土生土长的系统理论——灰色系统论，也是为对付复杂性而制定的一种理论和技术。

17.1　从灰箱到灰色系统

实施控制的命脉是掌握和利用信息。依据对系统有关信息的掌握情况，控制论把系统区分为黑箱、灰箱和白箱三类，建立了黑箱理论（基于传递函数和频率特性）和白箱理论（基于状态空间描述），却没有相应的灰箱理论。被称为灰箱的对象一直被排除于控制科学的研究范围之外，这不能不说是控制科学的一个缺陷。20 世纪 70 年代末以后，华中科技大学的控制论学者邓聚龙提出灰色性、灰色系统、灰色控制、灰色决策等概念，形成一套独具特色的灰色系统理论，填补了这个空白。

确切地说，控制理论讲的黑箱，指的是能够获取有关对象外部输入和输出特性的信息，并且这些信息是完备的，至于系统内部状态的信息则完全不掌握。所谓白箱，指的是不仅掌握完备的输入和输出信息，而且掌握完备的状态信息。还有个未加言明的假设：不论黑箱或白箱，所掌握的信息都是确定的（至少有统计确定性），信息既完备又确定的是白箱，信息虽然不完备（没有状态信息）但确定（至少是统计确定）的是黑箱。这一假设具有关键意义，由于具有确定性，即使黑箱的输入和输出之间也具有确定的对应关系，因而能够建立精确的数学模型，起码可以通过输入激励—输出响应的实验数据确定系统的频率特性、传递函数这种数学模型。

但实际情形要比这复杂得多，现实世界中大量存在这样一类对象，或者输入和输出信息不完备，或者状态信息不完备，或者输入、输出、状态信息都不完备，运筹学、控制论提供的那一套方法无法应用。这就是所谓灰色现象或灰色问题。所谓灰色性有三种含义，其一指对象信息的不完备性，灰色现象就是贫信息现象，如警察破案时最初掌握的信息一般都很不完备。其二指对象信息的不确定性，如果周围人都说向阳红聪明好学，根据这一信息可以估计他有成为学者的可能，还不能作出肯定的预测，因为还存在机遇的把握、爱好和志向是否变化等不确定性。其三指两者兼而有之的情形，信息既不完备，又不确定。显然，灰色性也属于复杂性的一种表现形式，一种认识论意义上的复杂性，不能应用运筹学和控制论那种精确的定量化方法描述和处理。

基于对灰色性的上述界定，可以把一类具有灰色性的系统称为灰色系统，简称灰系统。如农业发展强烈依赖于获得土壤、气象、生态等方面的信息，但事实上人们所能获取的这类信息很难是完备而确定的，故农业属于灰色系统。又如，人体的身高、体重等外部参量和血压、体温等内部参量是已知的，但穴位的多少及其生物化学特性等不完全知道，即具有灰色性，故人体是灰色系统。这类系统广泛存在于现实世界中，特别是社会、经济、环境、人文等领域，跟人类的生产和生活休戚相关，系统科学不能长期置之不理。从哲学上讲，我们生活在一个灰色世界中，外部世界少不了灰色性，人的内心世界和思维过程中也少不了灰色性。灰色系统理论正是从这里找到自己的切入点。

可以说，灰色系统是把系统概念灰化的结果。所谓灰化，就是赋予概念内涵以信息不完备性、不确定性，或增加内涵的信息不完备性和不确定性。例如，皮球、玻璃球、乒乓球等都是含义确定的对象，没有灰色性；如果抽象为球状物，就具有了某种不确定性，即被灰化了，球状物就是一个灰色概念。系统科学的现有概念经过灰化处理，可以成批地得到相应的灰色概念，如灰色过程、灰色模型、灰色决策、灰色预测、灰色评估、灰色规划、灰色控制等等，形成一套灰色系统理论。灰色性研究代表系统科学对付复杂性的又一途径。

邓聚龙1982年发表的《灰色系统控制问题》一文，是灰色系统理论的起点。这之后，他相继出版了《灰色系统——经济·社会》（1985），《灰色控制系统》（1985），《灰色系统基本方法》（1987），《灰色系统理论教程》（1990）等，初步奠定了灰色系统研究的理论基础。

17.2 灰色性的数学刻画

灰色系统理论尽管在精确性、严格性和数学化方面有所弱化，它仍然致力于给系统以定量描述，力求通过建立和求解数学模型，得出量化的结论，而不是一种解释性系统理论。这就要求有一套刻画灰色性的数学工具，而现有数学不能满足这一要求。因此，建立灰色系统理论的前提之一是推广数学概念，建立一套处理灰色系统的数学方法。

模糊数学以模糊集合论为基础，通过把现有数学的概念和方法模糊化，形成一套特有的概念体系，称为模糊数学。灰色系统理论没有相应的"灰色集合论"为基础，没有建立相应的"灰色数学"，但提出灰化概念，通过对现有数学概念的灰化处理，得出一系列描述灰色性的数学概念。这里简略介绍其中的几个，以帮助读者领略灰色系统方法的实质。

（1）灰数，记作⊙。可以从不同角度理解灰数。灰数是传统的非灰数（称为白数）概念经过灰化的结果。如 1、2、1.3、2.1 等都是精确的实数，没有灰色性；如果经过抽象把它们看成一个整体，代表属于 1 和 2 之间的数，就是一个灰数，这样的处理就是灰化。灰数是灰元（灰色元素）的数字表现，凡仅知其部分性质而不知其他性质的数，就是灰数。例如，一棵活树的重量只能估计一个大概范围，必定大于 0，但上限不确知，树的重量就是灰数。灰数不是具体的数，而是指定变化范围的所有数的全体。存在不同类型的灰数：有下界而无上界的灰数，称为有下界灰数。如树的重量是一个有下界（下限为 0）灰数。有上界而无下界的灰数，称为有上界灰数。如中国探月工程的投资不得超过航天事业的总资产，是一个有上界灰数。同时具有上下界的灰数，称为区间灰数。人的身高在 0 到 3 米之间，海豹的重量在 20 至 25 公斤之间，都是区间灰数。

（2）灰平面，记作 GP。灰平面指预测值 x 可能达到的范围。图 17－1 是以预测值 x 和时间 t 为坐标轴表示的平面，$\bar{x}$ 记预测值的上限，$\underline{x}$ 记预测值的下限。从 T 时刻起，x 的上、下限随 t 而变化，由灰数 x 的变化轨迹构成如图所示的灰平面。

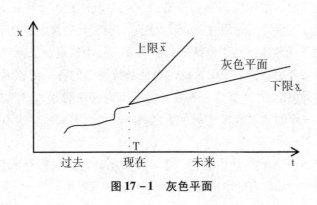

图 17－1　灰色平面

灰平面是灰色性造成的系统行为未来演变的上下限之间的平面区域，其演变随时间 t 的推移而扩大，呈现为喇叭形。

（3）灰方程。传统方程称为白方程，如：

$$x + 1 = 0 \tag{17-1}$$

把白方程经过灰化就得到灰方程。或者说，含有灰色系数的方程，称为灰方程。如下式是一个含有灰系数 ⊙ 的一元一次灰色代数方程：

$$\odot x + 1 = 0 \tag{17-2}$$

含有灰导数的方程，叫作灰色微分方程。更复杂的应是同时含有灰导数和灰系数的微分方程。

（4）灰矩阵。把传统的矩阵称为白矩阵，白矩阵经过灰化就得到灰矩阵。或者说，一个至少部分元素具有灰色性的矩阵，叫作灰矩阵，记作 ⊙（A）、⊙（B）等。例如，

$$\odot (A) = \begin{pmatrix} \odot_{11} & a_{12} \\ a_{11} & a_{22} \end{pmatrix} \tag{17-3}$$

⊙（A）中只有一个灰元素，下面的灰矩阵 ⊙（B）有两个灰元素，

$$\odot (B) = \begin{pmatrix} b_{11} & \odot_{12} \\ \odot_{21} & b_{22} \end{pmatrix} \tag{17-4}$$

一些灰矩阵全部由灰元素构成。传统矩阵的一系列特性均可灰化，得到灰特征值、灰秩等。

17.3　灰色预测、灰色决策、灰色控制

灰色系统理论的实际应用主要是解决灰色系统的预测、决策和控制问题。欲对灰色系统进行定量化的预测、决策或控制，首先要给系统建立灰色模型。

（1）灰色系统建模。鉴于系统的信息不完备、不确定，灰色建模必须采取定性与定量相结合的方法论原则，找出表征系统特性的各个灰色因素和灰色量（指灰色数的命题化表达形式，一种在一定范围内变动的量），理清其间的相互关系，最后用一定的数学形式（灰色量之间的一组数学关系）表示出来，就是灰色模型，记作 GM。

灰色系统建模通常分五步进行：第一步，明确待解决问题的目的、方向、因素、关系等，并用简练的语言描述出来，称为语言模型。"一个国家，两种制度"就是解决香港回归问题的语言模型。第二步是找出语言模型中所有显然的

和潜在的因素，区分前因后果，一对因果关系代表一个环节，如图 17－2 所示；再把所有环节按照它们在系统中的关系连接成为一个总方框图，称为系统的网络模型，如图 17－3 为一个三环节网络模型。

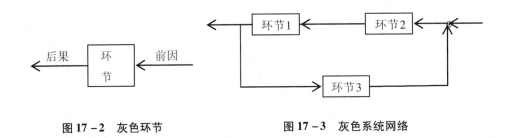

図 **17－2**　灰色环节　　　　　　图 **17－3**　灰色系统网络

网络模型只反映定性关系。第三步是找出各个环节中因与果的具有灰色性的数量关系（如投入与产出关系、输入与输出关系等），填入网络图中，得到系统的量化模型。第四步是模型的动态量化阶段，找出各环节前因后果的动态关系，建立系统的动态模型。最后一步是求解动态模型，分析模型解以了解系统发展态势；如果不满意，通过增加环节、改变参数、移动作用点等手段，改进系统，找出优化解。

（2）灰色预测。人们从事生产劳动、下海经商、社会公益事业、服务业，以及军事、政治、外交活动，都要首先进行预测，包括短期的、中期的、长期的预测。其中所涉及的系统或多或少都具有灰色性，所需信息不完备或不确定，不能使用白色预测那一套（运筹学等通行的精确方法）进行预测。以我国来年粮食生产的预测为例，就图 17－1 来看，就是依据 T 年（代表今年）掌握的信息去预测 t 年（t＞T）的产量。中国幅员辽阔，土壤、气候等条件差异很大，历年的统计数据都带有灰色性，适宜做灰色预测。根据历史资料和经验确定来年产量的上下限，形成如图 17－1 所示的灰色平面，未来第 t 年的粮食产量应在此范围内。主要操作是建立灰色预测模型，求解和分析模型，画出预测曲线。一般来说，曲线接近上下限的预测可信度不高，接近中线的预测可信度高，曲线和中线的差值可作为预测的信赖度。

利用灰色模型对事物的时间分布、数值分布进行预测，所得结论带有灰色性，故叫作灰色预测。灰色预测包括：对一般数据列发展变化的预测，称为数列预测；对发生在特定时区内的异常值的时间分布进行预测，称为灾变预测；对事件发展呈离乱的非单调波形的预测，称为波形预测；当系统涉及多个因子的发展变化时，按一定模式对其动态协调关系进行预测，称为系统预测。

（3）灰色决策。决策可视为由事件（待决策的对象或问题）、对策（行动方案）和效果三个要素构成的系统，查明事件所要解决的问题，找出各种可行方案，分析计算各种对策的可能效果，从不同的可行方案中做出选择，这个操作过程和结果就是决策。灰色决策是在具有灰色性的诸多可行灰色方案中做出选择。具体步骤是：描述事件，建立决策模型，确定决策准则，求解模型、找出所有可行对策，计算其效果测度，做出优化选择。灰色系统理论提出一套定量化的分析计算方法，但灰色决策还需要发挥人的智慧，灵活机动地解决问题，不可完全依赖于数学和计算机。

（4）灰色控制。基于灰色控制思想、利用灰色模型设计和实施的控制，叫作灰色控制。当控制对象为经济、社会、人口等复杂系统时，控制量、状态量、输出量都或多或少具有灰色性，传统的控制理论和方法（灰色理论称之为白控制）不能有效解决问题，需要使用灰色控制的理论和方法。灰色控制论也使用状态矩阵、控制矩阵、观测矩阵等工具，但它们都存在灰元。基于对系统自身灰色性的深入考察，建立相应的灰色状态矩阵、灰色控制矩阵、灰色观测矩阵，依据它们分析系统动态品质与含灰元的参数矩阵的关系，了解系统动态特性如何改变，特别是怎样得到一个白色控制函数以改变系统品质，并控制系统的变化，这些就是灰色控制论要解决的基本问题。能观性、能控性、稳定性、过渡过程特性等也是灰色控制系统的基本品质特性。这些都是将白色控制理论灰化的结果。

灰色系统理论跟前面几种系统理论具有某些共同点：都是对付复杂性的一种理论方案，都对理论描述的精确性、严格性要求有所放松，都重视定性方法与定量方法相结合。从发表的著作看，邓聚龙的工作都属于技术科学层，是应用科学，对于深化系统思想和系统概念的贡献不大，不及前述几种理论。但作为一种解决具体问题的系统方法，灰色系统理论对于一类复杂系统的预测、决策和控制还是有效的，并且经受了实践的检验，应当继续前进。

第 18 讲

系统的他组织

第9讲到第17讲都属于工程技术和技术科学层次的学科，共同点是研究人如何认识、干预、操作、改造、创造某个对象系统，使它从无组织到有组织，从差的组织到好的组织，从这种组织演化到那种组织。关于这类由人设计、制造、操作、改进和创新的系统，可以统称为他组织系统，人是这类系统生成、运行、演变的组织者。这些系统理论的共同基础，就是他组织理论，本章将给出一个简略的一般性讨论。

18.1　概念诠释

前面讲过，凡系统都有结构，没有结构的事物都是非系统，要么是不可分解（分割）的囫囵整体，要么是没有关联的事物集合。有一种观点认为，巨量分子之间随机碰撞的气体属于没有结构的系统，如试管里的气体，屋子里的空气，整个地球大气，都是这种系统。此言差矣！碰撞就是相互作用，有相互作用就有结构，只不过随机碰撞意味着相互作用是混乱无规的，亦即结构是无序的。结构无序不等于没有结构，无序结构也是一种结构。无论试管里的气体，屋子里的空气，还是整个地球大气，都不存在孤立元，而是一个整体，是结构无序的整体，而诸多要素因相互联系、相互作用所形成的整体就是系统。一个群体的要素之间既然有相互联系，不论是有规则的联系或无规则的联系，确定性的联系或随机性的联系，都表明它们具有结构，因而都是一定的系统。

但有序结构和无序结构毕竟有原则的区别，代表两种性质迥异的结构模式。要素之间按照规则的、确定性的方式联系起来的系统，是有组织的系统，可简称为组织。由无规则的随机相互作用形成和维系的结构，是无组织的系统，简称为非组织。

组织一词原本是生命科学和社会科学使用的概念。系统科学早期沿袭管理科学的用法，组织一词主要指企业之类社会系统，组织理论是管理科学的重要内容。控制论把人造机器也称为组织，扩大了这个概念的内涵，使人们知晓生命、社会、机器三大领域都存在组织这种结构有序的系统。20世纪60年代兴起的起源于自然科学的自组织理论作了进一步推广，把具有有序结构的物理系统、化学系统、地质系统、地理系统等等也称为组织，极大地扩展了组织概念的适用范围。在谈论文学作品时，人们早就在使用组织一词，如刘勰的《文心雕龙（原道第一）》就有"组织辞令"的说法。观念系统和符号系统当然属于一般系统论的考察对象，系统科学很自然地承认这些结构有序的系统也是组织。因此，组织已成为系统科学普遍使用的基本概念之一，系统科学在很大程度上是关于组织和组织性的科学。

　　组织概念的适用范围既然如此广泛，必定包含不同的类型，不加分类或分类不当，就会造成混乱。系统科学在有关组织概念的使用上就长期存在混乱，没有给组织、非组织、有组织、无组织、自组织、他组织、被组织等用语以严格的界定和区分。例如，自组织理论主要代表人物之一的哈肯混淆了概念的逻辑层次，把自组织和组织看成一对对位概念（逻辑上称为矛盾概念），暗含着不承认自组织是组织这种逻辑矛盾。实际上，组织的对位概念是非组织，自组织的对位概念是他组织，组织是属概念，自组织和他组织是它的种概念；哈肯所讲的组织，实际是他组织。又如，控制论专家列尔涅尔把自组织和有组织看成对位概念，暗含了自组织是无组织这一逻辑矛盾。实际上，有组织的对位概念是无组织，列尔涅尔所讲的有组织其实是指他组织。他组织≠有组织，他组织一定是有组织的，有组织的未必是他组织，因为自组织也是有组织的。只要在系统科学中引进他组织概念，上述概念混乱即可迎刃而解，得出如下分类：

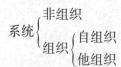

　　上面讲的组织都是作为名词使用的。在各种人类语言中，组织一词既可以作为名词，也可以作为动词。作为名词的组织代表组织过程结束后产生的结构有序的事物，如党团组织、工会组织、结缔组织、上皮组织等等。一旦形成就固定不动的有序结构是静态组织，形成后还要经历运行和演变过程的是动态组织。奔腾的江河，漂移的云图，都是动态组织。作为动词的组织，代表某个行动或变化的过程，或者指把以非系统形式存在的诸多事物整合起来形成系统，或者指对一个动态系统的结构和运行过程进行干预，或者指一个系统转化为性质不同的另一系统的运作过程，即结构和模式的产生和演变过程。在中国文化

中，组织一词更多的是用作动词，如刘勰讲的"组织辞令"，毛泽东讲的"组织群众""组织起来，丰衣足食"，现代生活中讲的组织材料、组织辩论、组织施工等。系统科学也是在这两种意义上使用组织概念的，既指结构有序的系统，也指系统的一种有序活动、行为、过程。

说到组织必须提到组织力或组织作用，有组织方式问题，有组织的指令信息来自何处、如何传递和流动的问题。有理论问题，也有方法和技术问题，组织理论、组织技术、组织方法都是系统科学探讨的问题。

也不可混淆他组织与被组织，他组织≠被组织。讲他组织一定涉及组织者与被组织者的划分，但他组织不限于被组织这一面，讲被组织不能涵盖他组织的全部内涵。组织作为一种行动，有主体和对象之分，从事组织工作的主体是组织者，组织者如果处于系统外部，则整个系统是被组织者；组织者如果也是系统的组分，则系统的其余组分是被组织对象。他组织是系统科学的必要概念之一，被组织算不上系统科学的概念。严格地说，中文没有被组织这个词，不能讲这是一个被组织。

18.2 外部环境的他组织

有不同意义上的他组织。广义的他组织首先要提到系统的外部环境。环境对系统有塑造作用，塑造过程就是组织过程，塑造力就是组织力。所以，环境必定从外部对系统施加组织作用，充当系统的他组织者。其一，组织要靠环境提供资源，环境在提供资源的同时，也就提供了一定的组织力和组织方式，限定了系统属性的可能性空间。这相当于环境告诉系统："我能够提供的营养、条件、空间范围就是这些，您只能看菜下饭、量体裁衣，至于如何具体利用这些资源，那是您的事。"如果系统不能另觅环境，它就只能在既定的环境中获取资源，利用资源，组织自己，从而使自己的结构、特性、行为都打上环境属性的烙印。水生动植物不同于陆生动植物，在温带生存繁衍的人种不同于在赤道生存繁衍的人种，都是环境通过提供资源而发挥他组织作用的结果。中华民族的许多特点跟她的发祥地东亚大陆特有的自然环境条件密切相关，黄皮肤、黑头发、低鼻梁在一定程度上是这个特定环境"设定"的。

社会环境对于在其中生存发展的系统也如此，社会资源、文化资源、语言资源等等对个人或人类群体的发展构成强大的外部组织力。教育是一种他组织作用，初生婴儿的大脑犹如一张白纸，掌握知识资源和思想资源的教育者能够施加巨大的影响。整个社会就是一所大学校，包括大量无形的教育者天天都在影响每个人，所谓"跟么人，学么艺""近朱者赤，近墨者黑"，说的就是社会环境对人的他组织作用。客户（提供需求资源）、供货商（提供原料、设备等）、银行（提供资金）、上级管理部门（提供政策资源）等环境组分都对企业系统发挥着他组织作用，在相当程度上决定着企业的目标、规模、行为方式、绩效、文化品位等等。

其次是环境的约束。系统的发生、成长、维持和发展是在环境的种种限制、约束、压力下进行的，限制和约束就是来自环境的他组织力，限制和约束就是组织指令。环境对系统施加限制，意味着给系统发出"只能如此，不得那般"的指令，给系统如何组织划定范围。同样的黄河水，在河套地区温顺平缓，到虎口立即变得激越狂暴，原因盖在于河床地质环境施加的约束不同。黄河流到虎口相当于接到"向悬崖下直泻"的指令，便产生了瀑布；流到风陵渡相当于接到"向东流"的指令，便出现了大转弯。又如铸造工件，模具的外形是对金属溶液如何流动成型的严格限制，也就是施加组织力。中国进入WTO，WTO的游戏规则立即产生约束作用，西方国家利用历史形成的有利地位和经验反倾销、反盗版等等，都对中国的国家经济行为发挥着他组织作用，其后果有目共睹。就国内而论，小有规章制度、行规，大到党纪国法，都是外部环境对个人或单位的他组织力。来自外部环境的压迫、反对、否定、破坏等等，也发挥着不可轻视的他组织作用。

边界对系统的约束也是一种重要的他组织作用，其功能相当于给系统及其组分发出通告（指令）："到此为止，不得越界。"不能跨越该边界的系统在结构、属性、功能、行为上一定有别于能够跨越该边界的系统。当然，边界和其他外部组织力不可能给系统提供完备的组织指令，只是划定某种界限，在此界限内系统还有巨大的可能性空间，如何获取、消化、利用环境中的资源，如何应对和适应环境的约束或压迫，还取决于系统自身，事物自行组织的方式、能力的不同将产生不同的结构。同一地区千差万别的物种，同一学校毕业生的不同能力，同样的全球化大趋势下不同国家的不同表现，等等，都跟环境的他组织作用有关。

著名系统科学家阿科夫有一个说法：封闭系统没有环境。此说虽有一定智慧的闪光，却十分片面。封闭系统之所以封闭，原因通常来自两个相互联系的方面；一是系统的自闭症，抵触外界的影响；二是环境的封锁、制裁、压迫。在自然科学的实验研究中，对象系统并非没有环境，而是被试管之类的人为边界强制性地从环境中孤立出来，做实验的人这个他组织者是对象系统与外部环境的中介环节，实验方案是依据环境的特点以及系统与环境的关系设计出来的，这实质就是系统与环境的联系。在社会生活中，孩子的自闭症跟环境密不可分，如果周围人的言行举止和对待他的方式方法作适当改变，他或她就能够走出困境，成为正常的孩子。特别地，强势者（个人、集团、国家）人为地制裁、打压、孤立某个对象，实质就是外部环境对该对象施加他组织作用，把它从环境中封闭起来。美国动辄封锁、制裁别国，同时谴责人家不开放，不承认或看不到自家的责任。美国的这种国格国情难免影响本国的学者文人，阿科夫的论断或许与此有关，只是他木然不知罢了。

环境的他组织作用也有软硬之分，前面说的大多是硬性他组织。文化环境对个人或群体的他组织作用都是软性的，通常讲的环境熏陶、潜移默化、榜样的作用等，都属于软性他组织，其作用不可忽视。有歌词云："洋装虽然穿在身，我心依然是中国心，我的祖先早已把我的一切烙上中国印"，道出中国文化这种软力量对中国人心理特征的他组织作用。

物理学家薛定谔提出"生命是靠负熵喂养的"这个著名命题，开拓了从信息运作角度研究生命现象的途径，也提供了关于他组织的信息论诠释途径。系统的发生、存续和演化须臾不能离开外部环境提供资源、营养、有利条件等，广义地讲，提供资源、营养、有利条件就是提供负熵。外部环境的他组织"指令"就包含在这些资源、营养、有利条件之中，切断资源供应就是切断他组织的指令信息。

18.3　控制中心的他组织

贝塔朗菲指出，系统演化过程中往往出现一种中心化趋势，不同组分在系统中的影响原本差别不大，但在演化中逐渐发生变化，个别组分取得支配其他组分的地位，从而成为整个系统的组织管理者，也就是控制中心。控制中心与系统的其他组分之间界限分明，控制中心是组织者、指挥者、支配者，占系统绝大多数的其他组分成为被组织者、被指挥者、被控制者、被支配者。这是不同于外部环境他组织作用的另一类他组织作用，一种他组织者包含在系统内部的他组织系统，也可以说是他组织的主要表现形式。

自然界在漫长的演化过程中进化出各种有控制中心的系统，太阳系即一例。太阳是太阳系的控制中心，通过引力作用控制行星的运行轨道，通过输出光能控制地球生物的生存繁衍。高等动物的大脑是其躯体系统的控制中心，通过神经系统控制整个躯体。人类逐渐成为地球生物界的控制中心，驯养动物、驱牛耕田、策马沙场、种花养草、植树造林、消灭瘟疫，以至于基因重组、克隆动物、呼风唤雨、移山填海等等，在越来越多的领域内充当他组织者，使地球环境日益人工化。

人类设计、制造、操纵的一切人工物都是有控制中心的他组织系统，人是其中的控制中心。司机驾驶汽车，飞行员驾驶飞机，机工操作机器，都是以人为控制中心的他组织系统。一切劳动都要使用工具，劳动者是组织者，劳动对象和劳动工具是被组织者。以劳动对象、劳动工具和劳动者为要素的生产力系统，是以劳动者为控制中心的他组织系统。自动机器、智能机器则是以人造的自动控制器和智能控制器取代人作为控制中心的他组织系统。

各种各样的社会系统几乎都是有控制中心的系统。家庭是最小最基本的社会系统，"家有千口，主事一人"，主事者就是家庭系统中的他组织者，所谓权威型家庭尤其如此。企业的董事会和经理，军队的指挥员、司令部，国家作为系统的总统、总理、国务院等，影视拍摄中的导演和制片人，学术团体的理事会、理事长，一切被称为领导、指挥、主管、老板、官员的人，都是各自所属系统的控制中心，或控制中心的成员。国际组织同样是有控制中心的系统，联合国是为解决某些全球性问题而建立的，美国是北大西洋公约组织的实际控制者，等等。也有组织者存在于系统外部的他组织系统，医生是病人身体系统战胜疾病的他组织者，班主任是班级系统的他组织者，宗主国是殖民地国家的实际控制者，等等。若放大来看，如把医生与患者作为一个系统，则属于内部有控制中心的系统。

系统科学通常把信息看成系统的组织力，依靠信息运作把诸多组分整合为一种有序结构。一个连队的120个军人正在大操场活动，有的打篮球，有的踢足球，有的练摔跤。突然听到连长大喊一声："全体集合！"这120人迅速按照排和班集结，整合成整齐有序的队形。如果连长要做应对敌机轰炸的演习，大喊一声："就地卧倒！"立即整合成另一种结构的系统。从这里我们看到信息和通信对系统的整合和组织具有何等重要的作用。用维纳的说法，通信是系统的黏合剂或混凝土。

他组织的信息运作必定以他组织者为中心。在无控制中心的系统中，组分之间的通信大体是双向对等的，不存在来自系统某部分的指令信息，只有组分之间的互动信息。在有控制中心的系统中，通信也是双向的，信息可以从组织者流向被组织者，也可以从被组织者流向组织者。但中心与非中心之间在通信过程中显著地不对等，中心发出的一般是指令信息，即上令下达，非中心的组分必须执行这些信息指令；至少是规范性的，给被组织者设定限制，规定不得超越的边界。有控制中心的系统必有层次划分，中心是高层次，非中心的组分属于低层次，复杂的系统还有中间层次。低层次信息向高层次馈送，即下情上达，最终汇集于居于最高层的控制中心，关系到系统整体或全局的信息要在控制中心处理。居主导地位的信息流向是上情下达，即传送他组织指令，下情上达是为中心制定指令信息服务的。在这类系统中，高层与低层之间信息通道的容量、通信速度、控制中心的信息处理能力如何至关重要，下情不能及时、准确、全面地上达，上令不能及时、准确、全面地下达，组织必然陷入混乱。所以，多层次系统应尽量减少中间层次，以便减少传递中的信息丢失或畸变，节省传递时间，提高通信效率。现代企业倾向于扁平结构就反映了这一点。

有控制中心的系统也接受来自环境的他组织作用。对一个企业来说，既有来自工商管理局等的外在他组织作用，也有来自市场的外在他组织作用。国家作为系统，有来自国际组织的他组织作用，有时还是指令性的信息；整个国际局势的影响这种他组织作用更是无法回避的。

18.4 人类自觉的他组织

自然界存在的系统即使具有控制中心，组织行为和组织过程也是自发的，高等动物虽有能动性，其行为基本上属于一种本能，即使产生了蜂王、猴王之类的组织者，也算不上真正自觉的他组织。唯有人是具有自觉能动性的存在物，一旦自以为认识了客观规律，就会形成理论、计划、方案、方法，并付诸行动，自觉地改造自然环境。个人或人类群体在某种理论、观念、信念的指导下，选定某个明确的目标，按照明确的计划、方案、程序付诸行动。人们的各种行动，用物、操作、驾驶、规划、设计、施工，维修、治病、教育，管理、指挥、领导、创作、研究、发明，等等，都是自觉的他组织。从史前到现在，人类不仅积累了极其丰富的实践经验，而且提出种种理论，形成领导科学、设计科学、管理科学、工程科学、创作理论等等，都是具体的他组织理论，其中颇具代表性的是下节论述的工程系统论。

更重要的是人类自觉地干预社会历史进程的他组织。那些自信掌握了社会前进方向和规律的个人或集团，力求充当他们所隶属的社会系统的控制中心，为争夺控制权等社会资源而相互较量，演出了一幕幕或雄壮或惨烈的历史剧。漫长的人类社会就是一部各种各样的他组织兴衰更替的历史。最具代表性的是国家的出现，国家机构是社会系统的他组织机构，国家权力是社会系统的他组织力，近代中国的悲惨命运跟国家机构丧失了他组织力有极大关系。就以当代如火如荼的全球化来说，各种国际势力、各个大国都在力图影响这一进程。最突出的是美国，赤裸裸地要以美国化主导全球化，力图充当全球系统的单一控制中心。中国倡导建设和谐世界、构建人类命运共同体的理念，也是一种关于全球化的他组织构想，目标是实现国际关系民主化、平等化。

客观世界出现自觉的他组织，人们的行动从自发到自觉，从盲目行动到有目的有计划的行动，总体上说是一种巨大的进步。国家这种他组织形式的出现对人类社会的发展进步发挥了巨大作用，中华民族能够生存延续至今，跟我们的祖先最早创造了国家这种他组织形式、创造出高明的国家治理学说关系密切。不论秦始皇犯了多大错误，他所主导的车同轨、书同文这种他组织所起的历史作用，是跟日月同光辉的。

18.5　工程系统：一类典型的他组织

人的本质特征是能够从事有目的的造物活动。所谓造物，或者指创造、制造现在没有的器物，或者指改造现存的器物。这里说的造物是广义的，所造之物可以是物质的，也可以是社会的，甚至是观念的；可以是实体的，也可以是符号的，甚至是精神的。凡人类所从事的变革现实的活动都称为工程，其结果都是某种人造的客观存在，简称人造物。建筑家以建造新的屋宇、桥梁、水利设施等为己任，设计家以设计新的产品和行动方案为己任，革命家以变革社会制度为己任，作家以写出新的文艺作品为己任，等等，他们的工作都可以广义地看作在搞工程。教师的工作是传道、授业、解惑，改变学生的知识结构和意识状况，这也是在搞工程，故被尊称为人类灵魂工程师。人生的内容和价值在于办事，通过办事体现自身的价值追求。而一切办事活动都是工程，诸如希望工程、菜篮子工程、安居工程、南水北调工程、生物工程、基因工程、探月工程、211工程、扶贫工程等。

动物也在从事造物活动，它们的行为也导致自然的变化，产生了自然界原来没有的东西，如燕子筑巢、老鼠挖洞、蜜蜂酿蜜等，但算不上工程。因为动物的造物仅仅是一种本能活动，而人的造物是一种有目的、有计划、富有创新性的自觉活动。为什么把人的造物活动称为工程？工程的本质特征何在？就中文而言，"工"指造物所用的工具、设备、器件等，"程"指造物所遵循的程序、方法、思路等，运用适当的工具、遵循合理的程序从事造物活动，就是工程。所以，工程是以造物者、所造之物、工具设备和程序方法为要素构成的系统，关键词是工具和程序。古人云："工欲善其事，必先利其器。""事"即造物活动，"器"即技术，"善其事"即追求办事进程和结果的完善和优化，"利其器"即用好现有技术、不断创造新技术。一部人类工程发展史，就是一部使用、创新和发展技术的历史。

如果仅仅从知识运用的角度看，工程造物从远古时代起就是由价值观、技术和管理三大要素构成的系统。工程的目的是实现某种价值期望，一切工程都是在一定价值追求驱使下启动和展开的，包括工程所造之物的实用价值、审美价值、精神价值，甚至宗教价值。人的造物活动与动物造物活动的本质区别，在于人的工程活动是技术性的。所谓技术，就是制造和使用工具、创造和执行程序，工程的基本特性、形态、品质首先是由所用技术决定的。即使个人从事的简单工程也有不同部分、不同步骤之间如何安排协调的问题，这就是管理，只不过施工和管理尚未严格分开，管理作为工程的独立要素还不明确，施工者也是管理者。对于多人协同从事的工程，管理是一个不可忽略的要素。现代工程日趋大型化和复杂化，使管理成为关乎工程成败优劣的要素。在漫长的历史上，科学不是工程系统的构成要素，科学只能通过技术和管理两个要素间接进入工程活动，工程一直呈现为三要素系统。19 世纪后半期以来情况开始变化，科学知识作为一种独立要素进入工程系统，而且发挥着越来越大的作用。所以，从知识运动的角度看，现代工程是一种由价值观、科学、技术、管理四大要素构成的系统。由三要素系统演变为四要素系统，标志着工程作为系统由简单到复杂、由低级到高级的进化。

凡工程都是作为过程而展开的，呈现为由工程立项、规划设计、施工操作和评价验收四个分过程组成的过程结构，如图 18－1 所示。工程过程的起点是立项，立项缘起于客户的需求，任务是把客户的需求用工程语言表述为项目，并经过认证的合同肯定下来。立项只是用最概括的工程语言给客户需求以总的表述，工程造物的特质、性能、规模、质量、所用技术等要靠规划设计来确定，科学和技术在工程中的作用主要体现在这一环节。规划设计给出的只是信息形态的产品以及施工程序，只有施工操作才能使信息形态的产品转化为现实的产品。工程过程的最后一个环节为评价验收，任务是按照产品的性能指标这种特殊语言对工程产品作出描述，确定产品是否可以交付用户、工程是否可以结束。

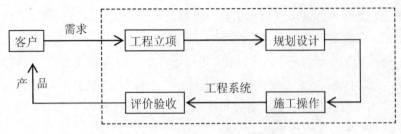

图 18-1 工程系统的过程结构

工程是一类典型的他组织系统。凡工程都是开放系统，与环境有千丝万缕的联系。工程作为系统的环境有四类：工程的科技环境，工程的文化环境，工程的社会环境（客户、供货商、市场、国家机构、舆论界等），工程的自然环境。这四类环境提供的资源和施加的制约都对工程产生作用，即第 2 节所说来自环境的他组织作用，还不足以充分反映工程系统他组织的特点。工程因客户（特定的或可能的）需求而启动，以建构出满足客户需求的人造物而结束。但客户不属于工程系统本身，而属于它的外部环境，客户需求才是工程系统来自外部环境的具有决定性作用的他组织力，客户属于工程的外在他组织者。立项是把工程系统跟客户沟通起来的一个界面，验收是把工程主体和工程客户之间连接起来的另一界面。

在更深层次（知识和信息运动）上说，客户的价值追求才是工程系统外在的组织力，工程全过程是价值观的选择、转化和流动过程。工程因客户的价值需求而发生，通过转化为工程主体的价值承诺而启动、展开、传递、改变，通过主体向客户交付产品而结束，形成如图 18-2 所示的价值流。工程立项是工程客户的价值观与工程主体的价值观在碰撞中融合的过程，任务是把客户价值追求内化，即把客户的价值期望转变为工程主体（承包者）的价值承诺，成为整个工程过程的整合力和约束力。规划设计的任务是把这种价值承诺转变为工程主体的技术承诺，表现为给出终端产品的信息形态（图纸等），去指导和约束施工环节的各项作业。施工操作的任务是把信息形态的技术承诺转变为实在的可以检测的产品技术性能，评价验收的任务是把客户的价值期望重新外化，确定是否满足客户的需求。工程总目标是工程客户和工程主体相互配合以实现客户的特定价值追求（价值期望）。工程进入规划设计环节后，客户的价值观开始潜入工程系统的深层结构中，主要通过表层的工程主体的技术承诺发挥作用。客户的价值追求在施工操作阶段潜沉于更深层次，信息作业借助于技术性能的语言进行。工程客户的价值追求在评价验收阶段重新浮现出来，确定客户的价值期望是否实现。这就形成如图 18 - 2 所示的价值流程。

图 18 - 2 工程系统的价值流程

　　作为具有自觉能动性的活动者，工程主体（承包者）也有自己的价值追求。工程系统以客户的价值观念为导向，却是以工程主体的内在价值追求为载体而体现的，主体的价值追求要通过满足客户的价值期望来实现，但必须转换成工程产品的性能指标来考量。工程主体的价值追求通过工程的有效性、经济性、快速性、时效性、安全性、审美性等表现出来，它们同客户的价值追求未必都有直接联系。例如，客户无须顾及工程的安全性，但工程主体必须把安全生产作为最起码的价值期望，才有生存发展的可能。

　　从结构模式看，工程主体是一种具有层次结构的系统，上层与下层、总部与分部、主管与职工之间是严格的组织者与被组织者的关系。工程是具有控制中心的系统，管理者就是控制中心，发挥着第 3 节所说的那种控制中心的他组织作用，强调组织性和纪律性，凭借这种强有力的他组织作用，做到精心设计、精心施工，实现安全生产和质量第一的要求。

18.6　人工科学

　　诺贝尔经济学奖得主司马贺也是管理科学、人工智能和复杂性研究的开拓者之一，他所倡导的目标导向型管理理论、决策的令人满意原则也是对系统科学的重要贡献，本书已多次提及。作为这些科学探索的进一步延伸，司马贺把科学研究的对象区分为自然现象和人工现象两种，研究前者的是自然科学，研究后者的是所谓人工科学（或称人为事物的科学），即"关于人工物体和人工现象的知识"。他从四个方面区分了这两种科学，从而确定了人工科学的范围：

　　第一，人工物是由人综合而成的；

　　第二，人工物可以模仿自然物的外表，而不能模仿其某一方面或多方面的本质特征；

　　第三，人工物可以通过功能、目标、适应性三方面来表征；

第四，讨论人工物（尤其是设计人工物）既要着眼于描述性，又要着眼于规范性。

日常生活往往把"人工的"一词当成贬义的，指称那些不真实的或不自然的、矫揉造作的、与事物本质无关的东西。司马贺提倡在客观的和科学的意义上使用"人工的"一词，把人工性作为科学概念，代表科学研究向复杂性进军的一个方向，值得关注。他所说的人工物，就是以人或人类群体为组织者的他组织系统，他所倡导的人工科学（人为事物的科学）尽管尚未形成系统的理论框架，但对于建立他组织系统理论颇有助益。

作为科学概念的人工性，就是狭义的他组织特性，具有如下含义：

1. 自觉的能动性。人工科学研究的都是自觉的他组织，这种自觉能动性集中体现在人工现象明确的目的性、周密的计划性和管理的严格性上。人工事物总是先有系统的整体目标和计划安排，然后开始组建、创造、改进系统的行动，并以严格的规章制度和操作程序规范其行动。

2. 理性的有限性。单纯的理论研究或冥思遐想常常使我们误以为人的理性是无限的，人工事物的实践却使人真切地体认到，所谓明确的目的性、周密的计划性、严格的纪律性都是相对的，明确的计划往往有不明确处，周密的计划常有不周密处，整体目标常常要在行动起来以后加以补充、调整、完善，甚至重新确定；很难期望人工物尽善尽美，不可能所有品质、性能都最优，有所不优才能有所优，等等，人工事物一般都是多方面要求的折中产物。

3. 人工现象的权变性。人工现象的目的性内含着权变性，为达到目的而采取这样那样的权宜措施，不可避免要有所妥协。人是最善于适应环境的存在物，权变就是权衡环境而改变自己的策略和行为以达到目的。对于人工事物，首先关心的并非事物是什么，而是事物可以成为怎样的，人应该怎么做。

4. 人工现象的必然性。权变性不等于随意性，人为事物归根结底必须顺应自然法则，将人类目标和自然法则一致起来，找到相应的手段、图景、方法，哲学基础是相信存在着凌驾于权变性之上的必然性。人工事物的成功是必然性和权变性、主体目的性和自然法则达成某种平衡和统一的结果。

5. 人工现象的复杂性。人工事物作为必然性与权变性、自觉能动性与有限理性的矛盾统一体，决定了人工性是产生复杂性的重要机制。人类社会越来越复杂是一个不争的事实，但这种复杂性显然不是来自自然环境，而是来自社会自身，是人类自己的思想和行为的产物。即使自然环境恶化（污染等）带来的复杂性，也是人工性使然。所以，司马贺说："人工性和复杂性这两个论题不可解脱地交织在一起。"人工科学原则上属于复杂性科学。

第 19 讲

自组织理论

关于组织（有序结构）生成和演化的动力、方式、机制、特点、规律等的研究，是系统科学的核心内容。就这个角度来看，系统理论由他组织理论和自组织理论两部分组成。从本讲起，我们转向讨论自组织，本节先对自组织理论做一些一般性讨论。

19.1 事物"自己运动"的科学表述

初次到动物园游玩的孩子看到斑马的条纹，山魈的鼻子，熊猫的憨态，孔雀开屏，鹦鹉学舌，等等，都会惊奇不已，不停地追问：那斑斓的色彩是怎么来的？迥异的形态如何生成？我们人类拥有这样高超的创造力吗？如果像徐霞客那样到大自然中旅游或科考，面对禽飞兽走、虫鸣鸟啼、"鹰击长空、鱼翔浅底、万类霜天竞自由"的绚烂局面，你就会发现大自然的多样性、奇异性、协调性远胜于人工培育的动物园，真正领会了欧阳修的名句"始知锁向金笼听，不及林间自在啼"的诗意。

植物界的情形绝不比动物界差。无生命的自然界同样充满多样性、奇异性、有序性。你看那地球大气，时而风平浪静、云蒸霞蔚，时而风吼雷鸣、飞沙走石。你再看山川原野，要么"叠嶂西驰，万马回旋，众山欲东"（辛弃疾），要么雪后"山舞银蛇，原驰蜡象。欲与天公试比高"（毛泽东），千奇百怪，形态各异，如生龙活虎一般。江河湖泊作为系统同样仪态万千，更有那贵州的织金洞，台湾的日月潭，西藏的大峡谷，等等，它们的神奇奥妙只能用鬼斧神工、天设地造之类的词语来形容，以表达人类自叹弗如的心态。

社会亦然。人类从何处来？语言、文字、文化的多样性是如何产生的？民族、国家是谁组织起来的？跨国公司、市场经济是什么人设计的？从家庭、社团到国家民族，像曹雪芹笔下的贾府那样，说不尽的悲欢离合，数不清的兴衰际遇，又是如何发生的？为什么不同的文明系统，有的消亡，有的勃兴，有的历经衰败又获新生？外部环境的他组织作用可以提供部分说明，而根本原因和机制只能从系统自身内部寻找。

面对客观世界的这种多样性、差异性、有序性、神奇性，关于它们的生成、演变、兴衰的答案基本有两种，一种是宗教唯心论的回答：一切都是上帝或别的神仙设计创造出来的。一种是辩证哲学的回答：一切都是事物自己运动的结果。神创论是反科学的，必须否定。哲学的回答是思辨的，不足以满足人类的求知欲望。唯物主义的哲学传统，科学发展的丰富经验，逐步使科学家建立起这样的信心："存在超越一切的必然性，导致新的结构和新的模式。"（哈肯）事物自己运动只是一种哲学表述，重要的是说明事物如何自己运动？具有怎样的机制、规律、原理？经过长期努力，终于在20世纪中期给出初步的科学表述：事物的自组织使然，从大自然到社会，再到意识和思维，所有那些千差万别、奥妙绝伦的结构、形态、模式、属性、功能等，都是自组织运动的产物。

19.2 什么是自组织

任何系统从无到有的生成，或者由弱到强的壮大发展，或者由一种形态、模式转变为另一种形态、模式，或者由盛到衰的演变，都离不开外部环境的影响和作用。但是，来自外部环境的他组织作用对系统的生成、发展、演变和消亡是必要的，却不是充分的，无法说明同一外部环境中不同系统的多样性、差异性、独特性如何产生。辩证哲学说得不错，事物的确是自己运动的，系统的生成、演变、发展、消亡都有其内因，这种内因就是系统自身内部的自组织因素、自组织力量、自组织趋势、自组织机制。

顾名思义，自组织就是事物自我组织、自行组织、自己把自己组织起来，系统靠自己的能耐去形成、完善或改变自己的结构、模式、功能、属性。从无生命的物理化学系统，到有生命的动植物系统，再到社会的、文化的、意识的系统，莫不如此。自组织是普遍的现象，普遍的存在，普遍的系统机制。

自组织和他组织相比较而存在。哈肯曾以一群工人的生产劳动为例，通俗地解释了自组织与他组织的区别（注意，哈肯把他组织称为组织）。他说："如果每个工人在工头发出的外部命令下按照完全确定的方式行动，我们称之为组织，或更严格一点，称它为有组织的行为。"相反，"如果没有外部命令，而是靠某种相互默契，工人们协同工作，各尽职责来生产产品，我们把这种过程称为自组织"。同样是工人从事生产产品这种组织化的行为（协同工作），如果起组织作用的是来自工人之外的指令，那就是他组织；如果没有外来的组织指令，起组织作用的是工人之间的相互默契、协同行动，那就是自组织。

哈肯还给出一个更具一般性的自组织定义："如果系统在获得空间的、时间的或功能的结构过程中，没有外界的特定干预，我们便说系统是自组织的。这里的'特定'一词是指，那种结构或功能并非外界强加给系统的，而且外界是以非特定的方式作用于系统的。"环境的他组织作用有些也是特定的，但它只限定了系统演变的范围，不可能决定具体的结构模式。黄河九曲十八弯的结构特征，黄山胜于五岳的奇、险、秀、美的结构特征，都是地表系统自组织产生的。人类的产生和发展离不开地球环境的作用，但这种作用不是特定的，地球环境并未给出不同动植物结构如何组织的特殊指令，更不可能给出如何组织社会经济形态和政治形态的指令信息；只要你不相信存在一个能够创造一切的上帝，人类和人类社会就只能是在地球环境中自组织产生出来的。语言、文字、民族、文化是人类在生存发展中自行创造的，商品经济是人类的生产和生活实践自行创造的，国家这种组织机构是社会系统随着阶级分化的出现而自行产生出来的，等等，在它们的产生过程中都不存在特定的外部组织者。

自组织具有以下几个最基本的特点：

其一，自发性。自行组织起来的系统，其组分在系统的全局层次上都是盲目的，它们都没有向着某个明确的整体目标而行动的意向。个人和群体到市场上从事交易，并无建立一个地区、整个国家、甚至整个世界的市场经济系统的意图，也不考虑自觉的交易行为对市场的整体走向产生什么影响，完全是一种自发行为。组成市场经济的大大小小经济人不了解、也不必了解整个市场如何运作及其整体走向，他们只需按照自己的需要和可能参与交易，完成交易就算达到目的，结果却涌现出能够支配系统整体的宏观力量。

其二，地方性（局域性）。自组织系统的每个组分都只掌握局部的信息，只跟周围很小一部分其他组分建立相互关系，发生相互作用，不关心系统的全局行为。但正是从这些地方性行为中产生出全局性的系统状态、特性、行为。

其三，不确定性。专职组织者一经形成并发出组织指令，不论正确与否，都意味着极大地消除了不确定性，这是他组织的特点。自组织中没有专职的组织者，没有集中统一的组织指令，要求大量组分（如工人）相互默契、协同行动，组分之间必定暴露出种种差异、矛盾、冲突等等，产生无法计数的不确定性。这也就是为什么一切工业产品都是有严格组织管理的他组织系统生产的缘故，世界上不存在完全靠工人们默契配合而进行的生产劳动。

其四，整体涌现性。自组织不是系统组分的特性，它是系统的所有组分在一定环境条件约束下相互作用而涌现出来的整体特性。他组织系统的整体目标是由组织者规定的，自组织系统的整体目标是全体组分相互作用而在宏观整体上涌现出来的，无整体目标的众多组分互动互应涌现出凌驾于所有组分之上的整体目标。

19.3　几种早期的自组织理论

作为一种观念形态的系统，自组织理论也是自组织地产生出来的，有自己的孕育发展过程。下面几种都是现代自组织理论的重要先驱：

（1）经济领域的自组织理论。商品经济作为一种经济形态，在古代社会已经产生，而且今后还会延续很长的历史时期。商品经济不是什么人有意设计出来的，而是人类社会经济活动的自发产物，它的自组织机制就是市场，只要存在商品经济，自然就会有市场。古代社会的商品经济极不发达，市场机制也极不发达；只有发展到资本主义社会，人们才可能洞察市场经济的自组织机制，开始做出理论分析。18 世纪的英国经济学家亚当·斯密在《国富论》（1776）中写道："每个人都在力图运用他的资本来使其产品得到最大的价值。一般来说，他并不企图增进公共福利，也不知道他所增进的公共福利是多少。他所追求的仅仅是他个人的安乐，仅仅是他个人的利益。在这样做时，有一只看不见对手引导他去促进一种目标，而这种目标绝不是他所追求的东西。"数不清的个人各自追求自己的利益而不考虑整个社会的利益，但客观上却经常促进了社会利益，"其效果要比他真正想促进社会利益时所得到的效果为大"。这一段精彩的论述不仅揭示出市场经济作为自组织系统的自发性、局域性、涌现性等特点，而且创造了"看不见的手"这个形象而又极具理论穿透力的概念，揭示了经济系统自组织运动如何从微观过渡到宏观的机制，有助于理解一般自组织系统的内在机理。

（2）社会历史领域的自组织理论。人类社会作为系统，一直处于演变之中，呈现出不同的历史形态。许多学者试图揭示个中奥秘，最有代表性的是马克思的历史唯物论，断言人类社会是由低级向高级不断演进的，呈现出五种不同的历史形态：从原始公社制度转变为奴隶社会，从奴隶社会转变为封建社会，从封建社会转变为资本主义社会，再从资本主义社会转变为共产主义社会。马克思实际上是把社会系统的历史演变过程作为一种自组织演化过程来认识的，坚持从社会系统的内在矛盾运动（主要是生产力与生产关系、经济基础与上层建筑的矛盾）中寻找社会形态演变的动因、方向、机制、途径和规律。当然，学界对五种社会形态的划分有不同意见，他的理论在细节上还有许多有待深入研究之处，还缺乏类似于亚当·斯密那种揭示社会历史自组织运动如何从微观过渡到宏观的概念。但马克思的理论在大思路上完全符合自组织理论，生产力、生产关系、经济基础、上层建筑四者是社会巨系统的微观自组织运动所涌现出来的四种宏观要素或力量，在对社会系统自组织运动的宏观整体把握上，马克思主义要比其他理论方案更深刻，至今仍然无出其右者。

（3）生物领域的自组织理论。生命起源和生物进化的奥秘一直是使人类心智深感困惑的大问题。宗教家声称至高无上的造物主创造了世界万物，这种宗教神学的他组织理论一直受到科学和哲学唯物论的抵制，但苦于不能从科学上排除造物主上帝这个神学家杜撰的他组织者。事情的转机出现在 19 世纪，最有代表性的是达尔文的生物进化论，从地球自身的条件出发，阐明物种起源和生物进化，两个最根本的机制是突变和自然选择。不同物种在结构、模式、形态上的千差万别，一方面是基因偶然突变的产物，另一方面是地球自然环境选择的产物。现代自组织理论断言，达尔文主义是生物学领域的自组织理论。哈肯相信客观世界的自组织现象存在一些普遍适用的原理，达尔文主义就是其中之一。他指出："不仅在有生命的自然界存在达尔文主义，在无生命的物质中也存在着达尔文主义。"艾根更明确指出：达尔文的自然选择是"一个物质自组织原理"。

不过，以上三种学说都是某一特殊领域的自组织理论，而且都是定性理论，尚不具备现代科学的品位，不能算作系统科学的自组织理论。改变这一状况有待物理学的发展，基于物理学原理解释无生命的物质自组织现象。这一进程的起点是 19 世纪后半期建立的平衡态相变理论，初步成型于 20 世纪中期建立的非平衡态相变理论。

19.4　平衡态自组织理论

第一个物理学自组织理论是平衡态相变理论，它发端于 1869 年安德鲁斯发现临界现象和 1873 年范德瓦尔斯提出非理想气体方程，于 19 世纪末初步建立起关于相变的定量化理论。随着平衡态热力学的完善和平衡态统计物理学的建立，到 20 世纪中期又取得突破性进展，形成现代相变理论。

相即态，指系统中具有相同成分及相同物理、化学性质的均匀部分，不同相之间界限分明。人人熟知的水（H_2O 聚集体）的三态（气态、液态和固态），也就是三相，各有不同的结构和性质。气态是微观和宏观都无序的结构，没有一定体积；液态是分子间具有短程关联（微观有序）而没有长程关联（宏观无序）的结构，整体没有一定形状；固态是分子按规则方式排列的宏观有序结构，整体有一定形状。相变是物质系统内部结构和物理性质的根本改变。气态液化，液态汽化，液态固化，固态液化，都是相变。存在临界点的相变叫作临界相变，否则为非临界相变。在标准大气压下，0℃是固态水和液态水相互转变的临界点，100℃是液态水和固态水相互转变的临界点。如果物质三态转变是在维持系统平衡态不变的条件下进行的，叫作平衡相变；如果相变要在非平衡条件下进行，称为非平衡相变。

相变虽然需要系统跟环境交换热量（即温度改变）这个外部条件，但根本动因是系统内部巨量分子的热运动和分子之间的相互作用。在标准大气压下，只要温度在0℃到100℃之间，温度的连续下降或上升不会改变水的液态结构和性质；一旦下降到0℃这个临界点，立即发生液体固化相变，变为结构和性质都不同的固态，而继续降温固态仍然是固态；温度一旦上升到临界点100℃，立即发生液体汽化相变，但继续加温仍然是气态。可见，相变是系统的自组织行为，跟外界交换热量并未给分子运动提供明确的组织指令，系统内部也不存在产生组织指令的控制中心。气态液化，液态汽化，固态液化，也都是系统的自组织演变。

固态晶体的形成可以给这类自组织提供很好的说明。当溶体达到结晶温度时，就会在旧相（溶体）中自发生出晶核，即代表新相（晶体结构）的基核。促成晶核形成的首要原因是液体分子热运动的涨落，某些微观粒子因偶然机会从周围环境获得足够的能量，就会形成晶核。晶核可能长大，也可能消失。只要出现能够长大的晶核，且晶核能够稳定的存在和生长，就会经过一定时间完成结晶相变。结晶相变不限于物理系统。社会领域也有类似情况，政党、学派的产生都是核心的形成和发展的结果，如物理学哥本哈根学派的"晶核"是出现了玻尔这个领袖科学家，等等。

在热力学和统计物理学基础上，波尔兹曼对平衡相变过程中有序结构的形成给出科学的解释，称为"波尔兹曼有序性原理"。核心内容是以下几点：

1. 熵的微观解释。令 S 记熵，W 记热力学系统的微观组态数，代表系统宏观态的可能性大小，又称为热力学概率。波尔兹曼发现了熵与热力学概率的关系

$$S = klnW \qquad\qquad (19-1)$$

其中，k 为波尔兹曼常数。波尔兹曼公式给出平衡相变的微观解释：宏观参量 S
是系统微观组分混乱程度的度量，熵随热力学概率的增大而增大；熵 S 在平衡
态达到最大值，表示系统微观混乱程度最大。具有最大熵的平衡态是稳定的，
具有吸引性，一切非平衡态（对平衡态的偏离）都受到它的吸引而不可阻挡地
趋达平衡态。

2. 在热力学系统中，微观组分（原子、分子）既有混乱的热运动，产生排
斥力；又存在相互作用，产生吸引力。相互作用是导致微观组分聚集起来形成
有序结构的根源，热运动是破坏聚集过程导致无序的根源，两者相互竞争是导
致物质系统发生相变的内因。每一种相变代表这两种倾向之间一种特定的竞争
模式和结局，而温度、压力等变化只是外因，直接影响系统发生哪一种相变。

3. 对于跟外界只有能量交换而无物质交换的平衡相变，即等温过程的相变，
宜于用亥姆霍兹自由能公式

$$F = E - TS \qquad\qquad (19-2)$$

来描述。其中，F 为自由能，E 为内能，T 为温度，S 为熵。自由能最小的状态
是相变过程的吸引中心，其余状态都受到它的吸引作用而最终趋达该状态。自
由能是系统走向有序的动因，以 TS 度量的热运动是系统走向无序的动因，相变
是两者此消彼长的竞争过程，新相是竞争过程的结局。

4. 为什么系统在低温下相变形成的是低熵有序的固态，在高温下相变形成
的是高熵无序的气态？波尔兹曼用能级分布定律给以概率解释。热力学系统的
微观粒子数量极大，需要从理论上解释相变过程中系统如何自组织地"安置"
这些粒子。令 N 代表微粒总数，总能量 E 在相变过程中保持不变，但系统有不
同的能级，粒子在不同能级上的一种分布代表系统的一种宏观结构。令 E_i 为第
i 级的能量，p_i 为粒子占据该能级的概率，它们服从以下能级分布定律

$$p_i = e^{-E_i/KT} \qquad\qquad (19-3)$$

这个公式同样表现了相互作用 E 和热运动 TS 之间的竞争，两者的不同比值
代表不同的占有概率，决定着微观粒子在能级上的不同分布，不同分布表示系
统具有不同的相。当温度足够低时，所有粒子都以接近于 1 的概率占据最低能
级，代表粒子分布具有很大的确定性，这就是固态。如果温度足够高，粒子占
据不同能级的概率几乎相同，表示粒子的位置极不确定，系统呈现为无序的气
态。介于二者之间的是液态。

尽管平衡相变理论完全是物理学的内容，但它提供了一系列深刻而富有解
释力的概念，如涨落、序参量、关联程长、对称破缺、对称恢复、临界指数、

临界慢化、驰豫时间等，已经推广应用于非平衡相变，再经过适当提炼，都可能进入系统科学的概念体系。

19.5　控制论的自组织理论

相变理论和波尔兹曼有序性原理是一种基于物理学基本原理的自组织理论，还属于自然科学，而不是系统科学的内容。系统科学中最先研究自组织现象的是控制论学者。维纳把动物和机器看作控制论并列的两类研究对象，已经包含了从控制角度研究生物自组织的意向，因为动物躯体中存在高妙绝伦的控制系统，其系统性能和品质远胜于人工控制系统，它们都是自然界自发自组织的产物。受维纳《控制论》一书的推动，20 世纪 50 至 60 年代对生物机体的控制机理做了大量研究，包括自镇定控制、自寻的控制、自适应控制、自学习控制、自修复控制、（狭义的）自组织控制、自复制控制等。他们的本意是设计仿造生物控制的自动机器，但也深化了对生物自组织机理的认识。这里对其中的三个做些简单说明。

（1）自镇定控制。自动机器的镇定控制具有预先设定的稳定状态，机器借助负反馈机制克服干扰，恢复稳定状态，属于典型的他组织。生物体的镇定控制没有预设的稳定状态，系统是在不断行动中试错和探索，通过"理解"环境和系统自身而制定控制方案，找到稳定状态。把这种思想引入控制论，艾什比曾设计了一个稳态机，它能够在自行探索中通过改变内部参数和结构模式而找到稳态。

（2）自适应控制。在没有特定外部干预的情况下，系统随着环境变化而自行发生有利于自己生存发展的变化，就是自适应。模糊理论创立者扎德认为："一个自适应系统对它的环境是不敏感的。"如果处于不断变化的环境中，系统的行为和功能不受环境改变的影响，它就是一个自行适应的系统。这是一种以不变应万变的自适应方式。格洛里索认为："自适应系统的一个显著的性能是，在变化的环境中坚持成功的行为。"要能够坚持成功的行为，系统必须随时监测环境变化，并根据环境变化反复调整自身的结构和参数。这是一种系统通过控制自身结构和参数来坚持成功行为的自适应方式，现在已经能够用人工方式部分地实现之。

（3）自修复控制。生物体难免受到伤害，或出现功能性故障，但一般都能自行排除故障，愈合伤口，甚至可以断肢再生。原因在于这种系统具有高超的自修复机制。全面揭示生物体自修复机制还有待科学的未来发展，控制科学界关心的首先是创造一种新的技术，使机器具有一定的自修复能力。令 P 代表受到损伤的系统性能，P 是时间 t 的函数 P（t），受伤时刻为 t＝0 的性能记为 P（0），系统经过修复 P 应有所提高。所谓修复，就是使 P（t）向着大于 P（0）的方向变化。设 P^* 代表性能 P 恢复到令人满意程度的下界，如果存在一个时刻 T，当 t 从 0 变到 T 时，系统在没有特定外来作用下满足要求

$$P（T）\geq P^*>P（0） \tag{19-4}$$

就说系统实现了自修复。这种意义上的自修复已具有技术上的实现可能性。

跟一切手工控制的机器相比，自动控制系统已经具备了一定的自组织能力，而自镇定、自适应、自修复系统的自组织成分更多，水平更高。然而，不论机器多么精致高妙，包括各种智能机，它们本质上还是人造的，是具备了部分自组织能力的他组织系统，但毕竟带来了新的控制思想和技术。

从 20 世纪 60 年代起，控制科学界开始对这些探索进行理论总结。1961 年，维纳在《控制论》第 2 版中增加了专谈自组织控制的一章。1962 年，艾什比在专著《自组织原理》中给出他的总结，而且越出控制论范畴，对自组织系统做了更一般的论述。艾什比认为，所谓系统的自组织演化有两种含义：其一，从无组织到有组织的变化，即开始时系统的组分是相互分离的，然后相互间逐步建立联系，最终形成统一整体。一个例子是胚胎的细胞发育，起初彼此之间很少甚至没有联系，通过树突和轴突的形成，产生了相互依赖的神经系统。其二，从坏的组织演变为好的组织。一个例子是儿童与火，最初由于不知道火的厉害，儿童可能用手抓火，经验使他的大脑发生变化，逐步认识因果关系，终于学会了避火。艾什比的表述可能不够准确，一般情况应当是：系统自组织演化过程分两个阶段，首先是解决组织从无到有的问题，产生出一个结构和功能相当差的系统；然后再解决改进和完善组织的问题，使系统从不好的结构和功能发展成好的结构和功能。社会领域的自组织都鲜明地呈现出这两个阶段。

19.6　自组织与他组织相结合

现实世界既不存在单纯的自组织，也不存在单纯的他组织，一切系统都是他组织与自组织、看得见的手与看不见的手的某种结合。当然，结合的方式和紧密程度千差万别。

现实存在的系统在其生成演变过程中，组织指令和组织力既非完全来自系

统自身，也非完全来自外部环境，而是两者的合成，缺一不可。不存在只靠环境作用就能够组织起来的系统，环境和系统、外部和内部是相对而言的，说存在来自环境的他组织作用，就意味着同时存在系统自己内在的自组织作用。自然界那些有控制中心的系统本身是自然界自组织演化的产物，控制中心一旦形成，它对系统的控制作用只能通过系统内在的自组织机能来实现，生命系统最能说明这一点。就生物界来说，地球的物理条件是外部环境，起他组织作用；若就整个地球看，这些物理条件也是内部因素，生命是地球系统自组织的产物。太阳有九大行星，只有地球产生了生命，决定性的原因在于地球系统特有的自组织运动。人造自动机首先是他组织系统，但无须人来操作这种自动性使它具备了一定的自组织性，故人造自动机都是他组织与自组织的统一体。人工操作的非自动机器是更典型的他组织系统，但人机一体的复合系统也具备一定的自组织因素。以骑自行车为例，骑车人和自行车组成一个系统，人是驾驭者，自行车是被驾驭者，属于有控制中心的他组织系统。但人须通过训练达到人车默契，能够协调自如地驱车行进，大量微调无须经过大脑有意识活动这种他组织，靠的是人车系统中人体和车体两个分系统自组织地协调配合，人有意识地控制车把这种他组织行动只是偶尔为之的事。在有人参与的系统中，一切无意识行为都是自组织行为。即使非自动机的机器也不是绝对的他组织，不同零部件之间如何协同动作，必须遵循物质运动的自然规律，设计者不能随心所欲，表明这类系统也包含一定的自组织因素。

世界上也没有单纯的自组织。只要系统生存运行于一定的环境中，就存在来自环境的他组织作用。就整个地球系统而言，达尔文主义是自组织原理；单就生命现象而言，达尔文主义属于他组织原理，自然环境的选择是他组织作用。植物当然是自组织生长发育的，但"郁郁涧底松，离离山上苗"（孟郊），造成这种差别的组织力来自周围环境，涧底的水土、风力等条件显著不同于山上。商品经济同样不能只有市场这种自组织机制，即看不见的手；它还必须配备计划这种他组织机制，即看得见的手。自组织和他组织互为存在条件，市场经济的基础是大量高度集权的企业这种他组织，而且健康的市场离不开国家的宏观调控这种他组织，而宏观调控的必要性来自市场经济的自发性和盲目性。相对于国家的法规、计划等等，市场是经济运行的自组织，存在自发性、局域性、盲目性；相对于企业之类的经济人，市场又起着他组织作用，经济人必须随行就市。有些人贬斥宏观调控为高度集中计划经济的罪尤，不仅理论上错误，而且不符合实际，因为即使美国也有宏观调控，格林斯潘在美联储主席位置上20年中所从事的工作就是对美国经济施加宏观调控。西方早期普遍采用的完全自由市场经济，早已被证明弊病很大，1929 年的经济大危机几乎把它推向毁灭，迫使资本主义国家纷纷吸收社会主义计划经济的某些做法，由国家对市场进行一定的调控。尽管他们不愿公开承认，但事实上他们的经济系统已经是自组织与他组织的某种结合。看不见的手与看得见的手协同动作才能形成健康的市场经济，社会主义市场经济尤其如此。社会主义还历史地需要商品经济，既开宗明义地承认计划的必要性，又开宗明义地承认市场的必要性，坚持把市场与计划、微观放开与宏观调控、自组织与他组织结合起来，是社会主义经济的固有特点和优点。尚在雏形中的"北京模式"优越于"华盛顿模式"之处，就包括自觉实施自组织与他组织的有机统一这个指导原则。"华盛顿模式"倡导的完全自由市场经济违背系统科学原理，不可取。

　　自组织运动是宇宙万物的本性，但既然万物不能脱离环境而存在，就不能不接受环境的他组织作用，故自组织与他组织相结合是不可避免的。自组织和他组织相结合也是宇宙和社会进化所必要的。宇宙原本不存在任何具有控制中心的系统，后来进化出有控制中心的系统，乃是宇宙进化的必然选择，有控制中心的系统一般都优越于无控制中心的系统。因为自组织的自发性必然带来盲目性，盲目性代表自组织性的消极面，他组织的作用是抑制这种盲目性，规范、引导、保护自组织的自发性。他组织的职责不仅在于支配、管理、约束系统内部的自组织趋势，而且要服务于基层组分的自组织运动，通过提供服务来实现他组织作用。自觉的他组织也可能产生盲目性，因为人类预测未来的能力十分有限，却往往把对短期趋势的正确预测不适当地用于长期行为，致使有计划、有步骤的他组织行动背离客观的自组织运动，在自觉性的旗帜下犯盲目性错误。许多在一定时期正确有效的做法后来变得越来越无效，甚至有害，就是这个缘故。

　　近代中国沦为半殖民地半封建社会，人民长期陷于水深火热之中，就在于列强的入侵和清朝统治集团的腐朽，既破坏了国家作为系统的他组织功能，也破坏了国民生存活动的自组织基础，四万万人如散沙一盘，不可能产生足以维护民族自立的整体涌现性。在 20 世纪的中国，汪精卫投靠日本，蒋介石抱美国大腿，都无法改变这种局面。唯有以毛泽东等为代表的社会力量坚持自力更生，走自己的路，努力把民众组织起来投入民族民主革命，万里长征，土地改革，抗美援朝，社会主义建设，改革开放，等等，都渗透着自组织与他组织紧密结合的科学思想。我们要完成振兴中华的大业，必须坚持这个正确方针。

　　但是，充当他组织者的控制中心有可能发生异化，逐渐失去服务性功能，变为单纯的支配者、管理者、统治者，跟自组织因素处于对立地位。所以，必须对他组织有所约束，强调他组织与自组织相互合拍，以自组织来监督他组织，由被组织者监督组织者。作为被组织者的绝大多数微观组分如何制约大权在握的极少数组织者，须有必要的机制、渠道和能力，以确保矛盾能够在结构框架内（社会系统是体制内）加以解决。否则，矛盾发展到某种临界状态，被组织的绝大多数就会寻求在系统结构框架之外解决问题。对于社会系统来说，搞好民主法治建设是解决这一问题的必由之路。

　　全球化原本是地球人类自发自组织的产物，但人们一经发现这一趋势，各种势力便积极干预全球化进程，提出并推行不同的全球化方案和路线。全球化运动事实上成为自组织与他组织矛盾统一的系统演化过程。是把世界整合为一个各民族平等相处、和谐共生的系统，还是整合为一个由霸权国家或国家集团为控制中心的系统，代表全球化的两条基本路线。社会主义的本质特征之一是维护世界和平，和谐世界需要把世界系统的自组织与人的自觉构建这种他组织很好地结合起来。我们要以马克思主义的全球化方针去应对霸权主义的全球化方针，使全球化沿着正确的道路前进。

第 20 讲

非线性动态系统理论

从下一讲起，我们要讨论几个从理论自然科学和数学中产生出来的自组织理论，理解其基本概念和原理需要先介绍一些非线性动力学知识，因为系统的自组织是一种非线性动力学过程。顺便指出，非线性动态系统理论也是研究他组织系统的理论工具。

20.1 无所不在的非线性

同一过程的两个变量 x 和 y，如果按照固定比值相互关联地变化，就称它们是线性相关的；如果在不同地点或不同时刻比值不同，就称 x 和 y 为非线性相关的。在几何平面上（对应于 2 维系统），线性关系用直线表示，非线性关系用曲线表示。类似的，有线性函数与非线性函数、线性方程与非线性方程、线性空间与非线性空间等划分。如 $y = 2x + 5$ 是线性函数，$ax + by - c = 0$ 是线性代数方程；$y = x^2 - 1$ 和 $y = 2\sin x$ 是非线性函数，$ax^2 + by - 1 - c = 0$ 是非线性代数方程。图 20 - 1 中画出 2 维系统的几种可能关系的几何形象，有直线、抛物线、椭圆线等。图 20 - 2 画出的是 2 维系统的另外几种可能情形，有 S 形曲线，继电器型线，尖顶曲线等，都是变量之间的非线性关系，而且是本质非线性。

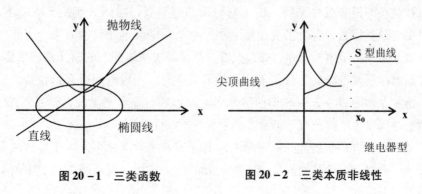

图 20 - 1 三类函数   图 20 - 2 三类本质非线性

线性与非线性是数学概念，但都有丰富的经验性含义，是对自然界、社会领域、思维过程普遍存在的一类矛盾属性的数学抽象。应用到系统科学中，就有线性系统与非线性系统、线性模型与非线性模型、线性特性与非线性特性、线性作用与非线性作用、线性网络与非线性网络等划分，从系统工程到系统理论，必须经常跟线性与非线性这对概念打交道。

在线性世界里，一切都是平庸简单的，太阳底下没有什么新东西，不会产生任何奇异独特的事物。因为一切直线都是同构的，彼此只有表面的差别，经过简单的平移、旋转即可重合为一。而在非线性世界里，太阳下面新东西层出不穷，非线性事物有无穷多种不同类型，不可能经过变换使所有非线性事物重合为一。仅就一元函数来看，多项式函数，指数函数，三角函数，超越函数，等等，彼此之间存在本质的不同，需要用不同方法描述它们。

如何辨别对象系统是线性的，还是非线性的？如果能够写出系统的数学模型，一眼即可判明，线性模型是一次的，非线性模型是非一次的。如果没有数学模型，一般凭经验事实也可以判别。每个人的专业范围都有各种各样的非线性，例如：

大学生都是有十多年读书经历的人，对读书生活中的非线性现象应有深切体会。有些内容过目不忘，有些内容反复背诵也记不住。早晨起来脑子很管用，四节课连续听下来脑子颇有点木然，很难再集中精力学习。这些都是认知系统的非线性现象。

人生在世就要办事情，通过办事来获得某种功效，由此产生了事功关系。事与功的关系是非线性的，并非办事越多功效越大。有时事半功倍，出力不多收获很大；有时事倍功半，出力很多却收效甚微；有时则有事无功，白忙活一场；甚至无功有过，干得越多，危害越大。事功关系十分复杂，无法用线性函数形式表示出来。

社会经济是非线性系统，因为它时而高速发展，时而减速甚至停滞不前，有时发生通货膨胀，有时出现通货紧缩，有些举措会迅速取得效果，有些举措却收效甚微，甚至事与愿违，如此这般，都是经济系统固有的非线性因素使然。一种新产品进入市场后十分走俏，销量节节上升，一段时间后开始减缓，逐渐趋于饱和，如图 20 - 2 中 S 形曲线所示，而饱和也是一种常见的非线性现象。所谓金融风暴、经济危机等都是经济系统的非线性行为。

政治系统也是非线性的。国际上时有某国发生政变之事，属于有间断点的非线性。有时出现政策剧烈改变，甚至 180° 的大转折，就是图 20 - 2 中的尖顶式曲线。有时两种对立势力互相厮杀，你方唱罢我登场，政局在两个极端之间来回跳跃，有点类似于图 20 - 2 中继电器型曲线。这些都是现代社会政治系统中常见的非线性运动。

如果世界上只有非线性，它们不随时间而变化，即没有动态性，问题还相对简单些。如果非线性再加上动态性，时间因素在系统行为中发挥显著作用，问题的复杂性就发生了本质的变化。现实世界恰好既有非线性，又有动态性，而非线性加动态性是系统产生复杂性的根本原因。系统科学主要研究非线性动态系统，线性动态系统只是它的特例。下面的讨论都可能涉及线性动态系统，但主要是讲非线性动态系统。

20. 2　稳定性与不稳定性

动力学系统就是具有动力学特性（或称动态特性）的系统。在诸多动力学特性中，首先要考虑的是系统是否稳定。从实际应用的角度说，具有稳定性是对系统的起码要求，不稳定的系统无法谈论发挥功能。一辆不稳定的汽车，一架不稳定的飞机，哪个敢坐？有些极有天赋的运动员，由于心理系统稳定性差，越是大赛越容易失常，直到退役都无大的作为。无论经济系统或政治系统，或者其他社会系统，一旦失稳都是政府执政行为的失败，给人民群众带来不安全或危害。所以，在通常情况下，社会稳定是第一位的。

从理论上看，稳定性问题在动态系统研究中也是第一位的，后面讨论的系统动态特性都跟稳定性有关，它们在系统满足稳定性要求时是一回事，不满足稳定性要求时又是一回事。在基础理论即系统学层面上看，稳定与不稳定都是中性的，稳定性问题需要研究，不稳定性或系统失稳也属于稳定性理论的研究范围。什么是稳定性，什么是不稳定性，如何判别系统稳定或不稳定，稳定或不稳定对系统行为特性有何影响，系统稳定或不稳定产生的原因和机制，如何使不稳定的系统稳定下来，如何使稳定的系统失稳，如何改变系统的稳定性，如何利用稳定性或不稳定性谋取实际利益，等等，都是稳定性理论要研究的问题。

什么是稳定性？社会的稳定与否凭日常经验有时不难判断，但从理论上给出明确的定义却是颇为复杂的问题。稳定性是系统的一种定性性质。这里只就两种最简单的情形以通俗语言来解释稳定性概念，两者都是俄国学者李亚普诺夫在 19 世纪末提出的，都属于稳定性的数学定义，但都是定性的，而非定量的。

（1）李亚普诺夫稳定性：小扰动导致小偏差。现实存在的系统时时、处处承受着来自外部和内部的扰动，扰动或多或少会导致系统偏离它的正常状态和行为模式。稳定性问题就是系统的状态或行为对扰动是否具有敏感性，或者系统能否消除扰动造成的偏离，恢复其正常状态或正常行为的问题。不敏感的系统，或能够消除偏离、恢复常态的系统，是稳定的；敏感而不能够恢复常态，即小扰动导致大偏离，这样的系统是不稳定的。偏离大小是相对的，系统生存运行允许的偏离是小偏离，超出允许范围的是大偏离。把扰动限定为小的，是因为稳定性一般是系统的局部性质，能够克服小扰动的系统一般已能满足要求。扰动太大导致系统出现不允许的偏离，这种情况一般已超出李亚普诺夫稳定性理论解决的问题范围，另当别论。

例1　古代学人寒窗夜读，台前一盏豆油灯，微风吹来，灯火摇来晃去而未灭，小扰动带来的是小偏离，油灯系统是稳定的。诗云："孤村到晓犹灯火，知有人家夜读书。"（晁冲之）至于狂风入窗，灯火自然抵挡不住，问题已超出稳定性理论研究的范围。

例2　在图20-3中，一个小球被置于山坡之巅A点，左边斜坡下面有一谷底B点，右边斜坡延伸到另一谷底C点。位于山坡顶点是小球的一个不稳定状态，只要轻轻一推使小球离开顶点，它就一直滚下去，或者滚向B，或者滚向C，离开A点越来越远，小扰动导致大偏离，故位于状态A的小球系统是不稳定的。

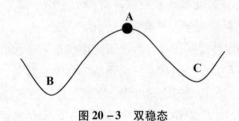

图20-3　双稳态

（2）李亚普诺夫渐近稳定性：扰动造成的偏离随着时间延伸将逐渐缩小，理论上最终可以消除偏离。跟前述非渐近稳定性相比，渐近稳定性要求最终消除偏离，是对稳定性的更高要求，而且须通过振幅衰减的振荡来消除偏离，故系统动态特性的内容更丰富。

例3　你不幸大病一场，经过医生治疗、亲人照顾、自己打对，病情虽有反复但越来越好转，终于痊愈，表明你的身体是一个具有李亚普诺夫渐近稳定性的系统。某人有点小病，没想到越来越加重，最后竟呜呼哀哉，表明他的身体已是一个具有李亚普诺夫渐近不稳定性的系统。

例4 图20-3中的B点和C点各代表小球系统的一个稳定态,假定扰动使小球离开谷底,产生一定偏离,一旦扰动消除,小球就会在重力作用下向谷底返回,虽然不会立即停下来,而是来回滚动,但滚动的幅度越来越小,最后完全恢复原有状态。这是典型的渐近稳定性,B和C是系统的两个渐近稳定态。

20.3 动态系统的运动体制

一个动态系统的可能状态很多,连续动态系统有无穷多个可能状态,因为连续状态变量的任何一组取值都是一个状态。但原则上可以给系统状态作一分为二的分类:

初态与终态。一个动态过程开始时刻 t = 0 时的系统状态称为初态,记作 x(0);随着 t→∞,过程最终到达的状态或状态集合 x_∞ 称为终态。从初态过渡到终态的所有中间状态称为过渡态。初态 + 过渡态 + 终态的集合,代表系统的一条轨道。

暂态与定态。过程在某一时刻到达但不借助外力就不能保持或者不能回归的状态,称为暂态;系统到达后只要没有外力扰动就不会再离开的状态或状态集合,称为定态。暂态就是过渡态,终态就是定态。定态不同于静止态,它可能是一个许多状态组成的集合,系统在这个集合中不断改变状态,但总是保持在该集合中。如周期运动就是非静止的定态,虽然在周期点集中不停地变化,但整个周期态集合固定不变,故称为定态。地球绕日运行,月球绕地球运行,都是以周期点集为定态的系统。

稳态与非稳态。初态和暂态都是某个时刻 t 的状态,无稳定性可言,只有定态才有稳定与否的问题。稳定与否是相对于扰动而言的,稳定性就是抗扰动性,具有稳定性的定态,叫作稳定定态;不具有稳定性的定态,叫作不稳定定态。在图20-3中,A、B、C都是系统的定态,坡面上其余的无穷多个点都是暂态,A是不稳定定态,B和C是稳定定态。

动态系统的定态,不论稳定与否,都是系统的整体涌现性的表征,还原到系统的局部是看不到的。不稳定定态在系统运行演化中具有重要作用,往往代表系统某种特殊的内在机制,受到动态系统理论的特别关注。图20.3中的A可以理解为横亘在稳态 B 和 C 之间的一座山头,科学上称之为势垒,要实现不同稳态的转换,系统必须能够越过势垒,可见,这类不稳定定态对系统运行演化的重要意义,其作用相当于地面上的分水岭。有一种称为鞍点的不稳定定态,如同一副马鞍中央的那个点，从前后看位于抛物线的最低点，是稳定的；从左右看，位于抛物线的最高点，是不稳定的。图 20 - 4 中的 O 点是鞍点在系统相图中的表示，它既有稳定的一面，又有不稳定的一面，故整体上是不稳定的，这个特点使鞍点在系统演化中扮演特殊的角色。

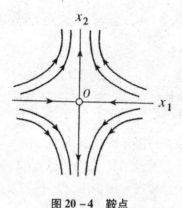

图 20 - 4　鞍点

　　但只有在稳定定态下运转的系统才可能实现其目标，发挥其功能，故只有稳定定态才能作为系统要趋达的终态。所以，动态系统理论关注的核心是系统的稳定定态，研究不稳定定态的目的是为了研究和把握稳定定态。人们把稳定定态称为系统的运动体制，迄今已认识的共有四种：（1）平衡态或平衡运动体制，系统保持在某个平衡态上，通俗地讲，即"待着不动"；（2）周期态或周期运动体制，系统按照确定的周期来回振荡，通俗地讲，即"沿固定的圈子绕行"；（3）准周期态或准周期运动体制，即几种不同周期的周期运动叠加在一起所形成的复杂运动体制，难以给出直观形象的说明；（4）混沌态即混沌运动体制，将在第 25 讲中讨论。

　　线性动态系统可能没有稳定定态，至多有一个稳定定态，故不可能出现稳定性的交换，即原来的稳定态失稳而让位于另一稳定态。同一个非线性动态系统可能有两个或多个稳定定态，在演化过程中将发生稳定性的交换。图 20 - 3 中的小球系统就具有两个稳定定态 B 和 C，还有一个不稳定定态 A，称为双稳态系统。在足够大的扰动作用下，小球系统可能离开原稳态 C（或 B），越过势垒 A 而到达新稳态 B（或 C）。这是最简单的多稳态系统，两个稳态都是平衡态。一般非线性动态系统可能同时存在不同类型的定态，如平衡态和周期态，或者还有准周期态、混沌态，可能发生平衡态和周期态之间的稳定性交换，或者周期态和混沌态之间的稳定性交换，等等。

　　现实世界存在大量双稳态系统。美国的两党制就是政治系统的双稳态，民主党执政或共和党执政是它的两个稳定定态，每隔四年进行一次选举，就是在这两个稳态中重新做出选择，相当于图 20－3 的小球系统在 B 和 C 中进行选择。人的心理活动也是非线性动态系统，常常出现双稳态。中国古典诗词有豪放派与婉约派之分，代表阅读心理活动系统的两个稳定态。毛泽东在谈到自己的审美体验时曾说："读婉约派久了，厌倦了，要改读豪放派。豪放派读久了，又厌倦了，应当读婉约派。"这也是一种双稳态系统，系统在两个稳态之间反复进行选择。朋友，请回忆一下你自己的生活经历中有过哪些双稳态。

20.4　吸引子与目的性

　　行为的自觉目的性是人类的特点和优点，这使得人们一直都把自觉性和目的性联系在一起，以为自觉性是目的性概念的必要内涵之一，所谓目的或目标，无非是人们有意追求的未来状态，没有自觉性的存在物都没有目的性。基于这种理解，伽利略、牛顿以来数百年的自然科学都排斥目的性概念，视之为非科学的术语，断言自然科学研究对象的行为都没有目的性。西方国家盛行的目的论，如宣传上帝造出老鼠是为了让猫吃之类说法，都属于唯心论和宗教神学的反科学说教，更从反面促使人们把目的性排除于科学概念体系之外。

　　现代科学包括数学的发展逐渐使人们认识到，目的性概念未必一定跟自觉性联系在一起。应当把目的性分为两种，一种是非自觉的目的性，一种是自觉的目的性。两者的共同之处在于：目的是系统的一种未来状态或状态集合，即目的态。目的性的本质内涵有三点：一是吸引性，被当作目的的未来状态对系统的其他状态有吸引力，系统不达目的不罢休；二是可达性，这种未来状态是系统经过运动演变可以达到的，不可能达到的状态不是目的态；三是稳定性，系统一旦达到目的态，它就不会轻易离之别去，而会显示出保持目的态的趋势或力量。任何系统，不论无生命的还是有生命的，人类主导的还是与人无关的，只要存在符合这三条要求的可能状态，它就具有目的性，该状态就是系统的目的态。所以，目的性并不神秘，它是动态系统的一种客观属性。回头想想，我们人类的目的性不也具备这三个特征吗？

　　系统科学发现、并且可以用数学手段证明，存在满足上述三个条件的状态是动力学系统的通有特性，即动态系统一般都存在目的态，在数学上叫作吸引子。具体的系统形形色色，它们的目的态也千差万别，但在数学形式上无非四种吸引子：不动点，极限环，环面，分形。它们分别对应于四种运动体制：平衡态，周期态，准周期态，混沌态。研究吸引子的定义、特性、形成条件、变化规律等等，构成非线性动力学的吸引子理论，是现代科学中十分诱人的内容。从吸引子理论看，线性系统的平庸之处在于它们只有不动点一类吸引子，目的性行为简单、贫乏。非线性系统原则上具有各种类型的吸引子，目的性行为丰富多样。

人类的目的性比一般系统的目的性增加了一个内涵，就是自觉性，因而内容更丰富多彩；但也增加了不确定性和主观性，也复杂化了。人在行动前总是先明确目标，从11讲到17讲所述各种系统理论都强调这一点。这往往使人的目的性带上主观性，一种主观上强烈吸引人的未来可能状态常常被当成追求的目标，而实际上未必具有可达性，有时可能仅仅是一种一厢情愿的主观愿望，付诸行动以后才发现它缺乏足够的实现可能性，甚至完全不可能实现，不得不半途而废，重新确定目标，结果造成重大损失。自觉的他组织的固有缺陷与此有关，他组织活动奉行的理论、计划、方案等是否具有可达性，须在实践中检查、修正、补充，甚至须推倒重建。从历史大尺度看，社会主义运动是一种自组织过程，但它在不同阶段中都是由一定社会力量通过自觉的他组织来进行的，各依一定的理论、计划、方案行动，既取得一定成果，又暴露出种种缺失而不得不加以修正，被后继者取代，提出新的行动理论、计划、方案，并付诸行动。如此反复发生，致使200年来的世界社会主义运动呈现为一种曲曲折折的非线性过程，此乃社会系统固有的非线性使然；未来还会出现何种曲折，今天的人们仍然不可能完全看清楚。社会主义建设也是一种非线性动力学过程，其复杂性在人类历史上是空前的。

20.5　分岔与多样性

为什么同一环境中产生发展起来的不同系统之间有那么多差别？为什么同一系统在不同空间或不同时间表现出不同的行为特性，有时还有质的差别？系统的这种多样性的产生根源、形成机制、演变规律等等，是动态系统理论研究的另一个诱人的方面。

系统的外部环境具有多样性。既然环境有塑造系统的作用，环境的多样性必定是系统多样性的重要根源，这已无须多言。我们更关心的是系统自身。非线性动力学揭示，系统造就多样性的内在机制之一叫作分叉。系统出现分叉的内在根源，分叉产生的内在机制，分叉的特征、性质和类型，分叉对系统行为特性的影响，面临分叉时系统如何选择等，研究这些问题形成分叉理论。线性系统也有分叉，但十分平庸，不使用分叉概念就可以说明一切问题，而非线性系统的大量关键性问题须用分叉概念才能说清楚。

现实世界广泛存在分叉或分支现象，道路有分叉，树木有分叉，家族有分叉，学科有分叉，思想有分叉，等等。从这些司空见惯的现象中大体可以了解分叉概念的内涵。非形式地说，如果系统在状态空间的某一处出现两个或多个可能的行动方案或路线，需要做出选择，就说系统面临分叉，出现分叉的地方叫作分叉点。俗话说的"分道扬镳""你走你的阳关道，我过我的独木桥"，都是人生历程中存在的分叉现象。人的一生要经过数不清的分叉点，考大学面临选择学校的分叉，就业面临选择职业和单位的分叉，等等。

运行中的系统一旦走到分叉点，就面临着走哪一条分支路线的选择问题。没有做出选择之前，走不同道路的可能性一般不相上下，亦即具有对称性，选择就是要打破这种对称性，发生对称破缺，故称为对称破缺选择。在图 20 – 5 的分叉中，λc 代表分叉点，在 λc 之前系统行为只有一种可能，无所谓选择；在 λc 之后系统行为有两种对称的可能选择，或选择上枝 b_1，或选择下枝 b_2。注意，这里讲的对称性是价值中性的，仅仅指实现可能性相同，并非说不同道路的选择对系统具有相同的价值、意义、功能；相反，不同道路对系统的价值、意义、功能一般都不同，甚至有天壤之别。正因为如此，系统在分叉点上如何选择至关重要。在一定意义上说，人生就是分叉和选择，人生的成败在于能否把握分叉点，做出正确选择。读者朋友们，大学毕业意味着你们走到人生的一个重大分叉点上，你做好准备了吗？

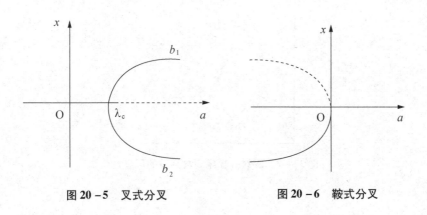

图 20 –5 叉式分叉   图 20 –6 鞍式分叉

　　在分叉点上，人或者是通过理性思考作出选择，或者是碰运气式的选择。一般系统如何选择？非线性动力学发现有两种基本方式。如果环境中存在某个强有力因素，能够影响系统的选择，就称为诱导性对称破缺选择。另一种方式是靠偶然因素的触动，称为偶然性对称破缺选择。人靠碰运气做出选择属于后一种方式，所谓理性思考的选择也难免有偶然因素。可见，偶然性对称破缺选择是更基本的方式。在非分叉点上，偶然性对系统行为只有扰动作用；在分叉点上，偶然性对系统的选择具有决定性作用；而一旦做出选择，偶然性就转化为必然性。1991 年，俄罗斯政坛选择了叶利钦有相当的偶然性，但既然选择了叶利钦，他的理念、性格、作风等因素（它们对于社会系统的历史发展是偶然因素）就通过总统的权力运作在其任内成为决定俄罗斯国家行为的必然因素之一，导致苏联解体这种重大事件。分叉理论以数学的严格性使人们看到偶然性是如何转化为必然性的。

　　分叉这种动力学现象有多种不同式样，图 20 – 5 所示为叉式分叉，图 20 – 6 所示为鞍式分叉，都是最简单的分叉类型。同一非线性系统可能存在多个分叉点，在其生存、发展、演变的全过程中出现多次分叉选择，多次把偶然性转化为必然性。图 20 – 7 示意了多次分叉给一个系统带来的多样性和历史性，欲理解系统的现在，必须查明它是沿着怎样的历史路径演变过来的。过去人们只承认人类社会具有历史性，实际上一切系统都具有历史性，而历史性必然给系统带来特有的多样性和复杂性。图 20 – 7 所示为单一参量系统的分叉，实际系统是多参量的。现实世界是由无数性质不同的非线性系统构成的，各有自己的分叉系列和历史沿革。这几方面综合起来，将产生怎样的多样性和复杂性，可想而知。

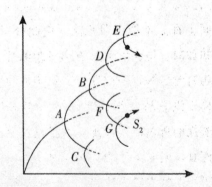

图 20 – 7　逐级分叉系列与系统的历史性

20.6　永恒的新奇性

　　非线性有强弱之分，非线性弱到极限，或者说弱到可以忽略不计的程度，就是线性。所以说，线性是非线性的极限形态，或简化形态。世界本质上是非线性的。在一定意义上可以说，非线性创造了一切。非线性世界具有无限的多样性、差异性、可能性、奇异性。由于无所不在、无奇不有的非线性，不论是某个领域，还是整个现实世界，都呈现出永恒的新奇性，简称恒新性。你看我们的世界，科学、技术、工程、文化、经济、政治等等，都称得上日新月异，正应验着两弹元勋彭桓武"日新日新日日新"的联语。其实，人生的乐趣，工作的价值，发明创造的魅力，就在于存在非线性和恒新性；如果现实世界是线性的，不同时刻、不同地点的生活、工作都雷同，人生就索然无味了。

　　科学理论的实用价值首先在于对系统的未来作出预测。线性系统在空间上和时间上都一览无余，具有完全的可预测性。非线性系统在空间上和时间上都远不能一览无余，由此处不足以推知彼处，由此时不足以推知彼时。恒新性连通着不可预测性。牛顿没有预料到爱因斯坦提出相对时空观，爱因斯坦没有预料到美国在长崎和广岛投掷原子弹，马克思没有预料到十月革命，列宁没有料到苏联会在 70 年后解体，等等。看透了封建制度腐朽性和没落性的曹雪芹，预感到处于乾隆盛世的清王朝如同贾府一样会盛极而衰，同时，又发出"无才可去补苍天"的浩叹，因为他并未看到中国社会的出路在哪里，无法给极端厌恶仕途经济的贾宝玉等读书人指出一条可行的出路。这一切都是合乎客观规律的，不可避免的，因为非线性动态系统具有不可预测性的一面，最伟大的人物也不能洞察一切，最深远的预测也只在一段时间内有效。

　　但我们也反对简单地说非线性系统具有不可预料性，正确的提法是预测的不完全性。非线性系统有不可以预测的一面，也有可预测的一面，时间越短的预测越容易准确，即使随机系统也有统计意义上的可预测性。人们既要致力于对未来进行预测，避免盲目行动，又要明白自己预测能力的有限性，准备随时检验、修正自己的预测，提出新的预测。朋友，当你批评前人预测不准、犯了主观主义错误时，自己要客观一些，谦虚一些，对前人多一些理解，也许你的批评比前人更加主观得多。

第 21 讲

耗散结构论

基于现代科学基础理论的自组织理论研究，无论从提出的时间先后看，还是从其科学思想的深度看，都应该从耗散结构论讲起。

21. 1 普利高津和耗散结构论

伊·普利高津是比利时物理学家、化学家，他以近平衡态热力学为切入点，通过证明最小熵产生定理，在科学界崭露头角。进而转入研究远离平衡态的物理现象，发现耗散结构，建立了著名的耗散结构理论，并由此获得诺贝尔奖。论文集《普利高津与耗散结构》（1982）收录了他创立耗散结构理论的重要文章。在从事科学研究的 60 年中，前 30 年的普利高津是物理学家，后 30 年的他主要是复杂性科学家，由他领衔的布鲁塞尔学派是世界复杂性研究的重要开辟者之一。这一转变始于 20 世纪 70 年代中期，《从混沌到有序：人与自然的新对话》（1984）是完成转变的记录。他们的主要著作还有《从存在到演化》（1980），《非平衡系统的自组织》（1977），《探索复杂性》（1987），《确定性的终结》（1998），都已译成中文，在我国、特别是系统科学界产生了广泛而深远的影响。

从译成中文的著作看，普利高津自己从未把他的理论跟系统科学联系起来，耗散结构论是一种物理学自组织理论。在多种自组织理论中，特别是跟哈肯的理论相比较，耗散结构论带有更多的物理学脚手架，一些重要概念如超熵产生等很难进入系统科学的概念体系，理论的定量化、数学化描述不足，故普利高津的耗散结构论还不属于系统科学。但普利高津对自组织运动的科学思想和哲学思想的阐述，即本讲后四小节讨论的内容，其深刻性和普适性是其他自组织理论比不上的。耗散结构是普利高津贡献给系统科学最重要的概念。

普利高津是通过耗散结构论走向复杂性研究的。在他之前，科学界普遍认为无生命系统是简单的，复杂性只出现在生命层次以上的领域。这也是物理学和生物学之间的鸿沟难以填平的原因之一。普利高津的探索表明，像天上的云街、地上的湍流之类物理耗散结构是自然界进化出来的"最小复杂性"，有了这种最小复杂性，自然界后来再进化出生物机体这种耗散结构所具有的高级复杂性，进而又进化出心理、意识、社会这些更高级的复杂性，就是顺理成章的事情。耗散结构的发现使人们看到大自然从简单到复杂自组织地发生和发展所走过的阶梯，这就给填平物理学和生物学之间那条鸿沟开辟了道路。

普利高津对复杂性研究的贡献主要不是实证性的，而是思想性的，他是迄今为止影响最大的复杂性思想家。其核心观点是：复杂性是自组织的产物，简单性经过自组织运动产生出复杂性。鉴于复杂性科学与系统科学的密切关系，普利高津在复杂性研究方面的成就也成为系统科学发展的宝贵资源，受到系统科学界的重视，耗散结构论经过进一步提炼，去掉物理学脚手架，就可以成为系统科学的组成部分。

21.2 典型系统：贝纳德流

1900年，法国物理学家贝纳德做了如图21-1所示的一项流体实验，容器的上下面为平板，平板的尺度比上下面之间的距离大得多。令 T_1 记液体下层的温度，T_2 记上层的温度，

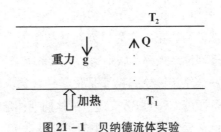

图 21-1　贝纳德流体实验

$\triangle T = T_1 - T_2$ 记温差。开始时 $\triangle T = 0$，由于下面加热而产生温差 $\triangle T > 0$，出现从下到上的热传导 Q，但无热对流，液体仍保持静止的平衡态。随着温差 $\triangle T$ 逐级增大，一旦达到临界值 $\triangle T_c$，即 $\triangle T \geq \triangle T_c$ 时，液体突然出现宏观规模的上下对流，形成一连串彼此相邻的如图21-2所示图案，十分规则有序，称为贝纳德花纹。图（a）是从上面观察看到的花纹，呈六角形圆胞状。图（b）

是从竖剖面看到的对流线。每个圆胞内的液体分子从下向上流动,然后受重力作用顺边沿落下。类似的现象人们在日常生活中都见过,如水烧开时呈现滚动的水泡,俗话称为滚水,也是壶水加热到临界点时出现的宏观对流运动。

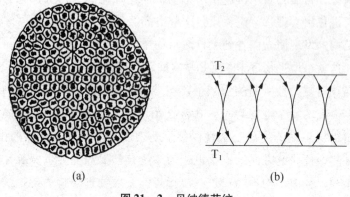

(a)   (b)

图 21-2   贝纳德花纹

耗散结构是相对于平衡结构而言的。一种结构如果需要在系统跟外部环境没有物质能量交换的条件下才能维持,就是平衡结构;如果一种有序结构的形成和保持必须通过不断耗散能量,即跟环境交换能量才能实现,就称为耗散结构。水壶中的滚水和贝纳德花纹都是耗散结构,温差为零时系统是平衡结构,温差非零但小于临界值时系统是近平衡结构。

在大约半个世纪中,由于未获得科学的解释,贝纳德花纹一直没有引起重视。普利高津发现,这是一种典型的物理耗散结构,属于流体系统在远离平衡态下自组织产生的有序结构。由于耗散结构的各个主要特征都可以在贝纳德流中观察到,普利高津把贝纳德花纹作为研究耗散结构的典型系统,反复从贝纳德流中获取灵感,许多理论结果都要联系这一典型系统来思考。

耗散结构论的另一个经常讨论的模型是化学钟现象。最著名的是苏联科学家在实验中发现的化学振荡,称为 BZ 反应,液体周期性地改变颜色,从红色到蓝色,又从蓝色到红色,反复进行。由于类似于钟表运转,故称为化学钟。

21.3   开放与耗散是自组织的必要条件

贝塔朗菲虽然提出开放性理论,但他主要基于对生物宏观现象的经验性概括,没有给出基础理论的论证,因而不够深刻。填补这一空白的主要是普利高津，他根据熵是系统混乱程度的度量这个科学共识，奠定了开放性理论的物理学基础。

系统的运行演化一般都伴随着熵的变化，记作 dS，称为总熵变。物质系统内部必有热运动，热运动必定产生正熵，记作 d_iS，称为熵产生。开放系统跟环境之间存在熵交换，或称熵流，记作 d_eS。系统的总熵变等于熵产生与熵交换之和，由是得到系统的总熵变公式如下：

$$dS = d_iS + d_eS \qquad (21-1)$$

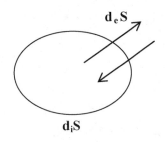

图 21 – 3　开放系统的熵变化

自组织的产生和发展过程是一个减熵增序的过程，必须满足条件

$$dS < 0 \qquad (21-2)$$

系统的自我维持至少应该满足条件 dS = 0。但热力学断言，熵产生 d_iS 必定是非负数，

$$d_iS \geqslant 0 \qquad (21-3)$$

如果系统不开放，即跟环境没有熵交换，即

$$d_eS = 0 \qquad (21-4)$$

则

$$dS = d_iS \geqslant 0 \qquad (21-5)$$

此时的总熵变完全取决于熵产生，系统没有发生减熵过程，因而不会出现自组织。这就表明，系统只有对外开放，从环境中吸取负熵，才可能出现自组织运动。但开放系统的熵交换 d_eS 不仅有数量大小的差别，而且可正可负，跟外界交换所得到的也可能是正熵，

$$d_eS \geqslant 0 \qquad (21-6)$$

这样的对外开放不仅不能增加系统的有序性，反而增加了正熵，系统更加混乱。

晚清的中国沦为半殖民地半封建社会就是典型，国门被列强用武力打破，任由人家欺凌，一股正熵流强行涌入，其后果中国人是永世难忘的。

即使开放后系统从外部吸取的是负熵，如果数量太小，$|d_eS| < d_iS$，不足以抵消内部的熵产生 d_iS，系统仍然不会发生自组织。只有正确的开放，而且开放程度足够大，即熵交换 d_eS 为负熵，且满足关系 $|d_eS| > d_iS$，使得

$$dS = d_iS + d_eS < 0 \qquad\qquad (21-7)$$

即总熵变小于 0，系统才能发生自组织，或者从无组织演化到有组织，或者从低序的组织演化到高序的组织。

在物理学中，一个系统从外部环境中吸取高品位物质、能量来组织自身，再把低品位能量排放到环境中，叫作耗散。物理学传统观点认为，系统耗散物质、能量是一种负面的、消极的现象。耗散结构论对此种认识提出挑战，断言耗散也可能是一种正面的、积极的现象。没有物质、能量的耗散，不仅没有生命、社会之类有序结构，就连云街、开水之类有序结构也没有。无论是自然界还是社会，唯有能够耗散物质、能量的系统才是呈现"活性"的系统，物能耗散是最低的活性，生物、社会都是不断耗散物能的活系统。耗散结构理论由此沟通了无生命和有生命两大领域，揭示出它们的共同点是对外开放，通过耗散物能而自行组织起来。洛特卡指出，自然选择将优待较大能量的消耗者。阿丹斯认为："那些在消耗更多能量中相继发生的结构，只要维持着足够用的能量，它们将胜过那些消耗较少能量的结构。"生物的耗散能力高于非生物，动物的耗散能力高于植物，高等动物的耗散能力高于低等动物，人类的耗散能力高于一切事物，建立了人类特有的文明，都说明这一点。就人类社会而论，农业文明高于采集—狩猎文明，工业文明高于农业文明，都在于前者的耗散能力比后者的耗散能力高得多。

在系统科学中，所谓"耗"就是利用和耗费环境的物质的、能量的、信息的资源和营养，所谓"散"就是向环境排放自身产生的物质的、能量的、信息的废料，耗散意味着系统与环境处于相互作用中，不断交换物质、能量、信息。任何系统都是在这种耗散过程中发生、发展和转化的，整个大自然是在宇宙演化中形成的复杂耗散链条、耗散环路、耗散网络，使资源在多样复杂的循环流动中得到充分利用。但耗散结构论只从正面评价耗散现象，这也带来片面性，工业文明在短短几百年中既创造出极大的财富，同时，也使人们感受到自然资源枯竭、生态环境破坏的严重威胁。它告诫人类，单纯按照耗散物质能量的大小来衡量系统生命力强弱的观点是错误的，人类对物质能量的耗散必须有所节制，节约和保护环境资源是文明行为，浪费和破坏环境资源是反文明行为，人

类应该致力于提高物质能量的循环利用率。

21.4　远离平衡态是耗散有序之源

　　一直到 20 世纪上半叶，物理学界都偏爱平衡态，认为有序就是平衡，偏离平衡就是对有序的扰乱和破坏，非平衡态就是无序态。这种习惯性偏见使科学家拒绝考察远离平衡条件下的系统，一直不能理解生命和社会这种高级有序性的本质和来源，无法填平物理学和生物学之间的鸿沟。这种观点有广泛的影响，如经济学中风靡数十年的均衡理论把平衡态当成经济系统运行的理想状态，力求避免出现非平衡。

　　普利高津登上物理学舞台之时，热力学已开始注意近平衡态的研究，他证明的最小熵产生定理是近平衡态热力学最重要的成果之一。这个定理断言，系统在近平衡条件下也有定态，即最小熵产生的态，它跟平衡态没有原则的区别，故生命机体和社会组织不可能是近平衡定态。经验告诉人们，生命机体、社会组织都是远离平衡的系统，一旦进入平衡态，就意味着死亡的到来。贝纳德流表明，$\triangle T = 0$ 是平衡态，$0 < \triangle T < \triangle Tc$ 是近平衡态，流体运动和平衡态在定性性质上没有区别，不可能出现高级有序的耗散结构；只有当 $\triangle T \geqslant \triangle Tc$，即离开平衡态足够远时，系统才能够出现非平衡相变，形成有活性的耗散结构。可见，存在两类非平衡态，一类是接近平衡态的非平衡态，叫作近平衡态，另一类是远离平衡态的非平衡态，叫作远平衡态。

　　为什么近平衡不会出现耗散结构，而远平衡态必定出现耗散结构？这要从系统内外两方面找原因。仍考察贝纳德流。从外部看，如果环境的非平衡约束即温差 $\triangle T$ 不够大，流体系统只需有热传导这种小变革，无须发生定性性质的改变，液体只有平流，没有上下对流，就可以维持跟环境相适应。一旦外部约束达到临界点，即 $\triangle T \geqslant \triangle Tc$，仅仅热传导不再能够使系统跟环境约束相适应，只有出现贝纳德花纹式的热对流，系统才能够达到跟环境重新适应的状态。平衡态代表零约束，近平衡代表小约束，远平衡则代表性质不同的大约束，是产生耗散结构的外部条件。

　　更重要的原因在于系统内部的非线性机制。设系统的特性用可微函数 $y = f(x)$ 来描述，x_0 是系统平衡态，$\triangle x$ 是对平衡态的偏离，$\triangle x$ 对系统性能 y 的影响是非线性的。在平衡态附近将 $f(x)$ 按泰勒级数展开，得

$$y = f(x + \triangle x) = a + b\triangle x + h(\triangle x) \tag{21-8}$$

y 是 △x 的非线性函数，△x＝0 是平衡态，△x≠0 是非平衡态，h（△x）是△x 的高次项，即泰勒展开式的非线性项。当△x 足够小（系统处于近平衡态）时，非线性的影响 h（△x）是可以忽略不计的扰动，y 由线性项 b△x 决定，不可能对平衡态产生显著影响，系统具有近平衡结构。这又一次证明，线性相互作用不可能创造新的自组织结构。但随着△x 的增加，非线性因素的作用也在增加，一旦增加到足够大，即越过临界点到达远离平衡态时，线性项 b△x 的影响将降低到次要地位，系统特性主要由非线性项 h（△x）来决定，系统内部就会自组织地形成耗散结构。所以，非线性才是系统产生耗散结构的内在根由。

耗散结构的产生也是自组织与他组织相结合的结果，非零温差之类的外部约束是他组织力，系统内在的非线性相互作用是自组织力。在贝纳德流中，温差是实验者从外部加热造成的，但实验者并未下达把液体分子按照六角形花纹的模式组织起来的指令，这种指令信息是液体分子之间非线性相互作用自发形成的。尽管我们目前还不能详尽描述系统的这种内在机制，但可以肯定的是，除了组分之间的非线性相互作用，没有任何其他原因。总之，随着环境约束这种他组织力逐步增大把系统推向远离平衡态，使系统内在的非线性因素逐步释放出来，被逐步放大到系统能够按照耗散结构的模式自行把巨量微观组分组织起来。没有足够大的外部约束不足以把系统推离近平衡态，没有足够强的非线性相互作用不足以把微观组分自行组织起来。下图概述了热力学系统演化行为的几个要点。

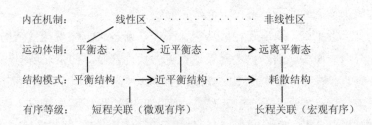

图 21－4　热力学系统演化行为基本要点

21.5　涨落导致有序

系统内外那些能够对系统行为特性造成影响、但没有规则、无法预料的各种波动因素，统称为涨落。定量地看，系统的特征量、性能参量等在现实环境中总处于波动之中，一般考虑的是其平均值，同时根据实际值在平均值附近的分布，加以适当修正。这些特性参量实际取值对平均值的偏离，就叫作涨落。有各种类型的涨落，按其规模划分，有小涨落、大涨落、巨涨落；按其来源划分，有外涨落和内涨落。

存在涨落是客观的，实际的系统在存续运行中都会遇到涨落。涨落的特点为忽大忽小，随机生灭，飘忽不定，是系统产生不确定性的重要根由。所以，系统的分析、综合、设计、操作等等都必须考虑涨落因素。偏爱平衡态必定厌恶涨落，视涨落为纯粹的消极因素，因为涨落总是导致系统偏离平衡态。如果从演化的角度看问题，涨落并非必定是消极因素，它也可能是积极因素，要看其性质、特点和发生的条件等。在平衡态附近，涨落表现为对系统的扰动，是有序性的破坏者。然而，当系统处于远离平衡态的条件下，涨落就显示出非常积极的作用：它也是系统有序性的建设者，仅仅有内在的非线性因素，没有涨落，系统仍然不能最终形成耗散结构。

仍讨论图20-3所示的系统。A代表横亘在B和C之间的势垒，B、C都是稳态，系统要从一个稳态过渡到另一个稳态，就需要有足够大的涨落使它远离当前的稳态，越过势垒A。普利高津发现，近平衡态的系统仅仅具有使涨落衰减的机制，远离平衡态的系统才具有使涨落不断放大的机制，一直达到能够使系统越过势垒的巨涨落。基于这个原因，耗散结构论提出"涨落导致有序"的重要结论。

不妨以社会政治系统为例来讨论。政治是一种具有多个稳定态的动力学系统，系统如何在多个稳定态中进行选择，如何实现不同稳态之间的转变，大有讲究。传统社会的政权更迭往往依靠民众的街头暴动或上层政变来实现，这在今天的世界上仍然屡见不鲜，如近年来西方在发展中国家导演的"颜色革命"。这也是巨涨落导致的稳态交换，但常常伴随着血雨腥风，给社会系统造成过分的消极后果。不过，现代社会也创造了以民主方式实现政权更迭（稳定性交换）的理论和制度模式，以科学的眼光看，其机制也在于涨落导致有序。以美国为例，每四年换届一次，展开激烈的选举战，相互攻击、揭短，形成不同社会巨涨落相互较量的局面，最终实现政权的和平更迭。由于制度化地利用涨落来实现双稳态系统的稳态交换，政权更替总体上是有序平稳进行的，因而显著降低了社会成本。当然，这种模式从来都不是完美的，而且随着信息化、全球化的发展，过去被遮蔽的某些弊端开始暴露出来。例如，选举中的政策承诺当选后不予兑现（欺骗性），以国内民主支持国际独裁，用发动侵略战争转移选民视线，等等。这提示我们：简单照搬美国政治模式于文化传统迥异的中国是不可取的。

有序的耗散结构是靠巨涨落实现对称破缺选择而确立的，耗散结构是稳定下来的巨涨落，是涌现出来的宏观整体有序结构，即大量微观组分协同动作的相干态（如每个贝纳德花纹）。普利高津把结构、功能、涨落三者的相互作用视为自组织的基点，由此导致"通过涨落的有序"之类极其意外的现象，并用下图高度概括了耗散结构论的基本思想：

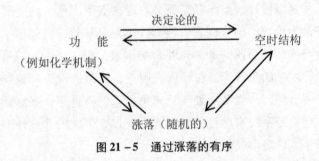

图 21 - 5　通过涨落的有序

普利高津认为，功能、结构、涨落的相互作用是理解社会结构及其进化的基础。"社会功能像一个机器，代表着各个非稳态之间的决定论的周期，而且社会像是被一些发生在非稳定点上的'关键的事件'（例如'大人物'）所统治。远远不是反对'偶然性'与'必然性'。我们看到这两个方面对于描述远离平衡的非线性系统来说都是基本的。"

21.6　不可逆性与复杂性

一滴墨汁滴入水中会自动扩散开来，扩散开的墨汁却不可能自动聚集起来。我们看惯了"高堂明镜悲白发，朝如青丝暮成雪"，却从未见过"暮如霜雪朝复青"。事物的这种只能向某个方向自发进行而不能向相反方向自发进行的过程，叫作不可逆过程，相关的属性叫作不可逆性。现实世界既存在可逆过程（如物理摆的运动），更存在不可逆过程，但不可逆过程是基本的，可逆过程是其特例，即那些不可逆性弱化到允许忽略的真实过程的理论抽象。

经典科学把不可逆性视为纯消极因素，因为不可逆过程必定伴随着能量耗散，把高品位能量转化成低品位能量。例如，马达开动意味着包含高品位能量的汽油部分地转变为使马达升温而被浪费的热能。又如，电视机一打开，高品位的电能就开始部分地转变为无用的热能。这些随处可见的现象，使人们把耗散能量视为应当极力避免的消极因素。普利高津从耗散结构中发现，这也是经典科学带来的片面认识；从耗散结构的产生和维持来看，物能耗散具有非常积极的作用。

可逆性意味着，一个过程向未来看与向过去看没有区别，这同历史观相抵触。不论宇宙星球还是我们的地球家园，不论生物还是人类，不论科技还是文化，都有它们的历史，而一切历史都是从过去走向未来的不可逆过程。不可逆性的积极意义在于，只有它能够使过去与未来发生对称破缺，给时间以方向。所以，不可逆性是相干的源泉，有序的源泉，组织的源泉，"不可逆过程在物质世界中起着基本的建设性的作用"。目的性、方向性、组织性、演化性、秩序性、复杂性都跟不可逆性不可分割地联系在一起。

普利高津是最早提出复杂性科学这个概念的少数学者之一，并且对复杂性科学的起源、社会文化环境、学科性质、研究对象和方法等都有所论述。尽管许多见解难以被学界广泛接受，作为开拓者的功劳是不可磨灭的。

自韦弗 1948 年提出研究复杂性的科学任务之后，响应他的基本上是应用科学家，理论层次不高。普利高津是基础科学层次上复杂性研究的主要开拓者，至少表现在三方面：（1）他提出了复杂性研究的大量深层次问题，如复杂性的诞生，复杂性的普遍性，复杂性的动力学基础，复杂现象的随机特征，复杂性的识别等。（2）基于非线性动力学和非平衡态物理学，用不稳定性、多定态、分叉、对称破缺选择、长程秩序等概念刻画复杂性。（3）提出一系列属于基础科学层次的观点，如自组织使人们可以设想复杂性如何在自然界出现；当具有适当条件时，复杂性是物理学规律的一个必然结果；可积系统不可能是复杂性的发祥之地；复杂性的起源只有通过不可逆性才能理解，等等。这一类内容，在同一时期复杂性研究的其他代表人物那里基本看不到。

普利高津对复杂性科学的另一项贡献是，他第一次系统地梳理了复杂性科学的概念体系，称为"复杂性词汇"，主要是：非线性、非平衡、近平衡、远平衡、自发性、突变、涨落、自组织、耗散结构、信息等。系统科学现有分支学科运筹学、控制论、系统工程等对复杂性概念体系的阐述比较肤浅，经过普利高津、哈肯、托姆、艾根等人的努力，这些概念才开始上升到基础科学层次，成为复杂性研究的强有力武器。

第 22 讲

协同学

协同学是基于理论物理学建立的另一个自组织理论，虽然诞生略晚于耗散结构论，但它明确区分了自组织与他自组织，以研究自组织运动为理论目标，要早于耗散结构论。

22.1 哈肯与协同学

协同学的创始人哈肯是德国科学家，物理学和数学双博士的获得者。哈肯早期从事激光研究，做出重要贡献，于 20 世纪 60 年代提出的激光理论至今仍然被应用。哈肯在这一研究中发现，在激光形成的背后隐藏着某种更深刻更普遍的科学原理，即关于物质系统从无序自行产生有序的一般规律。在完成激光理论之后，他转而研究一般物质结构形成、演变的问题。如哈肯自己所说："我们要用协同学探讨一下：尽管自然界出现千姿百态的不同结构，是否可能找出统一的基本法则，并据此理解结构是怎样产生的。"这一努力的结果，就是著名的协同学问世。他的有关著作，如《协同学导论》（1976），《协同学：自然成功的奥秘》（1981），《高等协同学》（1983），《信息与自组织》（1987），《协同学讲座》（1987），《协同学：理论和应用》（1990），《协同计算机和认知：神经网络的自上而下方法》（1991），《大脑工作原理：脑活动、行为和认知的协同学研究》（1995），都已译成中文。此外，反映哈肯学派成果的著作还有韦德里希和哈格的《定量社会学》，迈因策尔的《在复杂性中思维》，也先后译成中文。就其在中国产生的影响而论，只有协同学可以跟耗散结构理论相媲美。

在理论自然科学和数学基础上建立的多种系统理论中，协同学是定量化描述最成功的一种。高等协同学尤其如此，它基本上拆除了物理学的脚手架，近乎称得上系统科学的著作。或许由于这个缘故，钱学森曾经高度评价哈肯的工作，甚至认为"协同学就是系统学"。另一个值得一提的事实是，在这一批系理论中，协同学最先明确引入自组织概念，试图在统计物理和非平衡态物理学的基础上揭示结构和模式自发形成的科学原理。

在本书介绍的各种自组织理论中，只有哈肯明确承认并充分评价系统科学，同时，把他的协同学算作系统科学。他对中国系统科学的发展给予很高评价："中国是充分认识到了系统科学巨大重要性的国家之一。"哈肯赋予协同学以两层含义。就它的研究对象及其基本原理而论，协同学强调的是大量分系统合作行动以产生宏观尺度上的结构和功能。就学科地位和发展前景而论，协同学本身体现了多种不同学科之间的合作，共同探讨支配自组织的一般原理。所以，哈肯在评价了一系列系统理论后指出："无疑紧迫需要建立一门所有这些不同方面的学科，这门学科是否称为'协同学'，对于学科来说是无关紧要的。但是，这门学科是存在的。"他创建协同学就是继贝塔朗菲之后又一次进行这种学科综合的尝试，对于钱学森后来发起的新一轮学科综合提供了有力的支持。由贝塔朗菲、哈肯、钱学森前后三次进行的大综合，可能是系统科学历史上三个具有里程碑意义的事件，即：

一般系统论——→协同学——→系统学。

22.2 典型系统：固态激光器

协同学研究的是各种不同领域有序结构自组织地形成和演变，所以，普利高津学派研究的对象如贝纳德流、泰勒不稳定性、BZ 反应等等，也都是协同学的研究对象。如果说耗散结构论的模型系统首先是贝纳德流，那么，协同学研究的模型系统首先是固体激光器，哈肯关于自组织的基本思想最早是从激光研究中形成的，在从物理学转向协同学之后，面对新的自组织现象，他总是对照激光器来思考，从激光的形成演变中获取灵感，用激光系统来检验新的科学思想。

图 22-1 所示为一个固态激光器的简化模型。主体是一块具有特定物理性质的棒状材料，两端装有能使光线反射的镜子，形成一个谐振腔，并且和一个外泵源相耦合，以便输入激发能。输入能量使棒状材料中的原子受到激发，围绕原子核旋转的外层电子跑到内层的高能量轨道上，当它们再次跃迁到低能量轨道时，就会释放能量，形成光波。当输入的激发能较小时，这个系统发送出来的光跟一般灯光无异，激光器相当于一个普通灯管。一旦达到某个临界值时，系统发送出来的就是强大的激光。令 G 代表泵源输入能量的功率，实验事实和

理论分析都证明，存在一个临界值 Gc，系统的光学性质在这里发生了定性的改变：

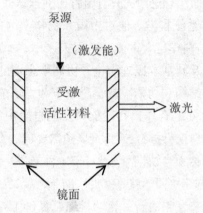

图22.1　固态激光器模型

$$普通光，G < Gc \qquad (22-1)$$
$$激　光，G \geqslant G_c。\qquad (22-2)$$

显然，这个系统无论是发送普通灯光，还是发送激光，从外部向系统输入的激发能起着不可缺少的他组织作用。$G < G_c$ 时这个光学系统处于近平衡态，$G \geqslant G_c$ 时系统进入远离平衡态。两端镜子的作用等于给穿行的光线下达"折返"的强制性指令，出不去的光线只能在装置内部来回穿行，必然发生相干作用，也是一种促使激光形成的他组织作用。但是，二者都只是必要条件，都没有向原子传达如何组织起来形成激光这种耗散结构的指令信息。受激发的原子如何组织起来，原子之间采取何种关联方式，即结构模式，如何从普通灯光转变为激光，协同学就是回答这些问题的。事情只能归结为系统内部的自组织运动，关键还是巨量原子之间的非线性相互作用，自发地形成如何组织原子的指令信息。

22.3　协同导致有序

从阐释激光形成机理到一般地揭示有序结构的自组织原理，哈肯在这一过程中深入审视了达尔文的进化论，将它推广应用于非生命的自然界，以合作与竞争为基本概念阐述系统的自组织运动，称为广义达尔文原则。

设想一个很大的游泳池里有很多人，各行其是，相互碰撞，像煮饺子似的，十分无序。如果管理人员命令所有人都向同一个方向绕圈子游，不一会就会变得井然有序，这是他组织产生的有序结构。如果管理人员并未出面协调组织，但几个泳者带头按照一定方向转圈游，起先周围少数人跟着他们游，再影响更多的人，最后所有人都按照同一方向绕圈子游，这种有序结构就是自组织的产物。不论他组织还是自组织，系统的组分之间相互合作，协同动作，是形成有序结构的关键，而相互碰撞的无序结构在于组分之间没有合作，不能协同动作。现实世界中这类事件很多，哈肯从这里悟出一个有关系统有序结构形成的一般原理，并用它来解释从无序的普通灯光转变为有序的激光的系统机制。

激光是以数量巨大的原子组成的系统，钱学森称之为巨系统。从无序的普通灯光到有序的激光，这个光学系统的组分并未增减更替，差别只在于前者的巨量组分各行其是，互不合作，就好像图 22 - 2 (a) 所示，不同原子步调不一致，整体上杂乱无序，不可能整合成为强大的激光。后者如图 22 - 2 (b) 所示，不同原子相互合作，彼此行动协调配合，步调一致，整体上就会涌现出强大的激光。

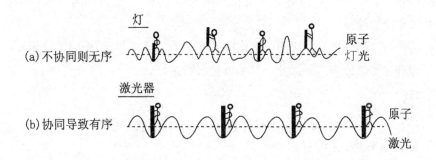

图 22 - 2　从无序的光场到有序的激光

协同学研究的对象都是巨系统，组分可能是原子、分子、细胞、神经元、动物、个人、家庭、公司、学校等，数目极多，规模巨大。任何一个巨系统，如果它的组分各行其是，互不合作，甚至相互拆台，把资源和精力都花费在内耗上，它在整体上必定是无序的，不可能涌现出精良高妙的整体性质、模式、能力。相反，如果巨量组分相互合作，协同行动，互补互惠，就能够形成有序的整体结构，涌现出精良高妙的整体性质、模式、能力。雨后美丽的彩虹，流水中漂亮的漩涡，掀屋拔树的龙卷风，都是物质系统的巨量组分合作协同的产物。人体系统的正常状态是体内所有细胞和器官协同行动的结果，这种协同行动一旦被破坏，轻则生病，重则死亡。社会系统亦然。古代人类由于协同合作而产生语言，建立民族国家，创造出动物社会没有的文明。少数人的创见通过社会机体协同机制的放大而形成支配性的观念形态、思想理论和时尚风气。市场依靠所有公司、企业、顾客遵纪守法地参与其间，才能有序地运转，推动经济发展。总之，协同导致有序，有序需要协同。哈肯把他的理论称为协同学，目的就在于强调系统的有序运行起源于组分之间的协同行动。

协同学强调合作，但并不轻视或否定组分之间的竞争。相反，协同学十分重视竞争在系统自组织运动中的作用。只要是系统，就包含不同的组分或分系统，有差异就有竞争。只要远离平衡态，系统内在的非线性因素就会被充分释放出来，产生各种集体运动模式，如生态系统的新物种，科学研究中的新学说、新学派，经济系统中的新经营模式，政治系统中的新党派、新政纲，等等。为争夺有限的资源，不同集体运动模式必定展开竞争。在竞争中反复发生分化、组合、选择、淘汰，有的模式得到加强，有的模式走向衰落，看似"乱纷纷，你方唱罢我登场"，实际上最终导致一个或少数几个模式获胜，系统便形成与之相适应的宏观有序结构和运行模式。所以，哈肯反复强调协同学理论中包含"集体行为的竞争原则"，或"不可抗拒的竞争原则"，把自组织看成合作与竞争共同作用的结果。

哈肯自己明确表示，协同学理论体系有三个"硬核"，即不稳定性原理、支配原理和序参量原理。下面分三节来讨论它们。

22.4　弃旧图新——不稳定性原理

协同学研究的是系统的自组织演化。以 q 记系统的状态变量，c 记控制参量，F 记随机涨落作用，协同学的基本数学模型是以下非线性微分方程（演化方程）

$$q' = N(q, c) + F \qquad (22-3)$$

其中，q' 为状态变量 q 的一阶导数，N 为 q 的非线性函数。一个简单而内涵丰富的特殊情况，是力学已经透彻研究过的非谐振子，忽略掉涨落项，其非线性动力学方程为

$$q' = -kq - k_1 q^3 \qquad (22-4)$$

以激光系统为例，取光场强度 E 为状态变量，从量子动力学基本原理出发建立系统演化方程，经过一系列简化，得到的就是一个类似的一阶三次非线性

常微分方程

$$E' = (-k+G) q - \beta E^3 + F \qquad (22-5)$$

其中，G 为泵源功率，F 是随机涨落作用。方程（22-5）在协同学中有重要应用。

在控制论、运筹学等系统理论中，不稳定性被视为完全消极的因素，系统的设计、管理、使用都力图避免不稳定性。这种一点论的片面认识长期被系统科学界视为天然合理和普遍适用的。应当说，在技术科学层次上的确如此，因为系统只有保持在稳定运行的状态上，才能谈得上发挥功能。就社会心理而论，一般社会大众都期盼社会稳定和谐，厌恶社会动乱，期盼安居乐业。但在基础科学层次上研究系统，只有破除这一片面认识，才可能理解系统的演化发展。此乃所有自组织理论家的共识，并从各自的角度给出科学的表述。其中，表述得最分明最准确的是哈肯，称其为不稳定性原理。

对于任何一个系统，稳定性是一种保守因素或趋势，稳定性的破坏即不稳定性的出现则代表一种激进的、变革的、有时是破坏性的因素或趋势。从总体上看，两种因素或趋势对于系统的生存发展都是必要的，系统是这两种因素的某种适当的整合或平衡。俗话说，旧的不去，新的不来。就系统演化发展来看，不稳定性是一种非常积极的革命性因素。一种既存的结构框架或行为模式如果没有失去稳定性，新的框架或模式就无法建立。当一种陈旧的框架或模式已经变得不利于系统存续和发展时，就需要出现一种激进的力图变革的力量，把系统推向失稳点，才可能创建有利于系统存续发展的新框架、新模式。这就是协同学第一个硬核不稳定性原理的基本含义，哈肯称为"弃旧图新"。

如何进行稳定性分析，如何寻找失稳点，揭示系统在失稳点附近的行为特性，是协同学理论要回答的重要问题。跟耗散结构论相近，协同学首先关注的也是系统如何走出近平衡态，在何处、以何种方式形成远离平衡态的有序结构。就激光器而言，输入激发能功率小对应的普通灯光是近平衡结构，激光则是远离平衡的结构。假定 E_0 是激光器近平衡态失稳点，$E < E_0$ 都是稳定的近平衡态，如何区别 E 和 E_0？由于稳定性是局部性质，激光器动力学方程的解在 E 和 E_0 必定呈现定性上不同的局部性质。以 w 记系统在定态点附近受到的微小扰动，系统在定态 E 时，小扰动 w 对系统的影响能够逐步衰减，故 E 是渐进稳定的，相当于图20-3中的 B 或 C 点；而在 E_0 处，小扰动 w 将被逐级放大，故 E_0 是不稳定的，相当于图20-3中的 A 点。具体分析方法叫作线性稳定性分析，并不复杂。我们略去数学推导，只给出以下结果（扰动方程）

$$w(t) = e^{\lambda t}v \qquad (22-6)$$

式中 λ 称为特征指数，具有重要意义：当 $\lambda < 0$ 时，随着 $t \to \infty$ 扰动量 w（t）将趋于 0，系统是稳定的近平衡态；当 $\lambda > 0$ 时，随着 $t \to \infty$ 而扰动量 w（t）将越来越大，故 E_0 就是激光系统近平衡态的失稳点，亦即远离平衡态的起点。

从系统演化角度看，不稳定性与稳定性总是内在地相互联系着的，新结构一旦产生就需要稳定性机制发挥作用，否则新结构将昙花一现。所以，稳定性对于新结构的维持和发展又是非常积极的因素。

一般来说，一个非线性动态系统具有不止一个稳定态，每当出现失稳点系统就可能发生结构模式的转变，形成一种不稳定序列，亦即新旧结构反复更替的序列。在贝纳德流中，当温差进一步增加达到第二个临界点时，六角形圆胞式结构失稳，将形成新的耗散结构。在固体激光器中，随着激发功率的继续增加，系统将到达第二个临界点，激光模式失稳，出现脉冲光这种形式的耗散结构；随着激发功率的进一步增大，到达第三个临界点时，脉冲光也失稳，形成纵光这种新的耗散结构。协同学研究不限于系统的某一次失稳，而是系统可能出现的这种不稳定性序列，如下图所示：

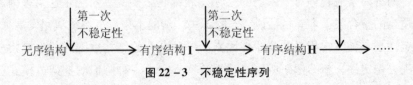

图 22 - 3　不稳定性序列

22.5　静为躁君——支配原理

作为组分之间的关联方式，结构的形成不是外部环境强加给系统的，而是组分之间相互作用的产物。协同学研究的是巨系统，在接近相变临界点的时候，巨量的微观组分之间的相互作用异常活跃、频繁、强烈，其结果，系统中形成各种不同规模的集体运动模式，彼此之间或者相互合作，或者相互竞争，或者既合作又竞争。以人类社会来说，在每一次重大变革转型时期，人们都会看到思想的、经济的、政治的生活中形成大大小小的潮流、集团、派别，即集体运动模式，它们各自实践自己的理念，推行自己的主张。这是社会系统的自组织运动空前活跃的时期，没有这种局面的出现，新结构取代旧结构、新模式取代旧模式是不可能的。但是，如果众多集体运动模式总是不分伯仲，发挥同样的影响，就像每一次社会革命的早期那样，群雄并立，逐鹿中原，系统将一直处于无序状态。只有在反复较量过程中，众多模式经过反复的分化、联合、重组、变革，有的发展壮大了，有的衰弱消亡了，最后在系统中建立起支配—服从的格局，即宏观整体的结构，系统才算是完成了新旧结构的更替。这就是哈肯所说的支配原理。在自然科学中，这叫作归并自由度。

在自组织过程中，哪些变量或模式将被衰减、归并、处于被支配地位？什么样的变量或模式能够最终取得支配地位？协同学提出支配原理回答这个问题。打个粗略的比方，在一个社会群体中，没有城府、直来直去的人常常是被支配者，深谋远虑、不动声色者往往居于支配地位。2500年前的老子已经洞察了个中奥秘，作出"重为轻根，静为躁君"的论断。哈肯依据物理学原理给老子静为躁君的命题以科学的表述。他使用的概念是快变量与慢变量、稳定模与不稳定模、长寿命分系统与短寿命分系统，他的表述是：慢变量支配快变量，不稳定模支配稳定模，长寿命分系统支配短寿命分系统。

事情是这样的。任何系统的内部都有差异、矛盾、不平衡，巨型系统尤其如此。当系统远离临界点时，这种差异、矛盾、不平衡处于被压抑和约束的状况，不可能对系统结构和行为产生重要影响。随着系统运动逼近临界点，这些差异、矛盾、不平衡将被释放出来，一旦到达临界点，它们将被非线性地放大，迅速区分出快变量与慢变量、稳定模与不稳定模，长寿命子系统与短寿命子系统的分野。通过远离平衡态条件下激烈的相互作用，最终形成慢变量支配快变量，不稳定模支配稳定模，长寿命分系统支配短寿命分系统的宏观格局，导致系统以有序结构取代无序结构，或者以新的有序结构取代旧的有序结构。这是因为，在系统进入相变时期后，正是那些突破旧模式、代表新结构的革命性力量（集体运动），即哈肯所谓不稳定模，才是决定系统命运的力量。而那些浮躁冲动、昙花一现或没有活力的集体运动，不过是匆匆而来又匆匆离去的历史过客，是玩弄时尚的泡沫，在历史上不会留下什么足迹。

从数学描述看，协同学系统的基本演化方程（22−3）是向量形式，包含的变量数目极大。就物理、化学系统而言，每个系统都包含数量级在 10^{23} 的分系统，每个分系统往往还有平动、转动、振动等自由度。有多少自由度就需要多少个变量来描述，如此建立的数学模型实际上无法处理，必须大大简化、降维，即归并自由度。在这方面，协同学以支配原理为依据，推广物理学方法，形成一套以绝热消去法为核心的降维技术，颇为有效。这表明，支配原理还有特定的方法论意义。

22.6　看不见对手——序参量原理

激光器中本来杂乱无章地发射光波的巨量原子，在临界条件下突然转变为协同一致的行动，令人感到似乎也有一只"看不见的手"或"精灵"在指挥它们。精灵当然不存在，看不见的手也只是一种比喻，真正的原因是激光器在临界点处产生出非零的光场强度，协同学称之为序参量，它是一种具有指挥原子协同动作的宏观力量。

序参量原本是平衡相变理论提出的概念，哈肯把它推广到激光形成之类非平衡相变，成为协同学的基本概念。不论什么系统，如果某个参量在系统演化过程中从无到有地产生和变化，系统处于无序状态时它的取值为 0，系统出现有序结构时它取非 0 值，因而具有指示或显示有序结构形成的作用，就称为序参量。例如，激光器的序参量是光场强度，化学钟的序参量是化学反应物的浓度。广义地说，生态系统中的新物种，科学研究中的新范式，社会变革中的新纲领，都是各自系统的序参量。哈肯还把语言、文化等视为社会系统的序参量，也有一定道理，因为一种民族语言对该民族的每个成员思维方式的形成具有支配作用。

序参量是宏观参量。协同学研究的是由巨量微观组分构成的系统的宏观整体行为和特性。所有微观组分都有自己的行为特性，它们的特性是构成系统整体行为特性的实在基础。按照还原论观点，整体是部分之和，只要了解了微观组分的行为特性，就可以了解系统的宏观整体特性。但实际上，序参量是巨量微观组分集体运动的产物，是在组分之间合作与竞争基础上涌现出来的一种整体特性，无法用组分或低层次特性加以说明。

序参量是慢变量。在接近相变点时，系统内部会形成大量中观的和宏观的集体模式，它们的运动变化快慢不一，对相变的贡献也大小不等。绝大多数集体模式或参量随时间展开而迅速变化，骤起骤落，称为快变量，主要作用是扰动旧结构、旧体制。跟这些集体模式或变量相比，序参量随时间的变化缓慢，称为慢变量，它们的行为特性稳定持久，能够对各种快变量进行综合集成，最终发展壮大为系统的支配模式。

序参量是命令参量。序参量一旦形成，就成为在系统中支配一切的力量，所有微观组分和其他集体运动模式都得按照它的"命令"行动。在激光器中，光场一旦建立起来，就能够役使所有原子。在一个原始人类部落中，语言一旦产生，就能够支配世世代代的个人，塑造该部落的文化特性。在一个动物社会中，个体的总数可以在平均的意义上具有控制种群的命运，成为种群系统的序参量。

序参量原理和支配原理表明，协同学也是一种自组织与他组织相结合的系统理论。序参量是系统内部自组织地产生出来的，而它一旦产生出来就取得支配地位，成为系统内部的他组织者，去支配其他组分、分系统、模式，多少有些类似于控制中心的作用。哈肯也注意到这一点，他说："在自组织系统与人造装置之间并不存在不可逾越的鸿沟。"所谓人造装置，就是人充当他组织者的控制系统。

如何确定系统的序参量是协同学定量化理论的基本任务之一。协同学已经制定了一套方法，鉴于其数学内容的艰深，本书将不涉及。

第 23 讲

突变理论

突变论是一种主要基于数学而建立的系统演化理论,是非线性动力学的一个分支。突变不是自组织过程特有的现象,他组织过程也有突变,突变理论是自组织理论和他组织理论共用的数学工具。

23.1 从居维叶的灾变论到托姆的突变论

现实世界的变化现象形形色色,但基本的变化方式只有两种:一种是连续的、渐进的、光滑的、定量的变化,如地球围绕太阳运行,儿童身高的增加,飞机正常飞行的轨迹等。解析几何和微积分的创立,使这类变化有了十分有效的理论描述方法。另一类是不连续的、突发的、非光滑的、定性的变化,如地震、火山爆发、航天飞机爆炸、物种突然灭绝、新的生物形态突然出现等等;在社会生活中,股市暴跌、政坛风云突起、战争突然爆发、帝国顷刻瓦解等等;在生理学领域,人从睡眠状态突然醒来,突然失去记忆等;在心理学领域,欢喜与悲伤、愤怒与惧怕、平静与纷乱等相反的心理状态的突然转换,等等,都是突变现象。尽管这种变化方式司空见惯,却长期没有找到科学的理论解释,对其发生的条件、机理、规律以及渐变与突变两者之间的关系懵懂不清。

200 年前,法国学者居维叶试图从因果关系上解释突变现象,他的基本结论是"没有缓慢作用的原因能够产生突然作用的结果"。就是说,渐变的因只能产生渐变的果,突变的果必定产生于突变的因;连续的因只能产生连续的果,不连续的果必定来自不连续的因。他还认为,只有渐变是建设性的变化方式,突变必然造成灾难,人类应当力求避免出现突变。显然,此说带有浓厚的反辩证法的片面性。居维叶的突变一词原文是 catastrophe,原本是一个中性词,鉴于居维叶本人视突变为灾变,故其理论的中译名定为灾变论,吻合其原文。

勒内·托姆是法国数学家,在拓扑学和非线性动力学方面有重要贡献。从

20世纪60年代起，托姆的研究兴趣转向生物形态发生，他以由彭加勒开拓的、在20世纪中期取得重要进展的非线性动力学为主要工具，试图建立形态发生的动力学理论。达尔文进化论侧重于讲渐变，但大量事实表明，生物进化中存在突变，而且往往起着关键作用。托姆反对居维叶的观点，认定客观世界存在的突变现象不全是消极的，突变不等于灾变，突变在新事物的创生、形态的进化中起着非常积极的建设性作用。在这些思想指导下，托姆创建了一门叫作 Catastrophe Theory 的系统理论，中文译为突变论是准确的，符合托姆的本意。

突变论是在数学关于连续性和不连续性的长期探索的理论积累基础上发展起来的。它并不研究一切突变现象，只考察连续作用的原因导致的不连续的后果。所以，以微积分为核心的连续数学仍然是突变论的重要数学工具。突变论属于数学，但它并非一种定量理论，而是一门定性数学，它的结论、依据它所作出的预见都不是定量的。有人把突变论比喻为没有标度的地图，虽然能够告诉人们左边有山，右边有河，某处有悬崖，等等，却不能说明山有多高，河有多宽，崖有多深。这种性质，数学上称为拓扑性。

突变论的著名学者还有齐曼（英国）、波斯顿（美国）、阿诺德（俄国）等人。有关突变论的重要著作，如托姆的《结构稳定性和形态发生学》和《突变论：思想和应用》，桑德斯的《灾变论入门》，阿诺德享誉全球的著作《突变理论》，都已译成中文。

23.2 典型系统：狗的攻击与尖顶突变

狗在受到威胁时可能因恐惧而逃跑，也可能因愤怒而进攻。在农村长大的人一般都有这样的经历，在行进中遇到一条狗向你狂吠，似乎就要扑过来撕咬，如果你勇敢地逼近它，狗就会突然掉头逃离，但有时候情况恰好相反，一条正在逃跑的狗突然转身向你扑来。恐惧与愤怒，逃跑与进攻，两种对立的状态突然发生转换，这种动力学现象就是突变。齐曼以此为原型，构造了一个简明而形象的突变模型，叫作狗的攻击，试图数学地描述狗的这两种突变发生的机理，说明在何种条件下狗将从逃跑突然转向进攻，在什么条件下将从进攻突然转向逃跑。齐曼还构建了其他类似的突变模型，如战争与和平模型、天才与疯子模型等，它们并无实际意义，但对于宣传突变论的艰深科学思想起了有益的作用。

从系统科学和数学的观点看，狗的攻击模型乃是托姆提出的尖顶突变的一个实例。在现实世界中突变现象是非常普遍的。桥梁突然断裂，最后一根稻草突然压弯了骆驼，股市一夜之间暴跌，平静的心情突然变得烦躁不安，等等，都可以看成尖顶突变。齐曼发明的突变机构能够给这类现象以简单而直观的说明。

图23-1所示的突变机构是容易制作的，所用材料为一块平板A，一个硬纸壳圆盘B，三个钉子，一支铅笔H，两个橡皮筋F、G和一张纸I。圆盘中心用钉子C固定在板上（使圆盘能够自由旋转），在圆盘边缘把钉子D钉进圆盘内，在板材E处钉上另一钉子。用两个橡皮筋把钉子D分别与钉子E和铅笔H连接起来，把铅笔尖放在纸上的某个地方，然后拉动橡皮筋，使圆盘处于某种位置，当我们移动铅笔尖时，圆盘将跟着旋转。试验一段时间后就会发现，对于铅笔尖位置的微小改变，突变机构的响应几乎总是平稳的；但在某些位置上，铅笔尖的微小变化会导致圆盘向一个新位置的突然跳跃。如果把发生突变的位置全都画在纸上，就得到左边的"突变曲线"K。K呈曲边钻石形，有四个尖拐点。移动笔尖横过突变曲线时可能发生跳跃，有时圆盘只有一个稳定平衡位置，有时圆盘有两个稳定平衡位置，还有一个不稳定平衡位置，这些都取决于笔尖绕着这些尖拐点转动时走的路径。上述突变现象的数学机理均可用尖顶突变来说明。

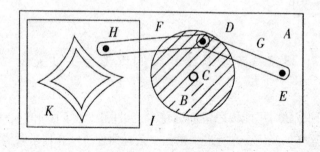

图23-1 突变机构

讨论有势系统。通俗地说，系统具有的采取某种走向的能力，叫作该系统的势。如力学系统有势能，热力学系统有热力学势，化学反应系统有化学亲和势等，都是人们熟知的有势系统。一个系统的势是它的状态变量的函数，同时与环境对系统的制约有关（由控制参量表达）。例如，弹簧系统的势能E是行为变量（弹簧拉伸长度）x的函数

$$E = -\frac{1}{2}kx^2 \qquad\qquad (23-1)$$

其中，弹性系数 k 为系统的控制参量。

较为一般地看，设 1 维系统的势函数为

$$V\ (x,\ a,\ b)\ =x^4+ax^2+bx \tag{23-2}$$

其中，x 为状态变量，a、b 为控制参数。略去具体的数学分析和论证过程，我们就图 23-2 对这类系统的突变现象作一简要说明。

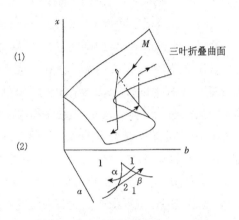

图 23.2　尖顶突变

1. 乘积空间。以系统的状态变量和控制参量为坐标支撑起来的空间，即状态空间和控制空间的合成，叫作乘积空间。有势系统（23-2）只有一个状态变量 x，状态空间是 1 维的；有两个控制参量 a 和 b，控制空间是 2 维的，即控制平面（a，b）；所以，乘积空间是坐标为 x、a、b 的 3 维空间。

2. 突变流形。有势系统的定态点必须满足条件

$$V'=dV/dx=0 \tag{23-3}$$

V 对自变量 x 的导数为 0，其动力学特征是势函数在该点的变化速度为 0，故该点是系统的定态点。所有定态点的集合叫作势函数 V 的突变流形，记作 M。就势函数（23-2）对 x 求导数，得到方程

$$4x^3+2ax+b=0 \tag{23-4}$$

这个方程的解就是系统（23-2）的定态点，这些点的集合即突变流形。研究发现，这个系统有时只有一个平衡态（稳定的），有时有三个平衡态，两个是稳定的，一个是不稳定的，取决于控制参数的取值范围。由图 23-2（1）看到，突变流形 M 是乘积空间（x，a，b）中的一张光滑曲面，从原点（0，0，0）开始，在 a≤0 的下半空间中，曲面 M 上有一个逐渐扩展的三叶折叠区，上下两叶是势函数的稳定定态点（极小点），中叶是不稳定定态点（极大点）。这实际上

也是图 20 - 3 所示的双稳态，一个非稳态居中把两个稳态既分隔开来，又联系起来。

3. 奇点集合。对方程（23 - 4）两边再求导数，得到以下方程

$$12x^2 + 2a = 0 \qquad\qquad (23-5)$$

由（23 - 4）和（23 - 5）构成的联立方程组，它的解即势函数 V 的二阶导数为 0 的点，代表光滑曲面 M（突变流形）在三叶折叠区两条棱上的点，左边一条棱把上叶与中叶分开，右边一条棱把中叶与下叶分开，两条棱交汇于坐标原点。二阶导数为 0 的点称为奇点，具有重要的动力学意义，所有奇点的集合记作 D。

4. 分叉点集合。图 23 - 2（2）是以控制参数 a 和 b 为坐标的平面，称为控制平面。奇点集合 D 在控制平面上的投影就是平面上两条以坐标原点为尖顶的曲线，按其几何形状称为尖顶曲线，按其动力学意义称为分叉曲线。分叉曲线把平面分为两部分，当 a、b 在分叉曲线上方的较大区域 I 内取值时，势函数 V 只有一个极小点，整个 a - b 平面都是它的吸引域，不会发生突变。当 a、b 在两支曲线之间所夹的较小区域 II 内取值时，势函数 V 有一个极大点（代表系统的不稳定平衡态），两个极小点即稳定平衡态，代表系统的两个不同性质的稳定行为状态，如狗的恐惧和愤怒、社会的战争与和平，整个 a - b 平面划分为两个吸引域。当控制参量变化到尖顶曲线时，系统就可能发生突变，从一种性质的行为状态突跳到另一种性质的行为状态，故曲线上的点都是分叉点，也就是系统可能出现突变的点。

23.3　突变的主要特征

尖顶突变是相当简单的一类突变模型，但包含了各种突变所具有的主要特征，因而常常被用作突变现象的主要数学模型来讨论，突变论迄今的实际应用大多也使用这个模型。下面就依据尖顶突变来说明突变的主要特征。

1. 多稳态。突变系统一般具有两个或多个不同的稳定平衡态，即在控制参数变化的一定范围内，对应于同一组控制参数（控制空间中的一点），势函数有不止一个极小点，代表系统不同质的行为形态。尖顶突变的势函数在三叶折叠区有两个极小点，一个在上叶，一个在下叶，是双稳态系统。复杂系统可能有三个或更多个稳态。

2. 不可达性。势函数的极大点，如尖顶突变行为曲面 M 的中叶上的点，代表系统的不稳定平衡态，是实际上不可能实现的状态，即具有不可达性。一般

的，如果系统存在多个极小点，就会有极大点即不稳定平衡状态居中把它们分隔开来，这是一种在理论上存在，但系统实际上不可能实现的状态。虽然不可能实现，这种点代表了某种动力学机制，具有重要的系统意义。

3. 突跳。无论是物理模型突变机构，还是数学模型尖顶突变，以及狗的攻击等，都涉及两类变量：状态变量和控制参量。突变的本质特征是，当系统处于分叉点时，控制参量的微小变化将引起系统行为状态不连续的突然跳跃。如在尖顶突变中，分叉曲线是系统发生突变的地方，控制参量的微小改变，或无法预测的微小扰动，都会使系统从行为曲面的上叶跳到下叶，或从下叶跳到上叶，导致系统行为状态发生质的改变。用齐曼的例子来说，学者从天才突然变为疯子，或相反；人世间从和平突然变为战争，或相反。当远离分叉曲线时，控制参量的微小变化不会引起系统行为状态的突变。

4. 滞后。从原理上讲，控制参量走到分叉曲线时系统就应该发生突变，但实际情形是突变可能发生也可能不发生，取决于控制参量变化的路径或方向。在图23-2（2）中，当控制参量沿着路径1变化到分叉曲线右支时系统并不发生突变，只有到达左支的点才发生突变，从上叶跳到下叶；当沿着路径2变化到分叉曲线的左支时系统不会发生突变，只有到达右支的点才发生突变，从下叶跳到上叶。这种现象叫作滞后，反映突变过程的不可逆性，即方向性。

在尖顶突变中，系统突变的因是控制参量改变，果是定态点的改变，控制参量的改变是连续的。但只要控制参量的变化越过分叉曲线，系统的定态点就会出现跳跃，或者从上叶跳到下叶，或者从下叶跳到上叶。用严格的数学语言证明，控制参量的缓慢变化（渐变的因）在某些关节点上可以导致系统性态的突然改变（突变的果），原因与结果、渐变与突变可以发生辩证的转化，从而证伪了居维叶论断。当然，渐变的因导致突变的果是有条件的，如果控制参量的变化不会触及分叉曲线，而是绕过该曲线，则控制参量的逐渐变化不会导致稳定态的质变。

23.4 托姆原理

长期以来，人们总以为突发性事件是没有规律可循、无法预言的。突变论的出现改变了人们的看法，认识到突发性事件同样有规律可循，可以作出预言。特别是当对象是有势系统时，托姆原理以严格的逻辑性对突变发生的条件、类型、个数作出完备的论述。其要点如下：

1. 当控制参数不大于 4 时，有且只有 7 种不同性质的基本突变：折叠型，尖顶型，燕尾型，蝴蝶型，抛物型脐点，椭圆型脐点，双曲型脐点；

2. 当控制参数不大于 5 时，有且只有 11 种不同性质的基本突变，除上述 7 种外，还有印第安人茅舍型、符号型脐点、第二椭圆型脐点和第二双曲型脐点；

3. 控制参数更大时，不同基本突变的类型也更多。

详细论证需要较为艰深的数学知识。我们用下表给出 11 种突变类型的基本特征，它们都是中学数学中常见的多项式函数。先交代几个必要的概念。

突变芽。托姆证明的剖分引理指出，有势系统的势函数可以分解为两部分，一部分与突变之类的奇异行为无关，称为莫尔斯部分；跟奇异行为有关的另一部分叫作非莫尔斯部分，研究突变现象无须看势函数的莫尔斯部分。经过适当的数学变换，势函数可以表示为如下形式：

$$V \approx G(r) + M \qquad\qquad (23-5)$$

其中，G 是突变芽，r 是控制变量的数目，M 代表莫尔斯部分。突变芽是 x^k 型的多项式，如 x^3，x^4 等。

突变函数。顾名思义，突变芽就是生成突变现象之幼芽，是突变现象的种子，没有它有势系统不会发生突变。但只有幼芽还不够，幼芽经过发育或展开而形成突变函数，才能够代表现实存在的具有突变行为的系统。

名称	控制参数	突变芽	突变函数
折叠	1	x^3	$a_1 x + x^3$
尖顶	2	$\pm x^4$	$a_1 x + a_2 x^2 \pm x^4$
燕尾	3	x^5	$a_1 x + a_2 x^2 + a_3 x^3 + x^5$
蝴蝶	4	$\pm x^6$	$a_1 x + a_2 x^2 + a_3 x^3 + a_4 x^4 \pm x^6$
印地安人茅舍	5	x^7	$a_1 x + a_2 x^2 + a_3 x^3 + a_4 x^4 + a_5 x^5 + x^7$
椭圆型脐点	3	$x^2 y - y^3$	$a_1 x + a_2 y + a_3 y^2 + x^2 y - y^3$
双曲型脐点	3	$x^2 y + y^3$	$a_1 x + a_2 y + a_3 y^2 + x^2 y + y^3$
抛物型脐点	4	$x^2 y + y^4$	$a_1 x + a_2 y + a_3 x^2 + a_4 y^2 + x^2 y + y^4$
第二椭圆型脐点	5	$x^2 y - y^5$	$a_1 x + a_2 y + a_3 x^2 + a_4 y^2 + a_5 y^3 + x^2 y - y^5$
第二双曲型脐点	5	$x^2 y + y^5$	$a_1 x + a_2 y + a_3 x^2 + a_4 y^2 + a_5 y^3 + x^2 y + y^5$
符号型脐点	5	$x^3 \pm y^4$	$a_1 x + a_2 y + a_3 xy + a_4 y^2 + a_5 xy^2 + x^3 \pm y^4$

不仅线性系统不可能产生突变，有些非线性系统也不会发生突变。由上表看到，突变函数至少要含有立方项 x^3 的强非线性系统才能够产生突变。

23.5 跟微积分并驾齐驱，还是"皇帝的新衣"？

从牛顿创立微积分以来，数学研究的对象基本都是连续变化的事物，称为连续数学。突变论是第一个专门研究不连续现象的数学分支，在数学发展上具有突破性。因此，它一问世就受到高度评价，有人甚至认为它是自牛顿以来数学的最大进展。但不久又受到另一些人的非难，有人甚至讥讽突变论为"皇帝的新衣"，全盘否定。这两种提法都站不住脚。从连续现象到突变现象，研究对象的这一变化在数学发展上确是革命性的。但数学是一种内含无限丰富的文化形态，在某一方面带来革命性变革的新分支层出不穷，把其中的每一个（如突变论）跟微积分并列起来是不科学的。突变论目前取得实质性进展的只是初等突变论，只限于处理有势系统，还不能应用于更广泛的对象。初等突变论难以描述系统从平衡态到周期态或从周期态到混沌态之类复杂的突变现象。

但全盘否定突变论是完全错误的。突变论的确是现代数学的重要进展，它的成果已在物理领域获得成功的应用，在非物理领域也有一些有价值的应用。更重要的是它带来数学思想的深刻变化，开辟了动力系统研究的新方向，为研究系统演化提供了新的概念和方法，因而被钱学森视为建立系统学的重要依据之一。

就突变论提出的新思想看，它的确新颖深刻，特别是对系统演化问题的研究。突变是系统演化中经常发生的事，也是新系统创生的关键机制之一。无论是物理化学领域，还是生物生命领域，或者人类社会，以至思维意识领域，没有突变这种演化机制是不可想象的。突变论不仅从科学和哲学思想上支持了辩证法，而且对某些较为简单的系统提供了数学模型和具体的分析方法，证明即使像突变这种奇异性现象也有可能进行精确的定量描述。

不过，突变论迄今提出的具体模型和方法的适用范围确实非常有限，这一点也不可否认。对于桥梁之类力学系统，突变论可以提供有效的数学模型，给出精确的预测。一到生命、社会、思维领域，突变论能够提供的基本上是定性的启示。托姆等人研究突变现象的初衷仍然是用传统的精确方法严格逻辑地描述一般的突变现象，以求建立普遍适用的突变理论。然而，除了少数情况，现实存在的突变现象都属于复杂性问题，超出还原论的有效使用范围。对于生命、社会、意识领域的突变现象，还应当接受扎德的新主张，从过高的精确性要求上后退一步，把重点放在对突变现象的定性描述上。

第 24 讲

分形理论

分形理论首先是一门数学，一种新的几何学。但它为混沌理论提供了强有力的描述工具，加之在系统科学中的其他应用，故分形理论一直被视为一种重要的系统理论。

24.1 曼德勃罗与分形理论

第6讲指出，系统的外部几何形状是把握系统整体形态的重要依据。但传统的几何学只研究规则整齐的形状，可以把它们统称为整形。几何学研究的各种整形对象都是客观事物形状的数学抽象，如陆地的原野、静止的水面是平面，地球绕太阳运动的轨迹是椭圆线，鱼的头部呈流线型，王熙凤的眼呈三角形（一双丹凤三角眼），等等。传统几何学其实是"整形几何学"（不可与修理脸蛋的"整型"相混淆）。

现实世界还存在大量极不规则、极不整齐、极其琐碎的形状。正如曼德勃罗所说："云彩不是球体，山岭不是锥体，海岸线不是圆周，树皮并不光滑，闪电更不是沿着直线前进。"由于无法描述这些非整形的对象，几何学长期被说成是"冷酷无情"和"枯燥无味"的。跟规整的几何形状相比，这类非整形的几何形状显然是复杂的，在简单性科学一统天下的时代，它们一直被排除在几何学研究的对象范围之外，自有其历史的必然性。

自然界自组织进化中产生出来而又广泛存在的东西，必定是大自然所需要的东西，是自然系统生成、存续、发展、演变离不开的东西，具有其特殊的规律、规则、机制，因而迟早会引起人类的关注，进入科学研究的对象范围。事实上，随着复杂性研究在20世纪中叶兴起，不同实践领域中不规整的复杂几何现象逐渐引起学界注意，积累了一批观察材料。但第一个对这类复杂几何现象做出系统研究的是法国数学家 B. 曼德勃罗，并由此创立了分形几何学。从科学系统的整体演化看，分形几何的出现是复杂性研究大潮中不可缺少的一股支流，它给复杂性研究提供必要的几何工具，又从复杂性研究中吸取思想营养。

实际上，早在曼德勃罗之前，若干对整形几何有深入研究的数学家已凭借数学思维的巨大抽象力从整形几何中发现了非整形，以数学方法创造出一系列复杂图形。他们是康托、科赫、谢尔宾斯基、朱利亚等欧洲科学家。由于未发现这些奇形怪状有什么实际意义，他们的工作被当作纯粹抽象思维的战利品，摆放在数学家案头上供人玩赏。至于科学价值，至多可作为现有数学理论的个别反例，如威尔斯特拉斯发现的处处连续但处处没有导数的函数，其几何形象就是一条分形曲线。

曼德勃罗有关分形的思想可以追溯到他于 1951 年发表的一篇关于语言分布的文章，这项工作受到复杂性研究先驱者之一的维纳的注意，今天来看并非偶然现象。后来发现，语言分布，棉花价格分布，工资分布，等等，都内蕴着某种抽象的分形，代表一定的系统机制。在 20 世纪 50 至 60 年代，凭借过人的几何直觉，曼德勃罗从现实世界中触及了分形的不同方面。这使他较别人更早理解了朱利亚等人的纯数学发现，从中不断吸取创建分形理论的灵感。这些早期成果现已成为分形理论的有机组成部分。

1967 年，曼德勃罗以《英国海岸线有多长?》为题目发表了第一篇讨论分形的论文。1975 年，曼德勃罗的专著《分形：形、机遇和维数》的法文版出版。曼氏早期使用 fragment（断片）或 fractional（分数的，碎片）表达分形对象，强调这类形状具有破碎、零乱、不规整的特点。fragment 和 fractional 都是从拉丁文 fractus 派生出来的。曼德勃罗通过改造 fractus，创造了一个新词 fractal，作为表达一切非规整形状的总概念。中文译名为分形，充分体现了信、达、雅的翻译原则。Fractal 即分形一词迅速得到世界学界公认，成为 20 世纪创造的具有巨大影响力的科学概念之一。这些事实标志着分形几何作为一门数学正式诞生了。1985 年，曼德勃罗又推出另一专著《大自然的分形几何学》，书名告诉人们，大自然按照分形几何原理创造几何形状，人按照整形几何原理创造几何形状，读懂大自然就得读懂分形几何。

分形研究在 20 世纪 80 至 90 年代取得巨大发展，一系列在世界范围产生影响的著作相继问世。有关分形的理论研究早已超越了几何学，而且有大量应用研究成果问世，形成一个广阔的科学新领域，或可称之为分形学。

24.2　典型问题：英国海岸线有多长？

海岸线跟人类生活和生产关系密切，出海、入海的标志是跨过海岸线。海岸线是一种什么样的线呢？它显然不是直线，也不是如椭圆、抛物线之类光滑曲线，其特点是曲曲折折，虽然连续，却极不规则，极不光滑，曲折中还有曲折。粗略地讲，海岸线与河岸线都是不能用传统几何学描述的分形曲线。

只要是线，就有长度。但如何度量海岸线与河岸线，却是一道难题。在曼德勃罗之前，英国科学家 L. 理查森曾试图从海岸线的曲曲折折中找出规律，加以度量。他查阅了西班牙、葡萄牙、比利时、荷兰的百科全书，意外地发现，对于共同的国境河岸线的长度，不同国家的实测结果竟然相差 20%。用建立在公理化基础上的欧氏几何来分析，这是不可想象的，即使实际测量有误差，也绝不会离谱到如此程度。问题出在哪里？理查森百思不得其解，于是，他向全世界提出海岸线问题。由此引出曼德勃罗对英国海岸线的研究。

经过约 20 年探索分形事物的经验积累和理论思考，曼德勃罗比同时代的其他人更深刻地洞悉了海岸线问题的真谛，在 1967 年的那篇文章中给出透彻的分析论证。江河湖海的岸边线都是曲折中嵌套着曲折的非整形几何对象，测量的结果跟所使用的尺度单位有关。选定某个单位尺度 λ_1，就会把小于该尺度的曲折忽略掉，测量到的是大于此尺度的那些曲折线段的长度。如果改以 λ_2 为单位尺度，且 $\lambda_1 > \lambda_2$，测量到的是大于 λ_2 的曲折线段，前一次测量中被忽略的某些曲折得到测量，故所测结果变大了。丈量海岸线的尺度可以大到上百公里，小到 1 米；从自然科学的眼光看，还可以小到分子尺度。以 10 公里为尺度去丈量，1 公里左右的曲折就被忽略掉，得到的海岸线长度记作 S_1。以 1 公里为尺度去丈量，海岸线长度记作 S_2，显然 $S_2 > S_1$。由于曲折嵌套着曲折，海岸线的长度并非一个确定的数值，单位长度越小，所测结果越大。如果以分子尺度作单位，海岸线的长度就近乎无穷大了。

巧夺天工的大自然造就了数不胜数的分形对象，海岸线只是其中之一。山脉是分形，主脉分叉出支脉，大支脉嵌套小支脉，大山头上隆起小山头；山的表面既非平面，亦非光滑的曲面，极不规整，属于分形曲面。人类移山造海是按照整形模式进行的，大自然的造山运动是按照分形模式进行的：（福建）大王之峰峰上峰，（贵州）织金之洞洞中洞，无奇不有。其神奇精美，令人自愧弗如。

河流也是大自然造就的分形, 主干分叉为支流, 大支流分叉为小支流, 一直到无数下雨天才能看到的小水沟。图 24-1 是美国亚马孙河的分形图。

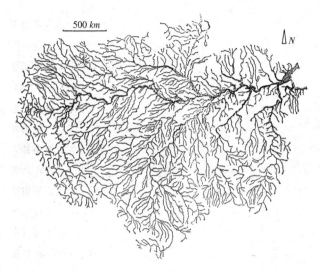

图 24-1　亚马孙河水系（D = 2.72）

24.3　自然分形与数学分形

如果把大自然自己的奇形怪状称为自然分形, 则数学家用数学方法造出的分形应称为数学分形, 或人工分形。给定一个整形图形, 如直线段、三角形、立方体等, 称为源图。给定一些简单的变换规则, 称为生成规则。按照生成规则对源图进行变换, 得到的结果比源图增加了一些细节。再对变换结果施行同样的变换, 图形将产生更多更深层次的细节。如此反复施加同样的变换（数学上称为迭代）, 致使图形的层次和细节越来越多, 越来越纷繁、琐碎、复杂, 就是数学分形。下面是用这种方法做出的几个最简单的分形图案。

康托集合, 或康托尘埃。如图 24-2 所示, 源图是一条直线段, 生成规则是把线段三等分, 除去中间那一段。对余下的两部分再按照这个生成规则施加变换, 反复进行同样的操作, 最后（理论上是无穷过程的极限）得到的点集合, 就是康托尘埃。读者朋友, 你能想象康托集合是什么样子的吗?

图24-2 康托集合

科赫曲线。如图24-3所示，源图为正三角形（a），生成规则是以（b）所示的生成线替换每一条边，生成线中的四条线段都是三角形边长的四分之一。按照生成规则对源图反复施加变换，第一次得到的是图（1），第二次得到图（2），第三次得到划分更细致的图，如此反复进行下去，其极限情形是一条自身不相交的平面曲线，称为科赫曲线，有点像雪花的边界，故又称为科赫雪花线。每一次变换都增加了图形的边长，极限时的边长是无穷大，但所包围的面积是有限的。以无限长的周边曲线包围有限的面积，这对于整形曲线是不可能的，分形曲线则是必然的。

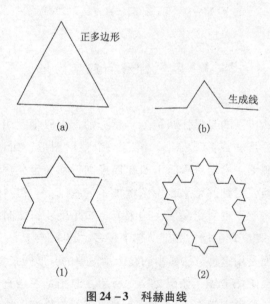

图24-3 科赫曲线

谢尔宾斯基垫子。如图24-4所示，仍然取三角形为源图，生成规则是把三角形如图25-4那样四等分，挖去中间那一个，再对其余三个三角形作同样的变换。图（b）是经过两次变换得到的结果。随着操作步骤的增加，周边长度越来越大，所剩面积越来越小，极限情形就是谢尔宾斯基地毯，以无穷大的周边曲线包围着无穷小的面积。

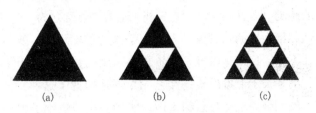

(a)　　　　　　(b)　　　　　　(c)

图 24－4　谢尔宾斯基垫子

谢尔宾斯基海绵。如图 24－5 所示，源图是立方体，生成规则是将立方体九等分，挖去中间那一份。反复按同一规则变换到最后的极限情形，整个图形是连续的，但处处有洞，处处被挖空，表面积无穷大，所包围的体积却无穷小。

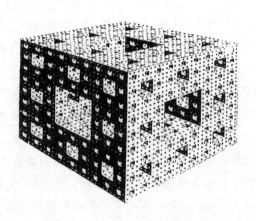

图 24.5　谢尔宾斯基海绵

以上都是按照完全确定的生成规则制造出的数学分形，如果在规则中加入一定的随机因素，按照一定概率使用某些规则，还可以造出更复杂也更接近自然分形的图案来。

24.4　自相似：部分与整体相似

那么，究竟什么是分形呢？回答这个问题并非易事，分形至今尚无公认的严格定义，常用的都是通俗的解释。这里描述分形的几个特征：

（1）不规整性。跟整形相比较，分形对象直观看去最显著的特点是曲曲折折，曲折带来的是众多细节，大小不同尺度上都有的细节，给人以琐碎、纷乱、无序、复杂的感觉。考虑到这一特点，我国港台学者称之为"碎形"。从现代科学追求严格性和精确性的角度看，碎形似乎毫无逻辑可言，要用科学方法描述它们实在无从下手。这正是以擅长逻辑思维自诩的数学家几千年来不敢问津于分形的原因，倒是长于形象思维的文艺家较好地把握了这种特征，给分形事物做出某些艺术的刻画。重在写意的中国山水画突出地表现了山水风景的不规则性，诗人们则善于以语言文字来刻画这种不规则性、破碎性、纷乱性、粗糙性。安史之乱前已经预感到社会即将动乱的杜甫，在西安大雁塔上遥望秦岭，发出"秦山忽破碎"的感叹。"乱花渐欲迷人眼"（白居易），"乱山高下路东西"（曾巩），此类用"乱"字打造的名句，都反映出分形的这种特点。

所谓曲折、不规则，在数学上就是存在非光滑点（不可微的点）。整形中也有非光滑点，甚至有间断点，但这种奇异点通常只是个别情形；用数学语言讲，奇异点的测度为 0，少得可以忽略不计。图 23 – 2 中的尖顶曲线只在原点处非光滑。分形则不同，非光滑点具有非 0 测度，甚至所有点都非光滑。在这种意义上看，称为碎形是抓住了它的特征。

（2）层次嵌套性。琐碎、粗糙、不规整并非分形的本质特征，强调这些特点，并称其为碎形，容易使人误解分形就是纷乱无序的形状。实际上，分形并非单纯的无序，而是在表观无序掩盖下的一种复杂的有序，一种以往的科学无法把握的有序。分形有序性的表现之一就是结构的层次嵌套性，大曲折中嵌套着小曲折，小曲折中嵌套着微曲折，层层嵌套，难以穷尽。分形的结构细节是分层次的，在各种不同层次、不同尺度上都有难以计数的细节。

东西方诗人都把握了分形的层次嵌套性，给以形象的描写。由于文化的巨大差异，中国诗人的描述比较含蓄蕴藉，特具美感，对科学技术处理分形难有启发；西方诗人的描述要直白得多，近乎科考记录加点比喻。斯威夫特在 1773 年写的诗中有这样的文字：

> 博物学家观察到，一只跳蚤，
> 身上还有小跳蚤咬，
> 身上还有小小跳蚤咬，
> 还有还有到无穷。

德·摩尔根进一步挖掘分形特有的层次性，把诗句改写为

> 大跳蚤有小跳蚤背上咬，
> 小跳蚤还有小小跳蚤，小小小，小到无穷小。

大跳蚤自己还有大大跳蚤可以找，

大大跳蚤还找大大大跳蚤，还有更大、更大、更大的。

作为一首诗，显得过分直白，谈不上诗的韵味，按照中国文化衡量，至多可算打油诗。但对于理解分形的层次嵌套性，却是中国诗不可比拟的。

（3）分形的主要特征是具有自相似性：部分与整体有某种相似性。把分形对象的某个局部放大后，可以看到与整个图形相似的特征；把部分的部分再放大，还可以看到相似的特征。例如，一棵树是一个分形体，从树干逐层分叉，一个分支类似于全树，分支的分支还类似，一直到一片树叶上还可以观察树的分支结构。

所谓自相似性，就是尺度变换下的不变性，在不同尺度下观察分形，看到的形象近似相同。数学分形表现得最明显，从源图开始，每一次变换都缩小尺度，但操作规则一样，产生的细节结构也一样。尺度变换意味着层次变换，更小的尺度对应着更深的层次。所以，分形的自相似性也是层次变换下的不变性。

分形的自相似性不像整形的相似那样严格（如相似三角形只有大小尺度的差别），而是非严格的、近似的自相似性，相似中还有不相似。如科赫曲线，整体是封闭曲线，但任一部分都不是封闭的，这一点就不相似。分形的自相似意味着，部分与整体一样复杂：一样曲折，一样不规整，一样不光滑，一样充满细节，一样琐碎和纷乱。整形几何对象适于用还原方法，因为部分比整体简单，把整体分解为部分可以减少复杂性。分形则不宜用还原方法，因为部分与整体一样复杂，把整体分解为部分不会减少其复杂性。

由部分与整体的相似可以推知，分形的部分与部分之间也相似。我们的诗人从审美的视角领悟了这一点，给以形象的刻画。最成功的是国人耳熟能详的陆游诗句：

山重水复疑无路，柳暗花明又一村。

"山重水复"描写的是山水分形造成山区不同部分的自相似，外来之人难以了解细微的差别，看到的只是相同之处，以为又回到原处，便生发出找不到路的疑惑。有人改为"山穷水尽疑无路"，虽然也说得通，却与山区的地理分形无关，误解了陆游的原意。

24.5 从整数维到分数维

系统科学需要在多种空间中研究对象，有输入空间、输出空间、状态空间、控制空间、乘积空间等。空间的重要指标是它的维数。依据传统几何学，维数都是非负整数，点是0维的，线是1维的，面是2维的，体是3维的，高维抽象空间还有大于3维的几何对象，n维空间有0维、1维至n-1维和n维的对象。由于维数只能取整数，故称为整数维，或称拓扑维，明确对象的维数对认识对象至关重要。

不过，只有整数维概念对于了解分形对象是不够的。康托集合性质上不同于0维的点集合，但也远非1维的线段；科赫曲线性质上不同于1维曲线，但也远非2维的面，如此等等。分形几何对象的独特性质是不能用整数维来反映的，特别是它们的不规则性、复杂性，其定量特性需要有新的概念来刻画，用新的方法来度量和计算。曼德勃罗由此引入分数维概念，用以刻画分形对象的不规则程度和复杂性程度。

分数维概念其实也是整数维概念的推广。简单地讲，设b为几何对象，a是单位线段，令D记维数，定义为

$$b = a^D \tag{24-1}$$

对上式两边取对数，得

$$D = \log b / \log a \tag{24-2}$$

（24-2）式就是分数维D的定义。给定线段a，立即看到

（1）如果对象b是与a等长的线段，即1维对象，则D=1，代表b的维数；

（2）如果对象b是以a为边的正方形，即2维对象，则D=2，也代表b的维数；

（3）如果对象b是以a为边的立方体，即3维对象，则D=3，仍然代表b的维数。

可见，公式（24-2）定义的D具有维数的意义，而D既可以取整数，也可以取分数。由此得到分数维概念，整数维可以看成它的特例。下表给出文献中经常谈论的一些分形的分数维（或变化范围）。

分形对象	分数维D	分形对象	分数维D
康托尘埃	0.83	科赫曲线	1.26
谢尔宾斯基垫子	1.58	谢尔宾斯基海绵	2.72
海岸线	$1 < D < 1.3$	山区表面	$2.1 < D < 2.9$
河流水系	$1.1 < D < 1.3$	云彩	$D = 1.35$
金属裂纹	$D = 1.27 \pm 0.02$	细胞色素	$1.40 < D < 1.70$
人体肺脏	$D = 2.17$	人体血管	$D = 2.3$
人脑皮层	$2.73 < D < 2.79$	人的脑电图	$1.9 < D < 2.4$

分数维，简称分维，是分形的一种整体特性，即通过对源图反复使用同样的变换操作而产生的分形对象的整体涌现特性。分维是对分形事物复杂性的一种定量刻画。

24.6   奇形怪状也有意义

受过中学几何教育的人，享用过人工产品、特别是现代工业产品的人，都对整形怀有良好的印象，认为看起来杂乱无章的分形对于人类没有用处。此乃一大误解，山山水水的分形结构，各种地质的、地理的分形体，各色自然分形对象，都是大自然无意识力量造就的，是自然规律发挥作用的结果。既然自然分形无处不在，反映了客观规律，它就跟整形一样有意义，甚至比整形更有意义。曼德勃罗说得好，大自然运作的几何规则本质上是分形几何。要深刻理解大自然的特性、机制、运行规律，就得掌握分形几何。

分形的生态意义。由自然界山水、气象、地质特征诸要素构成的生态环境具有自相似性，从大陆板块尺度到物质分子尺度之间有数不清的层次嵌套，在具备滋养生命的条件这一点上是相似的。生物多样性跟生态环境的分形结构之间存在基本的联系，没有大自然的分形结构就没有生物的多样性。就动物而论，不说它们的习性差异之大，仅就躯体规模看，从庞然大物大象到兔、鼠、蜂、蚁等小生命，再到看不见的细菌、病毒等，正是地球生态环境的分形结构使它们各自获得安身立命的小生境。作为大自然的分系统，地球生态系统也相应地呈现出自相似性。清代数学史家兼诗人阮元有诗云：

> 交流四水抱城斜，散作千溪遍万家。
>
> 深处种菱浅种稻，不深不浅种荷花。

头两句描写湖州城外水系的分形特征，"散作千溪"是对分支型层次结构的形象刻画，逐步分叉而把千家万户联系在一起；河流的分形又造就了居民点分布的分形特征。后两句刻画的是水系流域分形结构造就出不同地区不同的生态条件，为不同的植物提供了生存环境，可以说是养殖作物的生态分布也呈现出分形特性。

分形的科学意义。分形研究拓宽了数学的空间概念，形成一个数学新分支。既然分形是大自然的几何学，研究大自然的各学科必将因这门新数学的建立而开拓新的领域。本书最关心的是分形对系统科学的贡献。这里要强调的是，分形是大自然的一种自组织机制，自组织理论要重视运用分形这个数学工具。人体是一种复杂巨系统，要把养料和氧气输送到每一个细胞，再把细胞的排泄物集中起来送交排泄器官。承担这一任务的血管必须具有分支式分形结构，从大动脉开始逐步分叉，一直到微血管。血管需有极长的长度和极大的表面积，以便跟每个细胞联系起来。但人体的体积十分有限，血管只能占据其中很小的份额（血管和血液占人体体积不到5%）。极小极小的体积承载极大极大的表面积，或者以极大极大的表面积包围极小极小的体积，类似于谢尔宾斯基海绵那样，这种机能只有分形才具备。社会系统也具有分形结构，自组织理论和他组织理论在社会科学的应用，也将得力于分形理论。可见，大自然是按照分形原则自发创造生命的，人类是按照分形原则自发创造社会的。

分形的技术意义。金属断裂面具有分形特征，断裂发生的机理，如何防止断裂，回答这些问题需要求助于分形学，因而分形研究必定影响材料技术的发展。油田的大块储油区开采完毕后，大量的石油还渗漏于大大小小的孔洞中，呈现一种特殊的分形结构，新的石油开采技术需要分形理论。现代大型城市的交通线和通信设施也具有分形结构。城市的面积有限，交通线只能占据极小的份额，交通线必须以极小极小的占地面积而获得极大极大的长度，2维整形空间某些面积为0而长度无限大的分形曲线可以作为它的数学模型。现代化建设需要挖掘隧道，隧道围岩稳定性是一个具有重大实际意义的工程问题。李世辉创建的隧道围岩稳定性技术，方法论根据是他倡导的典型信息方法，而理论基础离不开分形理论。尽管不同山体有明显的差异，但大自然当年的造山运动遵循共同的力学原则，故不同的隧道围岩又有相似性，从中可以找出典型来。分形的技术应用远不止于这些。

分形的文化意义。利用计算机制作的分形图案显示了出人意料的美学韵味，极大地震撼了艺术家。受到震撼的首先是画家。正如R. 保尔所说，相对论、量子论、基因论等科学大发现都"不可能使画家们急匆匆地跑向油画布"，分形论却做到了。大自然鬼斧神工式的创造力一直是文学家创作灵感的不竭源泉，前面引述的诗作即例证。影视制作使分形获得特殊的用武之地，曼德勃罗就被好莱坞聘用为科学顾问。物理学家惠勒认为：在今天谁不知道分形和混沌，他就不能算是一个有知识的人。话虽说得有些绝对，若在一般文化意义上考量分形的价值，他的话还是颇有深意的。

分形的哲学意义。分形也引起哲学家的浓厚兴趣，国内外都有专著问世。从哲学上看，分形的发现是辩证法的新胜利。宋代张载说得好："有象斯有对，对必反其为。"数千年来几何学只看到整形对象，这是一种片面性。世界上有整形，就有分形，有整形几何学，就必然有分形几何学。分形几何的诞生，终于使几何学显露出它的辩证性质，人需要在整形与分形的辩证关系中认识世界万物的形状。整形与分形的区分有相对性：一条水泥马路对人而言是光滑的平面，对微生物则是坑坑洼洼的分形，恰似"正入万山圈子里，一山放出一山拦"（杨万里）。分形与整形可以相互转化：数学分形是由整形的源图和生成规则转化出来的；分形也可能转化为整形，欲在海岛上沿海岸线修筑公路，就得把分形线转化为分段光滑的曲线或直线。整形与分形也是互补的，仅就人生需要来说，没有整形不行，没有分形也不行，我们的生存发展需要利用整形和分形的功能互补性。分形是多种矛盾的统一体，规则与不规则、有序与无序、有限与无限、确定性与不确定性等等，这些对立面在分形中获得奇妙的平衡，在形成特有的复杂性的同时，也产生了意想不到的美感。

第 25 讲

混沌理论

混沌的发现是非线性动态系统理论发展史上最激动人心的事，曾经被视为20世纪继相对论、量子论之后第三次物理学革命。尽管这一评价未必很确切，但确认混沌是非线性系统的通有行为，揭示出混沌运动的一系列独特性质，不仅大大丰富了系统理论，而且从多方面丰富了哲学思想，希望了解系统科学的人必须认真了解混沌理论。

25.1 混沌理论群星争辉

科学家在探索自然奥秘的实践中早已跟混沌相遇，如法拉第的电磁实验、范德坡的力学研究等。由于决定论的思想影响根深蒂固，加上缺乏数学工具，混沌跟科学家总是擦肩而过。彭加勒在19世纪后期开创的微分方程定性研究是一个转折点，他在研究著名的三体问题时发现，双曲点附近存在着无限复杂精细的"栅栏结构"，由此意识到三体引力相互作用能够产生惊人的复杂行为，确定性动力学方程的某些解有不可预见性。这就是今天讲的混沌。彭加勒的微分方程定性理论为70年后兴起的混沌研究奠定了数学基础，他提出的极限环、同宿点、异宿点、分叉等新概念都已成为混沌学以至整个非线性动力学不可或缺的理论工具。

为混沌学奠定基础的，与彭加勒同时代的还有李亚普诺夫（俄）的稳定性理论，其后有范德坡（荷）的自激振荡理论、伯克霍夫（美）的遍历理论，以及霍普夫分叉、斯梅尔（美）马蹄变换等理论成果。20世纪30年代前后，以安德罗诺夫为代表的苏联振动理论学派在动力学研究中取得很大成果，给后来的混沌研究做出重要铺垫。他们把范德坡揭示的自激振荡这种物理现象和彭加勒揭示的极限环这种数学现象结合起来，对2维动态系统作了相当透彻的研究。令后人遗憾的是，安德罗诺夫"一辈子生活在2维的相平面上"，而2维的连续系统不可能出现混沌运动。所以有人说，假如他的研究触角伸向3维空间，安德罗诺夫应是混沌的发现者。

通常认为，混沌学诞生于20世纪60年代，于70年代进入高潮。物理对象可以划分为保守系统和耗散系统两大类，混沌都是它们的通有行为。故混沌也有两大类别：保守混沌和耗散混沌。保守混沌的发现者首推俄国数学家柯尔莫哥洛夫，以他和阿诺德（俄）、莫塞尔（美）名字命名的KAM定理，开始揭示出保守系统的混沌现象。最具代表性的是耗散混沌的发现。美国气象学家E.洛仑兹把一个液体对流模型简化为一个完全确定性的三阶常微分方程，通过在计算机上做数值实验，发现了确定性动力学系统的一种前所未见的复杂运动体制，于1963年发表了《确定性的非周期流》一文，被视为发现耗散混沌的标志。实际上，在洛仑兹之前不久，日本年轻学子上田皖亮在研究杜芬方程时已经发现了确定性非周期流这种定态行为，可惜他的导师固守物理学传统观点，不承认有什么非周期定态，上田的重大突破性成果被扔到纸篓里了，直到1978年才引起混沌学界的注意。

混沌理论在20世纪70年代以后取得突飞猛进，如R.梅耶对单峰映射的研究，D.茹勒提出奇怪吸引子概念，约克和李天岩引入混沌一词，曼德勃罗的分形理论，等等。其中，更突出的是米切尔·费根鲍姆深入研究了倍周期分叉现象，把临界态相变理论中的普适性、标度性等概念引入混沌研究，发现几个物理常数，使混沌研究从定性走向定量，也使自己在同行中获得殊荣。到90年代，混沌理论已走向成熟。

25.2 典型系统：虫口模型和洛仑兹模型

最常用的混沌模型是8.3节提到过的逻辑斯蒂方程

$$x_{n+1} = ax_n(1-x_n) \tag{25-1}$$

它经常被用来描述没有世代交叠的昆虫群体的繁殖演化，称为虫口模型。a为控制参数，虫口数x为状态变量，x_n记第n代虫口数，n=0，1，2，…。虫口模型给出第n代虫口与第n+1代虫口的关系，知道n代虫口就可以按逻辑斯蒂方程计算第n+1代虫口。这是一个2次代数方程，反映的是抛物线关系，其数学内容似乎中学生已完全熟悉。20世纪初，科学家用它描述虫口演化，发现它与已有的统计数据相当吻合，能很好地描述虫口系统的平衡态与周期态行为。由于数学形式极其简单，学者们相信自己已完全了解了它，没有进一步深究。但在混沌研究兴起后重新研究它，人们惊奇地发现，这个形式上十分简单的系统其实具有异常复杂丰富的行为，可能出现像"数学草丛中的一条蛇"那样的奇怪现象（R. 梅伊），可以作为离散系统混沌运动的典型。

通常在乘积空间 x – a 平面上考察虫口模型，如图 25 – 1 所示。状态空间是纵坐标上的区间 $0 \leqslant x \leqslant 1$，控制空间是横坐标上的区间 $0 \leqslant a \leqslant 4$。研究发现，控制空间分为两段，$0 \leqslant a \leqslant a_\infty = 3.569945\cdots$ 是系统的周期运动区，$a_\infty \leqslant a \leqslant 4$ 是系统的混沌运动区。周期区存在许多分叉点 a_1，a_2，$\cdots a_k$，$a_i < a_{i+1}$，把周期区分为许多小段。系统在区间（a_0，a_1）内呈现稳定的一点周期运动（平衡态）；$a = a_1$ 时，一点周期失去稳定性，在区间（a_1，a_2）内系统作稳定的 2 点周期运动；$a = a_2$ 时，2 点周期失稳，系统在区间（a_2，a_3）内作稳定的 4 点周期运动；$a = a_3$ 时，4 点周期失稳，系统在区间（a_3，a_4）内作稳定的 8 点周期运动。随着控制参数 a 的增加，系统还会出现新的稳定性交换，呈现 16 点周期、32 点周期等一切可能的 2^k 点周期运动。这种每经过一次分叉后周期就加大一倍的现象，称为倍周期分叉，是出现混沌运动的前兆。

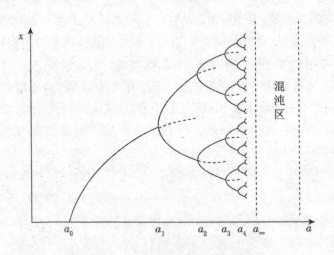

图 25 – 1　逻辑斯蒂方程的倍周期分叉

注意，倍周期分叉的分叉点构成一个无穷序列 2^0, 2^1, 2^2, 2^3, $\cdots$, 2^k, $\cdots$, $k \to \infty$，即 $2^k \to 2^\infty$ 时，极限点为

$$a_\infty = 3.569945\cdots \qquad (25-2)$$

在 $a = a_\infty$ 时系统将出现周期无穷大的运动体制，即非周期定态运动。逻辑斯蒂系统是能够产生混沌运动的系统，a_∞ 是个临界点，系统从此进入混沌运

动区。

逻辑斯蒂方程描述的是离散动力学系统。连续动力学系统也可能产生混沌运动。无论就混沌研究的历史看，还是就数学模型看，连续动力学系统的典型代表是洛仑兹方程，

$$x' = -\delta\,(x-y)$$
$$y' = rx - y - xz$$
$$z' = xy - bz \tag{25-3}$$

其中 x、y、z 为状态变量，δ、r、b 为控制参量。洛仑兹方程（25-3）同样存在倍周期分叉和混沌运动，而且更丰富多彩。

线性动力学系统不可能产生混沌运动，混沌是非线性动力学系统才有的运动体制，（25-1）和（25-3）都是非线性方程。（25-1）是 1 维系统，1 维离散系统就可以产生混沌，连续系统至少 3 维才可能有混沌。这是因为离散性本身就是一种强烈的非线性。

25.3 道是无序却有序

混沌现象给予人的第一印象是混乱不堪，毫无规则。混沌确有混乱的一面，或者说它在表观上是混乱的。但混沌不等于混乱，而是在混乱的表观下蕴藏着多样、复杂、精致的结构和规律，是一种貌似无序的复杂而高级的有序，一种与平衡运动和周期运动本质不同的有序运动，一种非平庸的有序。

仍以虫口模型为例，考察图 25-2。混沌区并非混乱一片，相反，系统在这里显示出极其丰富的动力学规律，例如：

1. 倒分叉。如前所说，这个系统的混沌运动是通过周期倍化分叉序列而得到的。研究发现，在混沌区 $a_\infty \leqslant a \leqslant 4$ 从右向左有一个倒分叉序列，最先是一片混沌（混沌 1 带区），系统运动可以到达整个状态空间的任何点。然后分叉为两片混沌（混沌 2 带区），状态空间分为三部分，两个混沌带，由一个非混沌区（白色部分）隔开。再顺序分叉为 4 片混沌（4 带区），8 片混沌（8 带区），…，2^k 片混沌（2^k 带区），…，形成一个反向的周期为 2^k 的混沌带序列。

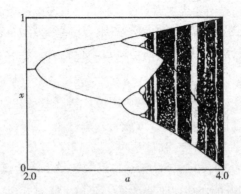

图 25 – 2　逻辑斯蒂方程的分叉和混沌运动全图

2. 周期窗口。系统在混沌区内并非总是作混沌运动，混沌区中存在无穷多个周期窗口，当控制参数在这些窗口内取值时，系统将作周期运动。图 25 – 2 中最明显的白条是周期 3 窗口，系统在这个范围内作三点周期运动。在其左边肉眼还可看到的有周期 5 和周期 7 窗口，数学分析证明，存在以任意自然数为周期的窗口，它们按照极其规则的顺序（沙可夫斯基序列）排列，显示了高度的有序性。

3. 自相似嵌套结构。仔细观察图 25 – 2 可以发现，混沌区具有层次嵌套的自相似结构，混沌区内有周期窗口，周期窗口内又有混沌区。图 25 – 3 是图 25 – 2 中某一部分的放大，与整体（图 25 – 2）具有相同的层次嵌套结构。缩小观察尺度，还可以发现更小尺度下的混沌带和周期窗口，层层相套，无穷无尽。

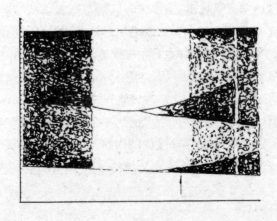

图 25 – 3　嵌套在一级周期窗口中的二级周期窗口

图25-4所示为保守系统的混沌运动，当KAM定理的条件不具备时，系统出现全局混沌，犹如一片汪洋大海，有序的周期运动区只是大海中的一些孤岛，岛内又有小的混沌湖，湖中有更小的有序运动岛屿，层层嵌套，无穷无尽，即自相似结构。

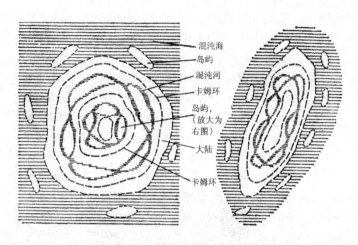

图25-4　保守系统的混沌运动

4. 费根鲍姆常数。有洞察力的读者看了图25.1或许猜测到，倍周期分叉点序列 a_1，…，a_k，…的收敛方式非常规则，其中会不会藏有什么玄机？事实的确如此。还看虫口模型，为便于讨论，将方程（25-1）变换为

$$x_{n+1} = 1 - \lambda x_n^2 \qquad (25-4)$$

倍周期分叉序列的分叉点记为 λ_1，λ_2，…，λ_k…。令

$$\delta_n = \frac{\lambda_k - \lambda_{k-1}}{\lambda_{k+1} - \lambda_k} \qquad (25-5)$$

费根鲍姆发现，当 $k \to \infty$ 时，这个比值存在极限

$$\delta = 4.669\cdots \qquad (25-6)$$

它对一大类存在混沌的系统都是不变的，属于一个新的物理常数。δ 被称为费根鲍姆常数，可能是混沌运动规律性的重要数量特征，其意义现在尚未被完全理解。

利用较为精致的数学工具还可以发现许多非常深刻的定性和定量规律性，如著名的标度律和普适性。这些事实表明，混沌绝非简单的无序，更像是被无序掩盖着的高级有序，有人称为混沌序。

25.4　确定性系统的内在随机性

混沌有什么特征？如前所说，混沌是确定性非周期流。所谓非周期流，指的是混沌轨道代表系统的一种定态行为，而不是处于过渡过程中的暂态行为；但它不具备周期性，也不是准周期运动，不能分解为多个不同周期运动的叠加。非周期性即无规则性，混沌性是类似随机性的无规则运动，一种以往的科学未曾考察过的不确定性。控制参数进入混沌区以后，系统的运动演化类似于物理学研究的布朗粒子在溶液中的运动，行走轨迹类似随机运动那样不规则、不确定。

仍看图 25 - 2。如在混沌区 $a \geqslant a_\infty$ 内按逻辑斯蒂方程计算，所得 x_n 在相空间的运动飘忽不定，与随机试验的结果原则上无法区分。若考察混沌区的 1 混沌带，状态空间的任何点都可能到达，但都是随机的。若考察混沌区的 2 混沌带，两片混沌带都可能到达，但究竟落在哪一片是随机的，忽而在这一片，忽而在那一片，没有一定。若考察 4 混沌带，则在 4 个混沌片中又是随机选取。

连续系统，如洛仑兹方程，情形也一样。为便于讨论，先介绍奇怪吸引子概念。第 20 讲指出，非混沌的规则运动的吸引子有不动点（平衡运动）、极限环（周期运动）和环面（准周期运动）三种，都是整形几何对象，统称为平庸吸引子，系统在吸引子上的运动是简单有序的。混沌运动的吸引子必定是极不规则的分形，称为奇怪吸引子。逻辑斯蒂方程是 1 维系统，它的奇怪吸引子是类似于康托尘埃那样的分形点集合，$0 < D < 1$，难以直观形象地展现。洛仑兹方程的吸引子是如图 25 - 5 所示的奇怪吸引子，一种非常漂亮的分形，有点像连在一起的两个轮子，中心处各有一个不动点 A 或 B。洛仑兹吸引子并非平面上的环线集，实际上是由无限多个分形曲面构成的复杂几何对象，处处连续，又处处有空隙。混沌是系统在奇怪吸引子上的运动，随机性表现为轨道在绕 A 行走若干圈以后将被随机地甩到另一轮上绕 B 运动，以后又随机地回到 A 点附近绕行，每次绕 A 或绕 B 的圈数、圈子的大小都不确定，呈现显著的随机性。

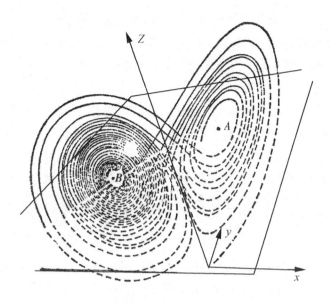

图25-5 洛仑兹方程的奇怪吸引子（D=2.06）

　　但混沌运动又与通常所说的随机运动有原则的不同。以布朗运动为例，描述它的数学方程是随机微分方程，方程中或者有反映随机力的外作用项，或控制参数是随机数，或初始条件是随机的。三种情形都代表一种外在随机性。混沌则不同，它是由完全确定性的方程描述的，是确定性系统内在地产生出来的随机性。逻辑斯蒂方程是确定性差分方程，x_n 与 x_{n+1} 的关系是完全确定的，控制参数 a 是确定的，知道 x_n 可以确定无疑地计算出 x_{n+1}，这里不存在任何不确定性，却产生了混沌这种不确定性。洛仑兹方程描述的也是完全确定性系统，没有随机外作用项，没有随机系数，初值也不是随机的，它的混沌运动是确定性系统自身的非线性因素相互作用的产物，一种内在随机性或自发随机性。

　　基于上述理由，混沌被定义为"确定性的随机性""确定性系统的内秉随机性"。美国物理学家、自称混沌"福音传教士"的福特更主张："混沌的最一般的定义应该写作：混沌意味着决定论的随机性。"为了说服别人，他还一再强调这个定义"绝对没有矛盾""完全合理"。

　　以牛顿力学为代表的经典科学教导我们，确定性系统的行为是确定性的，随机系统才会出现随机运动。与之相适应的哲学教导我们，确定性与随机性水火不相容，确定性的就不是随机性的，随机性的就不是确定性的。但混沌学推翻了这种说教，证明确定性与随机性的关系是辩证的，确定性可以产生不确定性，确定性系统能够产生随机运动。这一发现在科学史上确有惊世骇俗的作用。

难怪大力学家莱菲尔要以力学家全球集团的名义说：我们集体一致请求原谅，因为我们把接受教育的人们引向谬误，传播了关于满足牛顿运动规律的系统遵从确定论的思想；然而1960年以后才发现，情况并不是这样。

为了区别于传统理解的外在随机性，应把混沌视为一种内在（内秉）随机性。凡随机性都表现出某种统计确定性，需用概率方法描述。混沌运动也表现出统计确定性，可以用概率方法描述。总之，随机性是混沌运动的本质特征之一。

25.5　蝴蝶效应——对初值的敏感依赖性

混沌运动最基本的特征可以这样来表述：系统长期行为对初值具有敏感依赖性。用中国人熟知的语言讲，就是初值差以毫厘，结果失之千里。

一般来说，动力学系统的长期行为（即略去过渡过程的终态行为）取决于系统的动力学方程和初始条件，方程代表系统自身的动力学规律，初值代表由外在扰动给定的运动起点。一个给定数学方程的系统，它的运动轨道唯一由初值决定，不同初值一般对应于不同轨道，称为轨道对初值的依赖性。对于经典科学研究的问题，一般情形是运动轨道虽然因初值的不同而不同，但初值对轨道的影响并不显著，即通常所说的"初值的小偏离只能引起轨道的小偏离"，这是一种不敏感的依赖性。只有在某些特殊点上才会出现小的初值偏离引起大的轨道偏离，而这种点是个别的，总可以设法避开。长期以来，这个认识被当作普遍适用的科学原理。混沌研究推翻了这个结论，因为它只在控制空间的周期区内才成立。当控制参数在混沌区取值时，系统在相空间的一个叫作奇怪吸引子的无限点集上处处敏感地依赖于初始条件，只要两个初值不同，不论二者之差多么微小，在以后的运行演化中都会被不断指数式放大，由这两个初值引出的两条轨道不断相互分离，轨道的偏离不断加大，将达到在整个相空间尺度上的相互偏离。

进入混沌区之后，系统运动对初值的敏感依赖性究竟敏感到何种程度？西方国家流传的一首歌谣颇能说明问题：

丢了一个钉子，坏了一只蹄铁；

坏了一只蹄铁，折了一匹战马；

折了一匹战马，伤了一位骑士；

伤了一位骑士，输了一场战斗；

输了一场战斗，亡了一个帝国。

掉了一个马蹄钉原本是微不足道的小事，由于被非线性地反复放大，最终导致一个庞大帝国的灭亡这种重大后果。歌谣当然过分夸张，但小事件导致出人意料的巨大后果，这种现象并不罕见。如果把世界系统 90 年前爆发的第一次世界大战看成混沌，导火线即初值扰动原本是一件小事，称得上是敏感地依赖于初值。就是说，那个年代的世界系统进入了混沌运动区，小小事件导致巨大后果。

欲体会混沌轨道对初值的敏感依赖性究竟敏感到何等程度，更形象、更夸张而又生动的说法是洛仑兹提出的"蝴蝶效应"：纽约州的一只蝴蝶扑腾一下翅膀，可能导致三个月后得克萨斯州天气的巨大不同。蝴蝶扑腾翅膀的作用微乎其微，竟然导致大气系统发生宏观整体的大变化，您说奇妙不奇妙？"蝴蝶效应"已近乎成为混沌的品牌。

为加深你对初值敏感依赖性的印象，再举一个数值例子。在逻辑斯蒂系统中，给定两个初值 $x_{01} = 0.199999$ 和 $x_{02} = 0.200001$，二者之差为 0.000002 (10^{-6})，极其微小。但由它们开始的两条轨道时而趋近，时而分离，相分离时差距可以大到 x_{01} 为 0.597，x_{02} 为 0.004，跟相空间为同一数量级。

26.6　混沌的魅力

混沌的魅力在于它是一系列矛盾的统一体：

确定性与随机性的对立统一，见前述。

有序性与无序性的对立统一，见前述。

周期性与非周期性的对立统一。无论是逻辑斯蒂方程，还是洛仑兹方程，都既存在周期解，也存在非周期解，即混沌解。非周期性是混沌运动的重要特征之一，但混沌又跟周期运动密切相关，周期运动失稳是走向混沌的前奏，倍周期分叉是导致系统进入混沌运动的机制之一。约克和李天岩那篇首次引入混沌概念的著名论文题目为"周期三意味着混沌"，揭示出一个重要规律：一个系统只要存在三点周期，就一定存在混沌。

稳定性与不稳定性的对立统一。耗散混沌是系统在奇怪吸引子上的运动，既稳定，又不稳定。用自嘲为"混沌贩子"的朱照宣的话来说，系统在奇怪吸引子上的混沌运动是：进得去，出不来；跑不掉，又安定不下来，只能在被限制的范围内到处游荡。文雅点说，混沌是局部不稳定而全局稳定，是稳定性与不稳定性相统一的一种运动体制。

可预测性与不可预测性的对立统一。对初值的敏感依赖性带来的一个重要后果是，混沌运动的长期行为具有不可预见性（短期行为仍然是可预测的）。这也是令人惊奇的发现。因为经典科学历来深信确定性系统的行为是完全可以预测的。大科学家拉普拉斯曾放言，只要精确给定初始条件，他就可以确定每个分子未来的位置。他讲的是确定性系统，短期行为和长期行为都是可以预测的。随机系统的短期行为与长期行为一样都不能精确预测。混沌学却证明，确定性混沌运动的短期行为可以预测，但长期行为与随机系统一样无法预见。长期跟短期不再一致，长期行为不再是短期行为的简单积累，这一点就颇具魅力。混沌排除了经典科学关于确定性系统可预见性的狂想，暴露了人类理性新的局限性。

但混沌并非绝对不可预见的，奇怪吸引子在相空间的位置是确定的，各个吸引域的范围是确定的，混沌运动服从统计规律，这些特征都使混沌系统的长期行为也有一定的可预见性。事实上，发现混沌为扩展人类预见能力提供了新途径。许多过去一直被认为混乱无规而不能预测的现象，今天把它们看作某个系统的混沌运动而给以很好的预测。这种混沌预测技术已被应用于股票市场等过去一直无法预测的现象，取得初步成功。所以，简单地说"混沌是不可预测的"是非科学的。混沌既可预测，又不可预测，这种矛盾"性格"使混沌给人以前所未见的诱惑：利用混沌运动预测不可预测的事物。

第 26 讲

超循环论

超循环论的创立者是德国生物物理学家艾根，诺贝尔化学奖得主。1970 年，艾根在一次讲演中首次提出超循环的思想。之后，他相继发表《物质的自组织和生物大分子的进化》《生物信息的起源》等论文，阐述这一思想。1979 年，艾根与舒斯特以他们此前合写的论文为基础，出版了专著《超循环：一个自然的自组织原理》，系统阐述了他们的理论。超循环论是以分子生物学、非平衡统计物理学和系统理论为依据，以论述细胞起源为目标而建立的自组织理论。他们应用现代动力学方法和计算机模拟技术，在提出一种言之成理的细胞起源假说的同时，也从一个独特的角度阐述了系统自组织的机制。超循环理论尚属于生物学范畴，它的一些基本概念（如拟种）还不能进入系统科学的概念体系，但它关于自组织运动规律性的一些独到的见解具有普遍意义，为建立系统学提供了重要的构筑材料。

26.1　典型系统：第一个活细胞的创生

生命起源问题至今仍然是对科学的最大挑战之一。在拉马克工作的基础上，达尔文提出物种进化论，第一次给生命起源问题以系统的理论说明。现代生物学把自然选择原理和基因理论结合起来，以基因突变和基因重组为基本机制，发展了进化论，揭示出从原核生物到真核生物、从单细胞生物到多细胞生物、从低级生物到高级生物的演化轨迹。然而，关于最初的原核生物的起源问题，达尔文及现代生物学并未给出回答。达尔文主义属于物种演化的自组织理论，还不是生命起源的自组织理论。

奥巴林等人在 20 世纪早期提出的理论，令人信服地解释了如何从一般物质分子进化出化学大分子。生命起源的基本条件是原始大气、能量和原始海洋，地球在演化中逐步具备了这些条件之后，化学演化又经历了三个小阶段，首先是从无机物中生成有机小分子，接着是从有机小分子生成有机大分子，再后是从有机大分子生成多分子体系。有机分子还不具备生命，但只有进化出有机分子，生物分子的产生才有了物质基础。这就是奥巴林学说的贡献，它属于化学进化阶段的自组织理论。

艾根发现，从化学大分子到第一个活细胞，其间仍然存在很大的距离，还有许多进化的困难有待克服。从化学大分子到第一个细胞的出现必定也是一种自组织过程，但达尔文进化论没有考察细胞的起源问题，奥巴林学说回答不了细胞起源问题。艾根由此断言，在化学进化与物种进化之间必定存在另一个进化阶段，它的任务是把这两个阶段连接起来，实现从化学大分子经过自组织运动而产生活细胞这一独特的进化目标。他称其为分子进化阶段，超循环论就是关于如何从化学大分子进化到活细胞的自组织理论，因而又称为分子进化论。

26.2　超循环：循环的循环

循环现象在现实世界无处不在。日落月升，冬去春来，潮汐运动，云水循环，大自然的无生命界有数不尽的循环运动。生物个体有生、长、老、死的生命循环，动物躯体中有血液循环，细胞新陈代谢、各种生物钟现象也是循环现象。我们日常生活充满循环现象，朝起夕卧，上班下班，开学放学，等等。人大代表的换届选举，经济发展的长短周期，大国的兴衰，都是循环。一切复杂因果关系中都可以发现循环现象。

循环是一种重要的系统现象或系统机制。艾根认为，系统组分（元素和分系统）之间相互耦合的方式千差万别，但不外乎图26-1所示的三种基本方式：

（a）开链式连接，特点是不同组分之间因果界限分明，随着演化进程把所有的优势都传给序列中的最后成员，极不利于整体优化，严重阻碍系统形成足够的规模，承受冲击的能力差。按照一字长蛇阵行进的军队很容易被打乱，严格区分上下游的系统存在严重的不公平，上游易于萎缩，下游易于养尊处优。

（b）分支结构，或树状结构，特点是稳定性差，某个分支被选择，意味着其他分支被淘汰，同样限制了系统的规模。这两种都是非循环结构，本质上为线性结构（树状结构其实是若干开链结构的并置），不能产生组分之间的相干作用，不利于系统自我增强和生长，不是向活细胞进化的关键性组织模式。

（c）循环连接，系统中的各组分互为因果，相互促进，每个组分的优势均可被其他组分利用，导致系统整体不断自我增强。循环结构必有反馈，有反馈才有循环。循环连接是一类典型的非线性结构模式，只要应用得当，既可能使新生事物非线性地放大，也可能使陈旧因素非线性地衰减。要创造细胞这种极其复杂的系统，离不开循环结构。

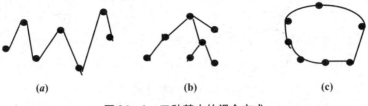

图 26 – 1　三种基本的耦合方式

大自然在化学进化阶段已经自组织地产生出某些循环耦合模式。最初产生的是反应循环，由一系列化学反应组成，其中每一步反应形成的产物都是参与下一步反应的反应物，每一步的反应物都是上一步反应的产物。最简单的是如图 26 – 2 所示的三元反应循环，S 为底物，P 为产物，E 为催化剂，例如酶。E 与 S 首先结合成中间复合物 ES，ES 又转变为 EP，EP 释放出产物 P 和酶 E，E 再参加下一轮循环。光合作用中的卡尔文循环，呼吸过程中的三羧酸循环，都是反应循环。反应循环整体上相当于一个催化剂（右图），是一种重要的整体涌现特性，但产物只能随时间线性增长，属于一种组织水平低下的循环。

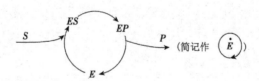

图 26 – 2　反应循环

自然界进一步的进化产生了以反应循环为分系统的循环，叫作催化循环。所谓催化循环，指的是一类特殊的反应循环，特殊在其中至少有一个中间产物是催化剂（即催化作用来自外物的他催化）。图 26 – 3 所示的催化循环有 n 个中间物 E_1, E_2, …, E_n，每一个都是催化剂，E_i 对形成 E_{i+1} 是催化剂，E_n 又催化 E_1 的产生，形成一个完整的循环。右图是左图的简化表示。催化循环的组织水平高于反应循环，在整体上相当于一个自催化剂，具有某种自复制能力，能够在循环过程中指导自身的复制（由他催化产生的自催化）。这种机能对于生命的产生、维持和运动至关紧要。

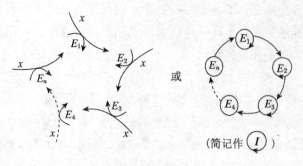

图 26 – 3　催化循环

仅有催化循环对于从化学大分子中产生出细胞远远不够，需要有更复杂精致的循环结构，以便产生更高级的自组织运动。这就是以催化循环为分系统，通过功能的循环联系而把多个催化循环耦合在一起，形成循环的循环。这种由多个自催化或自复制单元循环联系起来所构成的复杂循环，被艾根称为超循环。最简单的超循环如图 26 – 4 所示。左图给出一个由自指导单元 I_i 组成的催化超循环，I_i 具有双重催化功能，作为自催化剂，中间产物 I_i 能够指导自身的自复制；作为催化剂，I_i 又能够给下一步反应的中间物的自复制提供催化支持。右图是左图的简化表示。跟一般的催化循环比，超循环显然具有更高的组织水平。

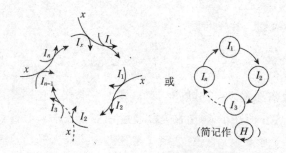

图 26 – 4　超循环

26.3　超循环：解决因果难题的必要工具

艾根认为，从哲学上看，生命起源问题常常归结为因果问题。古人早就发现一个难题：先有鸡还是先有蛋？现代生物学发现，核酸和蛋白质都是生命的物质基础，活细胞通过蛋白质来表达功能，又通过核酸进行信息编码。在分子层次上揭示生命如何起源，关键是回答这样一个问题：先有核酸还是先有蛋白？若把核酸称为分子鸡，蛋白称为分子蛋，现在的问题是：先有分子鸡，还是先有分子蛋？这仍然是那个老难题：没有分子鸡，谁来"下"分子蛋？没有分子蛋，如何"孵化"出分子鸡？

艾根指出，这个难题是由于把因果界限绝对化的机械论造成的。从演化观点看，世界原来既无鸡、也无蛋，因而也就没有鸡下蛋、蛋孵鸡的循环。但演化的本质或奥妙之处就在于老子所谓"有生于无"，循环来自非循环，没有鸡与蛋互为因果的早期世界在漫长演化过程的某个临界点上发生突变，同时，出现了鸡和蛋以及二者的因果循环。用这个辩证命题来考察生命起源，问题不在于确定细胞中核酸与蛋白哪个在先、哪个在后，即哪个为因、哪个为果；问题在于揭示从不存在核酸与蛋白互为因果的循环联系的前细胞物质，如何进化到出现这种因果循环的原始细胞。基于现代科学的大量事实，艾根合理地假定在化学进化阶段末期，地球上已分别进化出原始核酸（核酸的前体）与原始蛋白（蛋白的前体），在积累到一定丰度之后，它们将随机地但又不可避免地相遇，通过碰撞找寻一种相互适应的耦合形式，从而把自组织系统所必需集结的一切性质都集结起来，获得向生命细胞继续进化的能力。一旦完成了这种耦合，正式的核酸和蛋白及其因果循环就完成了从无到有的演化。奥巴林等人的工作为艾根的这一假设提供了一定的科学根据。

艾根论证说，要使原始核酸和原始蛋白耦合起来，不仅线性连接方式（开链式和分支式）不行，一般的循环连接方式也不行，唯一可能的方式是超循环。原始核酸与原始蛋白一经耦合为超循环，不论初始联系多么微弱，因与果、起点与终点的区别就失去本来的严格性，并借助自我增强的循环本性逐步进化，逐步淡化耦合前的遗迹。一旦在进化中创造出高度精致的酶机构，就会将这种耦合体整合为活细胞形式，最终形成现代人无法解开的因果循环。

26.4　超循环：克服信息危机的关键机制

直观上可以断定，生命系统所内蕴的信息要比无生命系统的信息多得多。以人体而论，不必说组织、器官、系统乃至整个躯体等层次上的信息，仅就微观层次看，生物的基因信息与物理化学系统的分子、原子、基本粒子诸层次上的信息就没有可比性。无生命层次的信息和生命层次的信息之间存在天壤之别，这正是从无生命进化出生命的最大难关。

艾根依据分子生物学的研究成果指出，隐藏在分子鸡与分子蛋因果循环背后的深层次难题，是生物复杂性的来源问题，或生物信息的起源问题。核苷酸的信息量约 2×10^2 比特，它的复杂性是从 10^{60} 种可能序列中做出选择。储存于高级生命染色体 DNA 链中的总信息量约为 10^{10} 比特，其复杂性是从 $10^{3 \times 10^9}$ 种可能序列中做出选择。物质世界进化中要跨越如此巨大的鸿沟是极其困难的，这就是艾根所说的"信息危机"。跨越这一危机需要大自然的某种巨大的自创生活动。从系统学看，就是要创造一种全新的组织模式，把相对短的化学大分子链整合在一起，形成一种全新的运作机制，能够急剧地扩大信息量，使生命细胞必需的翻译机构得以产生并不断进化，一直到出现活细胞。从哲学上看，就是要创造一种全新的综合模式，使复制与变异、分解与合成、耦合与隔离、协同与竞争、立法与实施、发散与收敛、稳定与不稳定、个体化与一体化等矛盾辩证地统一起来。大自然也的确实现了这种自创生。

大自然在化学进化阶段出现的这种无法克服的信息危机，正是超循环大显身手的地方。作为一种更高级的组织模式，超循环具有内在的信息整合能力，既具备减少复制误差的机制，又具备接受新信息的机制。任何其他类型的组织模式，包括催化循环那样复杂性较低的组织模式，都不配作为整合信息的系统模式。超循环是克服信息危机所必需的复杂程度最低的动力学结构。用艾根的话来说，分子进化中的突破必定是由几种自复制单元整合成协同系统所带来的，能够进行这种整合的机制只能由超循环这类结构来提供。

26.5 超循环：一旦—永存机制的缔造者

偶然性与必然性、随机性与确定性的相互关系，是阐述生命起源无法回避的基本问题。肯定必然性而排除偶然性，肯定偶然性而排除必然性，坚持偶然性与必然性的辩证统一，代表生命起源问题上的三种基本哲学观点。艾根摒弃了绝对偶然性假说和完全确定论假说，倡导所谓"中间型假说"。此说既承认生命起源中充满随机性，又承认物理规律的普遍有效性（必然性），把分子进化看作有规律可循的过程。

跟无生命系统相比较，生命的根本特征可以归结为三点：代谢、自复制和变异。代谢指的是系统利用物质和能量的能力，包含分解代谢和合成代谢两种类型，只能发生于远离平衡态的系统中。自复制和变异主要是信息运作问题。从化学大分子到细胞的进化要度过信息难关，必须依靠两个关键的机制来积累信息。一是保存信息，防止流失。保存信息的手段是复制（拷贝）信息。生命作为自组织，不能像拷贝软件那样由人使用机器这种他组织方式，只能靠分子种的自复制。自复制能力对于任何选择机制都是必要的，没有足够强的自复制能力，已经产生和积累的信息必然溃散。

另一个关键是如何产生新信息。分子种被定义为具有不同信息容量的复制单元。任何复制都不可能完全准确无误，出现复制错误意味着不同于既有信息的意外信息的产生。复制错误导致的突变是新信息的主要来源，所以，"错误导致进化"被当作超循环理论的重要原理之一。复制错误相当于复制过程的涨落，错误导致进化原理相当于耗散结构论讲的涨落导致有序原理，两种自组织理论在深层次上是相通的。

日常生活中常有这样的情况：办事过程可能存在一个关节点，在此之前停止不干是可以的，"后悔还来得及"；一旦过了这个点，"后悔就来不及了"，只得一直走下去。这叫作"不可返回点"，是一种不可逆性，一种非线性效应，线性系统不可能如此。艾根认为，从化学大分子到出现生命的演化过程就存在某种"不可返回点"，突变体一旦到达这种点，就只能沿着已选择的方向走下去。艾根称其为"一旦建立，就永远存在下去的选择"，简称为"一旦—永存"机制，断言超循环就是能够把分子进化推进到这种不可返回点的关键因素。

生物物种的无限多样性与遗传密码、手性的高度统一性的矛盾，也可从超循环论得到一定的解释。在选择约束下，不同超循环为选择而斗争。为了复制其功能特征，超循环系统必须选择一定的密码和翻译机构。选择是排他的，只能有一种方案被选择。被选择者不允许其他独立竞争者集结，特定的选择将导致对特定密码和手性的普遍利用。可能的密码和手性或许不是唯一的，被选择的机会可以均等。由于涨落，其中一个碰巧在集结中出现而被选择；由于这种"一旦—永存"机制，它成为竞争的唯一获胜者。这就是我们今天看到的生物统一性的来源。

超循环论还是一种理论假说，艾根提供的主要是理论分析和计算机数值实验数据，物理实验、生化实验、古生物学方面的根据极少。但艾根的理论构想有其合理之处，有助于最终弄清生命起源。特别的是，它为系统科学的自组织理论提供了丰富的思想资料。

第 27 讲

复杂适应系统理论

从第 14 讲起，每一种系统理论都在谈论复杂性，但都未明确以复杂性来命名。从本讲起，我们用三节来分别讨论三种以复杂性命名的系统理论。它们的出现反映了复杂性研究上了一个新台阶，对复杂性的认识显著地深化了。

27.1 圣塔菲学派的复杂性探索

进入 20 世纪以后，美国逐渐走向现代科学的最前沿，特别是由于法西斯的迫害和世界大战的威胁，大批欧洲一流科学家移居海外，使其首选地美国迅速崛起为世界头号科学强国。在本书涉及的大多数新兴学科中，美国或者是它们的诞生地，或者是它们的主力军之一。在这片国土上，不仅培养出难以计数的科学前沿领军人物，也培育了许多战略科学家和科学新探索的组织者。乔治·柯文就属于后一类人物。柯文为美国核军备竞赛效劳数十年，却毫无悔意，但也曾抗拒过麦卡锡主义。撇开对其政治倾向的评价，这位长期活跃在洛沙拉莫斯核武器实验基地决策与管理层的人物，虽然在科学上并无大建树，却培育了广阔的学术视野，善于洞察科学发展的新方向。

20 世纪 70 年代是一系列新兴学科迅速发展的时期，本书介绍的新学科都属于其核心部分。粗略地讲，可以用复杂性科学来概括它们。柯文越来越关注这些新动向，意识到传统的还原论科学正在走进死胡同，真实世界要求科学家用更加整体的、非线性的、有机联系的眼光看问题，敏锐地觉察到世界科学界"有某件大事正在酝酿中"，科学面临新的大整合，必须开展复杂系统的跨学科研究，培养 21 世纪的文艺复兴式人物。柯文认为："如果由大学自由发展，那至少三十年大学也不会开始对复杂系统的研究。"他掂量再三，觉得如果能够把这个惊人的科学挑战的前景描述清楚，说服别人，他的想法也许有可能实现。

柯文深知，跨学科研究必须聚集不同领域的优秀人才，洛沙拉莫斯基地就曾在曼哈顿计划的大旗下聚集了奥本海默、冯·诺伊曼、费曼等一批大科学家。柯文的新洞见得到基地一些学者的肯定，但他知道洛沙拉莫斯并非适当的机构，只得另起炉灶。凭借数十年间建立起来的人脉，柯文克服了许多非学术性的困难。重要的还在于，经过他的游说，三位在世界科学界享有盛誉的科学巨擘伸出援手，他们是夸克理论创建者盖尔曼、凝聚态物理学权威安德森和经济学权威阿罗，三位都是诺贝尔奖得主。1984 年，在新墨西哥州的一个叫作圣塔菲的环境优美的小地方，建立了以复杂性科学为标识的研究所，简称为 SFI。

圣塔菲最初的目标是建立关于复杂系统一元化理论，口气显然太大，很不现实。约翰·霍兰的加盟帮助 SFI 确定了较为现实的目标。按照霍兰的理解，存在两类演化系统。一类是非适应性演化系统，如天上的银河系、恒星系，地上的湍流、激光器等。另一类是适应性演化系统，如生物个体、种群、生态环境、个人、社会组织、国家等。非适应性演化系统也可能产生复杂性，但圣塔菲学派主要关注的应是适应性演化系统中产生的复杂性，并称之为复杂适应系统，简称为 CAS。从那时起，复杂适应系统理论就成为圣塔菲学派的主要学术旗帜，"适应产生复杂性"成为 SFI 的基本理论信念（假设）。

总结圣塔菲学术成果的代表作有：约翰·霍兰的《隐秩序——适应性造就复杂性》和《涌现——从混沌到有序》，马瑞·盖尔曼的《夸克与美洲豹——简单性和复杂性的奇遇》，米歇尔·沃德罗普的《复杂——诞生于秩序与混沌边缘的科学》，约翰·卡斯蒂的《虚实世界——计算机仿真如何改变科学的疆域》等，以及一系列论文集。

CAS 理论也不能简单地划归系统科学，因为它的大量内容是系统科学与自然科学、生态科学、经济学、政治学、社会学、可持续发展理论等的交叉研究。圣塔菲学派自己举的学术旗号也不是系统科学，而是复杂性研究。但作为一种系统理论，特别是在所谓圣塔菲理念下对复杂性的阐述，SFI 对系统科学的贡献不可小视。

27.2　复杂适应系统的组分与结构

前述各种系统理论几乎都把元素当作死的存在物，没有个性和主动性，按照盲目的自然规律对环境的作用作出反应。就如同你向空中扔出一块石头，它对你施加的作用力所作出回应，无非是遵循力学规律作完全确定性的抛物线运动，落到确定的地点，没有复杂性可言。自动控制系统中的元件，贝纳德流中的液体分子，激光器中的偶极子，都是这种元素。由这种组分构成的都是非适应性系统。

图 27－1　被抛出的石头和小鸟运动轨迹比较

相反，如果你扔向空中的是一只小鸟，尽管它也有质量，也不能违背力学规律，但小鸟具有主动性和适应性，能够观察周围环境，主动收集和处理信息，选择一定的飞行路线和落脚点，奋力振翅飞向自己的目的地，其运动轨迹不再是抛物线。小鸟飞行就是一个适应性系统。当系统由类似小鸟这种有主动性、适应性的组分构成时，要描述它的行为特性，揭示其内在机制，前述所有系统理论都无能为力。圣塔菲钟情的复杂适应系统（简记为 CAS）就是以这类对象为组分而构成的系统，它们显然要比非适应性系统复杂许多。

复杂适应系统理论对系统科学的重要推进，首先是它赋予系统组分以主动性、适应性，并借用经济学概念称之为行动者（agent，或译为作用者、主体等），更完整的称谓是适应性行动者。细胞作为 CAS，行动者是细胞核、线粒体等细胞器。胚胎作为 CAS，行动者是细胞。大脑作为 CAS，行动者是神经元。公司作为 CAS，职员、职能部门是行动者。在生态系统中，行动者是物种。在经济系统中，个人、公司、厂家、商店等是行动者。在教育系统中，学生、教师、学校等是行动者。在世界系统中，国家、国际组织是行动者，等等。尽管这些行动者五花八门，特质迥异，但都有共同的特点：它们都具有主动性和适应性，会学习，能够积累经验，通过了解外部环境的变化来调整、改进自己，以适应环境。

古人已经懂得"物以类聚，人以群分"的道理（后半句改为"人以群集"或许更准确），但对其内在机制始终不甚了了。CAS 理论指出，适应性行动者之主动性的一个重要表现，就是具有自我集聚的本性，不安于孤身独处。只要同一大环境中分散存在着众多适应性行动者，它们就有自动聚集起来的趋向。聚集是一种相互作用，大量行动者在这种相互作用中逐渐找到稳定的关联方式，形成具有一定结构的聚集体（系统），能够采取集体行动。

小的聚集体仍然具有自发的聚集趋势，聚集成为大的聚集体。如在经济领域中，个人聚集为公司，小公司聚集为大公司，进一步聚集为集团公司，各种公司聚集为市场。又如在生命领域，一组蛋白质、脂肪和氨基酸聚集成为一个细胞，一组细胞聚集成为组织，诸多组织聚集成为器官，一系列器官聚集成为一个完整的生物个体，一群个体聚集成为生态系统。在语言领域，单词聚集为句子，句子聚集为段落，段落聚集为文章，文章聚集为文集，等等。我们中华民族是由生活在东亚大陆上的原始人群逐步聚集而成的。所谓全球化，无非是地球上的国家、民族这些大聚集体进一步聚集、整合，使地球人类成为一个巨系统而已。

不同聚集体有不同的聚集方式，形成不同的 CAS 结构。但一个共同点是，如此逐级聚集的结果，使得所有 CAS 都具有多级层次结构，下一层次的小聚集体成为构筑上一层次聚集体的建筑砖块。能够修正和重组自己的建筑砖块，能够形成更高层次的聚集体，是 CAS 根本的适应性机制。

27.3　复杂适应系统的环境

在 CAS 理论中，任何特定的适应性行动者所处的环境，其主要部分都是由其他适应性行动者组成的，每个行动者在适应方面的努力就是要去适应其他适应性行动者，为同它们相适应而行动、学习、改进自身。公司作为适应性行动者，其环境主要是跟它有关联的其他公司、消费者、供货商以及政府部门，依据环境确定自己的经营方向、组织结构、管理方式等。大学作为适应性行动者，为适应那些也是适应性行动者的社会其他部门对人才和科研成果的需要而努力，不时调整专业和课程设置，吸引优秀人才，提高管理水平。同一环境中的不同行动者相互提供资源，相互产生适应性压力，既相互支持和合作，又相互制约和竞争，在合作与竞争中相互适应。环境中还可能存在作为入侵者的其他适应性行动者，如免疫系统的抗原，作为适应性行动者的抗体是在同抗原的对抗中学习和自我改进的。不论是合作者、共生者、竞争者或入侵者，它们的总和构成 CAS 行为、特性、策略、努力的评价者，或表扬或批评，或奖励或惩罚，最终扮演选择者的角色。每个适应性行动者努力去适应其他适应性行动者，这个特征是 CAS 生成复杂动态模式的主要根源。

CAS 理论很重视考察行动者的小生境（niche），或称为生态位。复杂适应系统总会产生许多小生境，每个这样的小生境都可能被一个能使自己适于在其中生存发展的行动者所占据。现代社会中,一个工作岗位就是一个生态位。每一个行动者占据一个小生境的同时,又可能开拓出更多的小生境,从而为新的寄生物、新的掠夺者、新的被捕食者、新的共生者开拓出更大的生存空间。一项新工程上马,为社会上的其他适应性行动者提供了由就业岗位、供货商、消费者等构成的小生境。中国加入 WTO,为世界各国既提供了价廉物美的产品,又提供了广阔的市场,从而为它们发展经济提供了前所未有的良好生态位,形成许多新的竞争、合作、共生关系。东盟各国跟中国的关系日趋深化,相当程度上是中国的发展为他们提供了更有吸引力的小生境所致,而东盟的发展也改善了中国的小生境。正是通过这样的互动互应,造就出环境的多样性、多变性、丰富性,为 CAS 的复杂性准备了客观来源。

为简化描述,目前的 CAS 理论把适应性行动者跟环境的关系表达为刺激和响应的关系。刺激代表环境对系统施加的作用,响应代表系统对环境的回报,即反作用,刺激和响应都是纷繁多样的,需要有所选择、取舍,舍弃大量次要因素,选择少数主要因素,才能有效描述系统。在经济系统中,公司作为行动者,刺激可以是原材料和资金,响应则是待售的产品。在中枢神经系统中,刺激可以是到达每个神经元表面的脉冲,响应则是神经元发出的脉冲。在文学创作系统中,刺激是现实生活中各种激动人心的事件材料,响应则是那些给人以美感享受的文学形象。经过这样简化处理的环境,既是施加于系统的一组刺激(集合),又是一组系统输出响应的承受者,如图 9-2 所示。刺激—响应模式实质是一种黑箱方法,它使许多 CAS 问题的处理有路可行,但也使 CAS 理论带有很大局限性,经典控制论的色彩比较明显。

CAS 的外部环境中还包括各种各样的不能看成适应性行动者的事物和系统,它们对 CAS 的生存发展起着不可忽视的作用,每个 CAS 都必须努力去适应和利用这种非适应性存在物。如自然环境,它不可能为了适应公司、学校、工厂之类适应性行动者而改变自己,却不得不承受这些具有主动性和适应性的行动者单向索取资源和排泄废弃物带来的变化,而这类变化总是不利于活动在其中的那些适应性行动者的。不过,目前的 CAS 理论很少考虑此类环境因素,乃是它的一个重要缺陷。

27.4　复杂适应系统的信息运作

被扔出去的石头只需对外力(投掷力和重力)做出直接的回应,其中的信息运作极其简单平庸，无须用信息原理来说明，力学语言足够了。被扔出去的小鸟则大不相同，除了投掷力和重力，更重要的是小鸟自己的主动性行为；不仅小鸟体内存储大量本能式信息，而且它还会观察外部环境，联系对照体内信息，进行信息加工处理，不断对环境作出试探性回应，不断反馈信息，修正决策，直到抵达目的地。小鸟本身是一个受制于信息运作的复杂适应系统，了解其信息运作的特点，才能了解这类系统的运作机理。由于这种差别，石头运动是简单系统、非适应性系统，小鸟运动是复杂适应系统。

CAS 理论的一个重要假设是，任何 CAS 都具有预测能力，而非适应性系统的问题正在于它没有预测能力。能够预测未来看似系统的一种外在特性，其机制却是一种基于系统内在结构的信息运作模式。所以，在研究复杂适应系统时，人们通常关注的是系统的信息运作。第 9 讲提到的各种信息运作在一切 CAS 中原则上都已出现，最关键的是建立和使用关于行为对象的内部预测模式。

俗话说，人体解剖是猴体解剖的钥匙。我们先来讨论个人作为复杂适应系统的内部模式。你到某个不熟悉的城市去开会，出了火车站，来在大街上，心里有个"招手上车"的预设模式，想拦截一辆出租车。但一辆辆小车从你面前飞驰而过，对你的招手熟视无睹，其中一些车却在前方不远处停了下来。你立即开动脑筋，估计此处可能不许停车，那里才是停车处，这便是你对原有内部模式的修正。依据这个新模式，你走到那个停车处招手拦车。说也奇怪，你所拦截的车都有乘客，空车总是被别人先锁定，新模式仍然不得成功，尚须进一步修正。经过仔细观察分析，你发现外顶灯亮着的车才是空的，无选择地拦截不行，这便是又一次修正内部模式。按此模式一试，果然一辆小车在你面前停下来，你的行为终于成功了。从信息运作角度看，这是一个反复建立、试用、修正内在模式，直至成功为止的信息运作过程。

复杂适应系统之所以优越于非适应性系统，关键就在于前者具有内部预测模式，据之可以感知环境，做出预测，进而采取回应环境的行动，并根据行动的经验来检验、修正、补充、优化这种内部模式，使自己得以进化。这一过程大体划分为五步：

第一步，积累经验，收集信息；

第二步，总结经验，处理信息（特别是压缩信息），发现规律，提炼成内部预测模式；

第三步，把内部模式与实时（现场）的信息资料结合起来，描述环境，预测未来；

第四步，采取行动，作用于现实世界；

第五步，对行动后果进行信息反馈，收集经验，对现有模式进行评价和选择，补充、修正、发展内部模式。

人是进化水平最高的 CAS，建立内部模式的能力最发达最完善，低级的复杂适应系统无法跟人相比拟。但只要是 CAS，就或多或少具有预测外界的能力。一切生命系统都会依靠本能来回应环境的作用，越是低级的生命系统越依赖于本能。本能实质上也是一种适应性，是生命系统在数百万年进化中创造、积累、储存在基因中的信息，即内在化、结构化、模式化了的经验，系统据之接受环境信息，采取行动，对环境压力做出反应。所以，本能就是一种内部模式。高等动物除本能这种模式外，它的群体还进化出某种"文化"，个体可以在这个文化大环境下通过实践和学习而建立更有效的内部模式。进化到人类这种动物，对环境的适应性行动主要不再依靠本能，而是在经验和思维的基础上有意识地建立和改进内部模式，不断提高建立内部模式的能力，但本能仍然是不可缺少的。

一切有人参与的复杂适应系统，小至于家庭、公司、学校，中至于经济系统、政治系统、文化系统，大至于民族、国家、社会、全人类，都具有这种建立、使用、改进内部预测模式的性能。中华民族的近现代史就是一个典型。由于中国传统文化自身的消极因素，加上清王朝闭关锁国和内部腐败，以鸦片战争为起点，中国开始堕入半殖民地半封建的深渊，受尽凌辱。但也是从那时起，先进的中国人开始探索民族自救的途径，提出各种救亡图存的理论、方案、谋略，它们都是中华民族这个 CAS 在尝试建立新的内部模式，用之于预测未来和指导行动，先后发生了太平天国运动、洋务运动、戊戌变法、义和团运动、辛亥革命、五四运动等。在一百多年中，一次又一次的试探，一次又一次的失败，一次又一次的总结经验，一次又一次的提炼、修改模式，重新奋斗，一直到新中国的建立。毛泽东对这一复杂适应性行为过程做出精辟概括："斗争，失败，再斗争，再失败，再斗争，直至胜利这就是人民的逻辑。"新中国建立以来，面对如何建设国家这个新课题，这一逻辑还在继续发生作用，尽管取得举世瞩目的成就，仍然问题多多，尚须不断预测、试探、总结、改进内部模式。显然，这也是一切有生命力的复杂适应系统的共同逻辑。

27.5 复杂适应系统的特性

作为一种整体涌现特性，CAS 的复杂性难以用微分方程之类数学模型来描述，还原论科学创造的那些由局部描述过渡到整体描述的方法均已失效。如霍兰所说，可行的办法"就是对 CAS 进行跨学科的比较以抽取其共性"。霍兰认为，深入了解 CAS 的关键是 7 个基本点：聚集、非线性、流和多样性等 4 个特性，标识、内部模型和积木等 3 个机制。图 27 – 2 画出它们的图像和在复杂适应系统研究中所承担的角色。

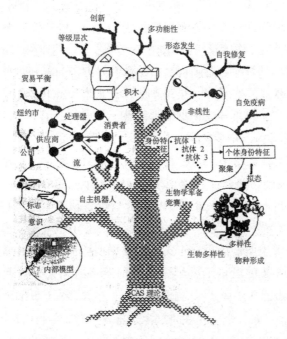

图 27 – 2　CAS 研究中 7 个基本点所承担的角色

圣塔菲学派自身就是一个在现代科学前沿涌现出来的 CAS。不妨以它为案例，对 7 个基本点作简略说明。

1. 聚集。一个 CAS 生成之前，大环境中必定已生成诸多适应性行动者，彼此有聚集起来作为一个系统而生存发展的要求和趋势。事实上，从 20 世纪 50 年代以来，美国学界相继出现一批探索复杂性的工作，如霍兰研究适应性、发明遗传算法，霍夫曼研究基因网络、自动催化组，阿瑟提出报酬递增经济学，朗顿提出人工生命等。他们都是复杂性研究领域的 agent（适应性行动者），各自独立探索，彼此互不知晓，但都在寻觅知音，期望聚集，以求把自己热衷的跨学科研究推向高潮，到 20 世纪 70 年代已经是遍地星火，需要聚集了。

2. 标识。标识如同一面旗帜，是系统赖以把行动者聚集起来、生成边界的机制，也是趋向于聚集的行动者相互识别的标志。柯文等人组建从事跨学科研究机构圣塔菲,就是竖起一面旗帜,复杂性研究是它聚集适应性行动者的标识。事实上,SFI 的出世立即在美国乃至全世界产生了吸引力,可谓"振臂一呼,应者云集"。

3. 非线性。行动者相互作用本质上是非线性的,新的聚集体(系统)的特性、功能、作用等不是参与聚集的各个行动者特性、功能的线性叠加,而是它们之间非线性相互作用产生的非平庸的整体涌现性。思想学术领域的 agent 们思想相互交锋、相互激励,其非线性效应更明显,新的创新性思想都来自这些行动者之间的非线性相互作用,沃德罗普的《复杂》一书对此有生动的叙述。

4. 流。诸多行动者聚集而成系统,就会形成以行动者为节点的网络,资源在其中流动,系统是节点、连接者、资源的整合体。如果系统是工厂,则车间是行动者或节点,运输和通信线路是连接者,原材料、工具、半成品、信息等是资源。对于圣塔菲这样的研究机构,研究人员是节点,交谈、研讨会、学术报告、资料交流等是连接者,新信息、新想法、新概念、新方法等是资源,对于 SFI 资源流动的频繁和丰富,《复杂》一书也有极好的说明。

5. 多样性。诸多行动者聚集起来,相互适应,相互竞争,相互合作,相互激励,相互补充,以及在自然生态系统中常见的共生、寄生、拟态,等等,加上行动者自由流动,有进出,不断创造新的生态位,促进资源再循环,必然演化出多样性。圣塔菲最初的目标是建立复杂性的一元化理论,后来接受霍兰的主张,以复杂适应系统理论为旗帜,但并未定于一尊,复杂性研究的其他方案都可以占据一席之地,呈现出学术见解的多样性。

6. 内部模型。内部模型指系统赖以识别环境、预知未来的复杂机制。作为整体的 CAS,以及作为其组分的每个适应性行动者,都有基于经验的内部模型,凭借这个模型去感知外界,获取和处理信息,预测未来,采取行动,再总结经验,改进模型,等等。内部模型是进化的,要接受环境的评价和选择,成功的模型得到强化,失败的模型被削弱。CAS 的非线性尤其体现于内部模型。圣塔菲学派作为 CAS,内部模型就是它的基本概念、方法和学术路线,面对同一个复杂的对象世界,不同学派依据各自的内部模型给出不同的解释、描述和处理方案。把 SFI 跟普利高津领导的布鲁塞尔学派做一比较,可以了解两者内部模式的差异。

7. 积木。积木是内部模型的生成机制和基本构件,使用积木生成内部模型是 CAS 的一个普遍特征。实际系统的内部模型既要面对恒新的环境,能够解决不同问题;又应该是一种有限的样本,能够在其描述的情景中反复出现。使这个矛盾达成统一的一种方式是找出构造模型的基本积木块,把上一层次的积木分解为下一层次的积木，把预知环境的过程转变为发现和组合积木的过程。对圣塔菲而言，如果仅就学术思想过程看，基本积木块就是下节所讲的基本概念、方法、程序，使用它们去解释各种不同的 CAS，建构系统模型。

下面是 CAS 的几种重要的整体涌现特性，它们都是通过行动者的聚集、整合而产生的。

1. 系统运作的整体协调性。CAS 是一种动态系统，每一种状态量都在波动中，取值时高时低，变化万千，整体上却能够保持协调运行。例如，北京市作为 CAS，大量生活的、生产的、办公的物资、原材料供应时有短缺或过剩，但整体上却能够避免破坏性波动。

2. 永恒的新奇性。一个 CAS 不断地进行适应性变革，种种变革又引起其他适应性行动者的变革，以及大环境的不断变化，反过来又促使该 CAS 发生进一步的适应性变革，导致它不断出现新现象、新问题、新特点，新的东西层出不穷。永恒的新奇性意味着不断产生新的不可预料性，总有些东西会在人们的预测之外发生。

3. 持存性。诸多适应性行动者一旦聚集成为 CAS，就涌现出整体的维持生存能力，即使在严酷的环境中也能够生存运行一定时期。

4. 适应造就复杂性。即使组成系统的行动者标识是简单的，由于相互适应，加上跟环境适应，不断预测、试探、学习、积累经验、自我改进等等，这种适应性过程导致从简单性中产生出复杂性。改革开放以来的中国社会是一个典型的 CAS，内部不同行动者相互适应，跟世界不同国家相互适应，在适应中不断改变自己，生发出以前世人无法预料到的种种复杂性。作为一个命题，"适应性造就复杂性"是 SFI 学派在理论上的基本假设，是他们对"什么是复杂性"这个问题的基本回答。

27.6　复杂适应系统的生成

圣塔菲显著地深化和发展了系统科学的概念体系，形成以行动者、适应性、非线性、复杂性、自组织、多稳态、涌现、生成、进化、学习、混沌边缘、遗传算法等概念为核心的所谓圣塔菲理念。同普利高津列出的"复杂性词汇"做一比较，可以了解两个复杂性研究学派的异同。特别值得一提的是，圣塔菲引入生成概念，探讨了复杂适应系统如何生成的问题，初步开拓了研究系统的生成论道路，在迄今已有的系统理论中可谓别树一帜。其要点是：

1. 适应性行动者。普利高津和哈肯基于物理学和化学原理描述系统演化，作为基层组分的分子、原子等自身没有适应性，服从盲目的自然规律，他们的理论适用于无生命物质系统的演化。CAS 生成的起点是环境中已经出现大量适应性行动者，由它们来生成系统。达尔文最早把适应性提升为科学概念，但在他的理论体系中，适应性完全归结为偶然突变，无法以科学方法来把握。控制论把适应性引入系统科学，但给出的描述近乎是确定论的。圣塔菲对适应性的描述介乎二者之间，把适应性行动者设定为系统的基层组分，它们具有主动性，能够通过学习而进化。所以，CAS 理论更适于描述生命以上层次系统的生成和演化，包括热带雨林、生物多样性、人体免疫系统、神经系统、都市系统等等。

2. 聚集。CAS 的生成首先是行动者的聚集过程，或者说聚集是 CAS 生成的重要机制，通过行动者的聚集，从无到有地生成 CAS。但有两类聚集过程，像"红楼梦中人"选秀那样的聚集属于他组织，事先有明确的聚集中心和评选规则，有以导演为代表的组织者，参选人是被组织者，最终的演员队伍（系统）是按照他们的组织指令聚集而成的。另一类是自组织的聚集过程，事先没有聚集中心，没有全局目标和指令，没有专门的评价选择者。CAS 理论研究的就是这种作为自组织的聚集。

3. 自组织。以著名的模型"柏德（boid）"为例来说明 CAS 的自组织生成。这是一个以鸟类聚集成群体为原型制定的计算机模拟方案，一群类似小鸟的柏德被置于到处是障碍物的屏幕环境中，给每个柏德规定三条行动规则：（1）与障碍物及其他柏德保持最短距离以避免碰撞，给个体留下一定的活动空间；（2）尽量与邻近的柏德保持相同速度（速度匹配），以利于形成协同动作；（3）尽量朝邻近的柏德靠近。整个群体没有控制中心，三条规则都是局域性（地方性）的，没有关于全体柏德聚集成一个群体的指令。第三条规则赋予柏德以聚集的趋向，没有这一条就不会发生聚集行为，但也仅仅是朝邻近的柏德聚集，同样是局部性行为。然而，柏德群能够在自发的局域性的行动中逐步产生应变能力，通过局域性的聚集行为产生出聚集中心，最终聚集为一个整体。

4. 涌现。圣塔菲学派强调组织和涌现，从个别行动者的适应性行动中涌现出 CAS 整体的适应性，从无组织的行动者群体中涌现出有高度组织性的 CAS，从简单性中涌现出复杂性。CAS 整体的协调性、持存性、恒新性、不可预测性等，都不是单个行动者固有的，而是众多行动者通过聚集、整合、组织而涌现出来的；它们都不是物质粒子或元素固有的属性，而是整合的产物，是组织的属性，是涌现的结果。

5. CAS 的生成是一种动态过程。参与聚集的行动者，或聚集成功而成为

CAS 的一部分，或因失败而退出聚集过程，有的甚至走向消亡。系统生成是一种经受约束和限制的过程，存在约束是系统生成必不可少的条件，生成规则也就是约束规则，在没有约束和限制的环境中不可能有系统的生成，而约束和限制本身也是动态的。小聚集体会进一步聚集成为大聚集体，系统的层次结构、特别是 CAS 整体的内部模型是动态地建构出来的，不断地改进和更新构建内部模型的积木，不断地重组积木。第 20 讲揭示的动态系统的各种机制、特性、规律，如稳定性、分叉等，在 CAS 的生成过程中这都会反复发生作用。

普利高津和哈肯的自组织理论建立在自然科学，特别是理论物理学基本原理之上，SFI 的自组织理论做不到这一点，而是基于经验描述自组织，借助计算机模拟自组织。原因在于耗散结构论和协同学研究的是钱学森所说的简单巨系统，很大程度上仍然可以用还原论方法处理。SFI 研究的主要是复杂巨系统，还原论方法受到更多的挑战，没有现成的基础理论可用，必须更多地诉诸实践经验。这种思想和方法在钱学森的复杂性研究中获得更充分的体现。

第 28 讲

开放复杂巨系统理论

本讲介绍的也是一种诞生于中国的系统理论，创始人为钱学森，学术旗帜是开放复杂巨系统理论。它综合集成了现有各种系统理论的成果，又吸取了中国传统文化的某些精华，在世界复杂性研究中别具一格。

28.1 从系统学到开放复杂巨系统理论

迄今为止的世界复杂性研究浪潮大体可以分为两个波段。20 世纪 40 年代到 60 年代是第一波，代表人物主要是贝塔朗菲、维纳和韦弗。在他们看来，系统科学原本是为对付复杂性而兴起的，复杂性研究就是系统研究。因建立工程控制论而成为这一波复杂性研究重要参与者的钱学森也持同样看法，他在 1978 年仍然以复杂来定义系统，有"我们把极其复杂的研制对象称为'系统'"的说法，提出巨系统概念，认为以这个概念为核心即可建立系统学，科学地描述和处理复杂性问题，复杂系统尚未被当作必要的科学概念。

20 世纪 70 年代至今是复杂性研究的第二波，开拓者首先是普利高津和哈肯，学术旗帜是自组织理论。钱学森因建立系统学而接触到他们的工作，发现普利高津和哈肯研究的对象正是典型的巨系统，它们关于巨系统的自组织理论已接近于他心目中的系统学。钱学森由此更坚定地将巨系统作为把握复杂性、建立系统学的核心概念，这在他指导人体科学研究的四年中表现得十分明显（见《人体科学与现代科学技术发展纵横观》）。

钱学森在建立系统学的多年努力中逐渐感觉到，已有的自组织理论能够成功处理的还是物理化学之类巨系统，将它的理论和方法用之于人体、社会、思维等巨系统并不见效，这使他感到困惑。复杂性研究第二波的高潮恰巧在这个时期来到，20 世纪 80 年代初传入中国的《从混沌到有序》提出复杂性科学的概念，并论述了有关问题，1984 年，出现了以建立复杂性一元化理论为目标的圣塔菲学派，1987 年，普利高津的《探索复杂性》出版，这些事实激励钱学森开始思考"什么是复杂性"的问题。钱学森经过考察明确了，运筹学和控制理论（有别于维纳的控制论）处理的主要是小系统、中等规模系统和大系统，可统称为简单系统；而巨系统包含不同类别，彼此在性质上差别很大，自组织理论处理的物理化学对象，应称为简单巨系统；人体、社会、思维等对象属于复杂巨系统，必须采用与简单巨系统理论不同的处理方法，建立不同的理论体系。钱学森由此得出 7.2 节所讲的系统分类。

钱学森还发现系统学应划分为两大分支，一个研究简单巨系统，可称为简单巨系统学；另一个研究复杂巨系统，可称为复杂巨系统学。从 1988 年起，他从建立系统学走上复杂性研究的道路，明确了早些时候基于对控制论、耗散结构论、协同学等进行综合而建立的是简单巨系统学，决定暂时放弃在这方面做进一步的工作，集中精力于复杂巨系统学。在此过程中，除了得出上述关于系统的新分类，他还提出开放复杂巨系统（OCGS）、从定性到定量综合集成法、综合集成工程、从定性到定量综合集成研讨厅体系、大成智慧等概念和方法，形成一个以建立开放复杂巨系统学为理论旗帜的复杂性研究学派。

开放复杂巨系统研究开辟了"一个科学新领域"（本讲未注明的引文均取自钱学森）。按照钱学森的学科层次结构，这一领域也应该划分为工程技术、技术科学、基础科学和哲学等层次。关于开放复杂巨系统的理论应该包括两个层次，为避免混淆，在应用科学（技术科学）层次上，不妨称为开放复杂巨系统理论，基础科学层次上的理论应称为开放复杂巨系统学。工程技术层次上的是开放复杂巨系统工程，亦即综合集成工程。

从多年来的实际情况看，学界对这一新的科学领域存在一些认识混乱，需要澄清。目前已有的成果大多属于工程技术和技术科学层次，却被一概称为开放复杂巨系统学。要划清科学理论和工程技术的界限，更要区分技术科学层次上的开放复杂巨系统理论与基础科学层次上的开放复杂巨系统学。迄今所取得的理论研究成果基本属于技术科学层次的理论，真正属于开放复杂巨系统学的成果目前还谈不上。就是说，对于现实世界大量存在的开放复杂巨系统问题，在工程技术层次上已经有了一套可行的具体方法，能够用以解决某些实际问题；在应用科学层次上，开放复杂巨系统理论也已迈出第一步；基础科学层次上的开放复杂巨系统学尚未建立起来，而且对于如何建立也缺乏可行的办法，近十年来近乎处于停顿状态。

28.2　什么是开放复杂巨系统

钱学森所说的开放复杂巨系统广泛存在于现实世界中，生态系统、地理系统、人体系统、脑神经系统、思维系统、经济系统、政治系统、意识形态系统等，乃至现代大都市、Internet 网、世界贸易等，都是开放复杂巨系统。一个事物被称为开放复杂巨系统，应具备下列特征：

1. 开放性。封闭意味着系统跟环境的互动互应被切断，内部差异被压抑，系统只能走向死寂的热平衡，故封闭系统都是简单的。跟环境交换物质、能量、信息，系统才可能远离死寂的热平衡，把系统内部固有的差异释放出来。只要跟环境处于互动互应中，环境的复杂性就会反映到系统自身，转化为系统的复杂性；靠环境提供生存发展的条件，意味着系统受到环境的约束，甚至胁迫，在与环境的互动互应中系统就会像 SFI 所说的那样，由适应性产生的复杂性。总之，对环境开放是系统产生复杂性的必要条件。

2. 规模的巨型性。复杂性与系统的规模有关，具有一定的规模是系统产生复杂性的必要条件。在其他条件相同时，多组分系统比少组分系统要复杂一些，多变量系统比少变量系统要复杂一些，多目标系统比少目标系统要复杂一些，等等。规模大的系统有运转不灵的毛病，就是系统复杂性的一种表现。"大有大的难处"，王熙凤的这句名言包含系统原理。不说人多口杂、矛盾重重这类问题，仅就规模大小来看，刘姥姥之家绝对不会有庞然大物贾府的复杂性，如果以刘姥姥家为平台，曹雪芹绝对写不出《红楼梦》。总之，对于那些被称为开放复杂巨系统的对象来说，规模的巨型性是复杂性的根源之一。

3. 组分的异质性。简单系统的简单性首先来自组分的单一和同质，"花色品种少"（钱学森语）；复杂系统的复杂性之内在根源首先在于组分的异质性，即"花色品种多"。异质性导致组分之间的互动互应方式多种多样，把它们整合为一个统一整体的方式必定多样而复杂，系统与环境的关系必定多样而复杂，涌现的方式和结果也必定多样而复杂。组分异质是复杂系统之复杂性的根本来源，如果组分花色品种少，甭说能工巧匠如鲁班者，就是神仙也造就不出现实世界的任何开放复杂巨系统来。

4. 结构的层次性。开放复杂巨系统必定有大量分系统，且分系统之间异质性显著，开放复杂巨系统的分系统一般也是开放复杂巨系统，还原到部分并不能减少复杂性。开放复杂巨系统必定是多层次的，层层嵌套，而且不同层次之

间往往界限不清，不存在像蛋黄、蛋清、蛋壳那样层次分明的嵌套关系。开放
复杂巨系统的巨量组分之间存在复杂的互动互应关系，通过信息反馈形成各种
环状结构，环环相扣；通过分叉形成各种树状结构，枝繁叶茂，层层叠置；环
与树又纵横交错，形成牵一发而动全身的网络结构，网络性也是复杂性的根源。

5. 关系的非线性。在开放复杂巨系统不同组分之间的互动关系中，不同分
系统之间的互动，不同层次之间的互动，再加上系统与环境之间的互动，基本
上都是非线性的。信息反馈是非线性的（信息环路），因果循环是非线性的，网
络是非线性的，分叉是非线性的，简单系统可能有的非线性因素 OCGS 都有，
一切可能的非线性关系在 OCGS 中应有尽有。

6. 行为的动态性。开放复杂巨系统都是动态系统，其状态和行为不是固定
不变的，而是随时间变化而变化的，因而产生了圣吉所说的动态复杂性。更准
确地说，开放复杂巨系统都是非线性动态系统，第 20 讲提到的各种非线性动力
学现象、特征、机制、规律，如时延、瓶颈、同步、振荡、指数放大、指数衰
减、不应期、突变、非光滑转折、稳定性交换等等，应有尽有。它们每一项都
给系统带来静态系统不可能具有的复杂性。

7. 内外的不确定性。由于环境和系统自身不可避免地存在名目繁多的扰动、
涨落、噪声，以及人为的失误，实际的 OCGS 存在各种各样的不确定性，外随
机性、内随机性（混沌性）、模糊性、灰色性等等。不确定性给系统的性质、行
为、状态造成特有的复杂性，显著地增加了认识和驾驭 OCGS 的困难。

这里考察一个 OCGS 的实例：哺乳动物的中枢神经系统，简记作 CNS。不说
最发达的人脑 CNS，即使一个简单的 CNS 也包含几亿个神经元，可谓规模巨大；
其神经元有几百种不同类型，称得上组分的异质性显著。在 CNS 中，每个神经
元都直接跟几百上千个其他神经元相互连接、相互作用，组成包含诸多层次的
网络，结构之复杂显而易见。神经元的相互作用原则上都是非线性的，上亿个
神经元中的每一个都会在千分之几秒内跟其他神经元同时发生几千次相互作用，
足见 CNS 是一种非线性动态系统。CNS 是嵌入动物躯体的系统，整个躯体是其
最切近的环境，躯体又通过感官接受外部环境的刺激，因而是开放的。总之，
CNS 够得上一类典型的开放复杂巨系统。

对上述七方面中的每一点进行科学的描述都非易事，迄今为止的科学发展
没有提供充分有效的解决办法。如果把开放性、巨型性、异质性、层次性、非
线性、动态性、不确定性交织、综合、熔铸在一起，问题的复杂性可想而知。
而现实存在的 OCGS 就都具有这些特征。基于这一点，钱学森给出这样的定义：
所谓复杂性，就是开放复杂巨系统的动力学特性。或者说，由开放性、巨型性、

异质性、层次性、非线性、动态性、不确定性所综合集成的系统特性，就是复杂性。只要你所面对的问题同时具有这七方面特点，它必定是一个把开放性、巨型性、异质性、层次性、非线性、动态性、不确定性熔铸在一起的OCGS。

作为一个科学新领域，在两个层次上建立开放复杂巨系统理论都没有现成的路可走。钱学森认为，可行的办法是从研究一个个具体的开放复杂巨系统着手，积累资料，提炼思想、概念和方法；这样的工作做得多了，积累了足够的经验材料，就可以建立关于开放复杂巨系统的一般理论。我们就下面三种开放复杂巨系统，对钱学森的有关论述做些梳理。

28.3 人体：一类典型的开放复杂巨系统

昌明的社会应该以人为本，人的一切又以其身体为本，正确认识人体始终是科学的重大课题。人体是一种开放复杂巨系统，上述7点在人体中表现得都很显著。得力于解剖学、分子生物学等还原论科学的发展，人们从病状追究到病灶，揭示出许多疾病的解剖学根据，把人体还原到基因，对它的微观结构和机制有了深入的了解。但现代科学对于理解经络之类的宏观现象始终不得要领，原因盖在于人体是开放复杂巨系统，经络之类属于系统的整体涌现性，还原到人体的解剖学单位便不复存在，它们只能从整体上把握。把人体作为开放复杂巨系统来研究，是人体科学的根本指导思想。

人体作为开放复杂巨系统，也要注意其特殊性。人体系统的一个显著特点是包含神经网络和大脑这样的分系统，因而在生理特性之外，产生了心理这种更复杂的特性，身心关系这种更复杂的问题，以及自我意识这个控制中心。动物躯体都是开放复杂巨系统，研究它们基本都属于生物学问题；而人体研究远非仅仅是生物学问题，如钱学森所说："真正开展人体科学研究，就要抓住脑和神经系统对于人的整体的作用。"

人体系统的开放性也有不同于其他开放复杂巨系统的特点。仅就其生物学特性看，人体系统跟自然环境的关系远不是通行的输入—输出模型或刺激—响应模型能够充分表示出来的，这些模型虽然在系统科学中得到广泛使用，很大程度上仍是还原论的，不足以描述人体这样的开放复杂巨系统。倒是中国传统文化的阴阳五行学说有助于从宏观整体上了解人体对地球环境的深层依赖，把人体归结为金、木、水、火、土五大物质性要素整合而成的系统，用一种特殊的唯象模型描述人体，有其合理的一面。中医着眼于从人体系统的宏观整体涌现性寻找病因，看重的是调动人体系统的自组织运动，通过系统的整体协调来治病防病。所以，钱学森提倡人体科学研究要借鉴中医理论的意见是非常中肯的，值得重视。那些把中医和阴阳五行学说贬斥成伪科学的意见是狂妄而肤浅的，不足取。

钱学森提出人体功能态概念。第 6 讲一般地讨论了状态问题，功能态也是系统的状态，但突出的是从功能发挥角度看状态。在系统学层次上一般不必考虑功能问题，需要考究的是初态与终态、暂态与定态、稳定定态与不稳定定态。在应用科学层次上，功能发挥问题是第一位的，功能态是基本概念。功能态应是过渡过程结束时的终态，而非过渡过程开始时的初态，不能指望处于过渡过程的系统可以正常发挥功能。功能态应是定态，而非暂时态，因为系统在瞬时而过（不可持存）的状态下无法发挥功能。功能态是稳定态，而非不稳定态，因为处于不稳定态的系统不可能发挥功能。所以，功能态就是系统的稳定定态。

就人体系统看，苏醒态与睡眠态，健康态与患病态，气功态与非气功态，常态与超常态，都是它的不同功能态。系统学能够提供的是关于稳定定态的一般知识，对于独特的人体系统，在每一种具体的稳定定态下系统功能的发挥还有种种特殊的现象、问题、规律等需要研究，系统学不能越俎代庖。人体有没有特异功能态？对此问题须作科学分析。无生命的非线性动力学系统尚且有种种奇异性，人体作为开放复杂巨系统存在某些更为奇异的特性并不奇怪。这些奇异态属于系统潜在的整体涌现性，一旦把人体还原到基因、细胞甚至器官层次上，它们将不复存在，因而不能用现有科学理论解释。人体作为开放复杂巨系统，其整体涌现性有待未来科学，特别是开放复杂巨系统理论来阐释。所以，对于所谓人体特异功能问题，我们既要警惕有人借机宣扬封建迷信，又不可因噎废食，一概斥责为伪科学而不许做科学探讨，这绝不是科学的态度。

人体是一种现实存在的对象，有其客观的属性、机制、规律需要研究。按照世界可知性的哲学原理，这些属性、机制、规律是能够给以科学描述的。因此，人体科学，即关于人体系统的属性、机制、规律的知识体系，与别的科学一样是"有伦有类"的，所谓人体科学"不伦不类"，实在是一种无知而狂妄的说法。

28.4 社会：一种特殊的开放复杂巨系统

20 世纪 80 至 90 年代，钱学森对社会系统做了大量研究，把复杂巨系统区分为两大类，相对于一般复杂巨系统，社会被称为特殊的复杂巨系统，要求系统科学界给以特别的关注，并对社会复杂性的特殊之处提出一些独到的见解。

社会作为系统，其复杂性究竟特殊在哪里？28.2节所说的七个方面都有表现，不妨留给读者自己分析，此处只讨论下面几点。

第一，组分的特殊复杂性。社会系统的最小组分是人，一个人就是一个开放复杂巨系统。第2节所提开放复杂巨系统的基本特点，个人作为系统应有尽有。人不仅有多种生理的需求，更有复杂多变的心理需求。人具有意识、智慧、意志、性格，具有自觉的能动性，善于创造和使用符号；人的行为讲究理性和策略性，同时，也常常不自觉地表现出非理性行为；人有政治倾向，有文化认同，有利益追求，有价值取向，等等。这一切都使人具有任何其他单一非人存在物无法比拟的复杂性。

第二，结构的特殊复杂性。结构是组分互动方式的总和。由数量巨大而又如此复杂的个人组成的社会系统，人与人、人群与人群之间的互动方式千差万别。每个社会都有难以计数的分系统，从不同方面划分出来的分系统相互交叉、缠绕、渗透。社会是由无数功能各异的分系统组成的系统，民族结构，阶级结构，行政结构，经济结构，政治结构，文化结构，产权结构，分配结构，市场结构，人口结构，人才结构，等等，结构类型近乎不可穷尽。社会系统是分层次的，从微观层次经中间层次到宏观层次应有尽有，而且层次缠绕，界限往往不清晰。仅就儒家讲的个人、家庭、国家、天下四个层次看，即可领略社会复杂性有多么特殊。修身之难难在作为社会一分子的个人的复杂性及其环境的复杂性，齐家之难难在家庭作为社会最小分系统的复杂性及其环境的复杂性，更遑论治国、平天下的复杂性。

第二，形态的特殊复杂性。社会系统具有多种形态，主要是社会的经济形态、社会的政治形态和社会的意识形态，三者都是开放复杂巨系统。作为社会总系统的这三个分系统，彼此的关系是复杂的，既是逻辑上并列的分系统，更有基础和上层之间支持与主导的关系，但其间关系的多样复杂远非基础与上层关系可以穷尽的，一个社会的经济、政治、文化是用各种各样复杂的反馈环连接起来的。三者如果能够协调发展，良性互动，相互促进，社会总系统呈现健康态；如果三者不协调，相互掣肘、冲突，社会总系统将呈现疾病态。然而，要做到三者的协调发展，就会遇到自然系统没有的特殊复杂性。

第四，社会的动态复杂性。开放的复杂巨系统是千变万化的。社会系统充满博弈，不同组分之间、不同分系统之间、不同层次之间都在进行博弈，因而尤其具有动态性，经济、政治、文化、思想都在与时俱进地变化着。时延、不应期、循环、过调、同步、振荡、混沌等等，非线性动态系统通有的一切特点在社会系统中都可以看到，而且往往比一般自然系统更突出。在社会系统中，科学、技术、文化、经济、政治乃至整个文明都存在从一种形态向另一种性质迥异的形态的转变，即转型演化，转型时期的社会呈现出最为丰富、多彩、复杂的动态特性。一个半世纪以来中国社会处于从传统社会向现代社会的转型演化之中，近 30 年来又处于从计划经济向市场经济的转型之中，剧烈而深刻的动荡接连不断，其动态复杂性在中国和世界历史上都是少见的。

第五，系统的历史复杂性。所谓历史性，用系统科学语言讲，乃是系统的路径依赖性、记忆性、不可逆性的综合表现。历史既是宝贵的遗产、资源、资本，又是负担、包袱、制约。历史经验是信息与噪音的共存体，真假难辨；甚至同样的东西，正确利用它就是有用的信息，错误利用它就是有害的噪音。所以，历史性也是社会系统产生特殊复杂性的重要根源。认识一个社会的现状，预测它的未来，必须了解它是沿着怎样的路径走过来的，经历了哪些重大的分叉、选择、锁定（见图 20 - 7），造就出哪些当前难以处理的复杂性。当前采取某项重大举措，必须衡量和预测它可能锁定哪些偶然性，使其转化为影响系统未来命运的必然性，给系统的未来播下哪些新的复杂性种子。

28.5 世界：一个需要特别关注的开放复杂巨系统

作为社会性的存在物，聚集成群是人类与生俱来的本性。这种本性驱使古往今来的人们都力图通过经济的、政治的、文化的、军事的交往和争斗把较小的社会整合为较大的社会。用圣塔菲的术语来说，古代部落已经是适应性行动者，有跟别的部落再聚集的欲望和行动，世界上现存的民族国家就是在漫长的历史中经过反复聚集、整合而成的 CAS。然而，由于生产力低下，前工业文明时期进行的人类整合不可能真正达到整个世界的尺度，虽然抱有把全人类纳入自己管辖之下（整合为一个系统）的雄心，却不具备历史的可能性，人类在总体上只能是一种非系统的存在。

直到工业文明的出现，人类才创造出足以把整个世界整合为一个系统的物质生产力，以及相应的思想理论。新兴的资本主义通过开拓海外殖民地而开启了世界由非系统向系统演变的进程，工业革命完成使这一进程走到超循环论讲的"不可返回点"，具备了"一旦—永存"机制。《共产党宣言》对此早已给出精辟的分析。但世界的系统化进程到 19 世纪末才算真正完成，最重要的标志在于两个事件：一是资本主义经济形态由自由资本主义发展到垄断资本主义，即帝国主义阶段；二是创造了最发达农业文明的中国最终以半殖民地身份被整合进世界系统的结构体系中，农业文明的时代终于历史地落下帷幕。整个地球人类从此整合成为一个统一的社会系统了。用毛泽东的说法："自从帝国主义这个怪物出世以后，世界的事情就联成一气了，要想分割也不可能了。"

所谓社会，就是以相互关联的物质生产活动为基础而相互联系的人们的总体。凡社会系统都有其特定的社会形态。系统化了的世界也呈现出钱学森所说的"世界社会形态"。第6讲说过，系统形态是系统结构模式的外在表现。以资本主义为主导而建构成的世界系统是由两大分系统组成的，一是作为宗主国的少数工业化国家，二是作为殖民地和半殖民地的大多数国家。这是一种二元结构，西方学界称之为中心—边缘结构。宗主国侵略、剥削、支配殖民地和半殖民地，殖民地与半殖民地受尽剥削压迫，不断反抗宗主国，不同宗主国为重新分配殖民地而互动，构成此种结构模式内蕴的不可调和的矛盾。这是一种极不合理、极不稳定、内蕴着无数巨大冲突的系统结构，即艾什比所说的"坏结构"，相应的世界社会形态是一种短命的过渡形态。

一个系统在从无到有地生成之后，如果它是富有生命力的，迟早会发生艾什比所说的从坏结构向较好结构的演进。世界系统的第一种社会形态在短短半个世纪左右就孕育了两次世界大战，激起两次大国的国内暴力革命，以及数不清的局部战争和国内革命，客观上加速了世界系统改善自身结构、改进社会形态的自组织运动。这种转变的起点在20世纪40年代，政治上的标志是世界反法西斯战争胜利和中国民族民主革命的胜利，更深层次的动因则在于新的文明转型开始孕育。世界社会形态转型的全面启动在20世纪80年代末才真正呈现出来，经济全球化、社会信息化、环境生态化浪潮的勃兴，中国改革开放的展开，冷战结构的解体，都是它的重要标志。人们广泛议论的全球化，实质是世界系统由第一个社会形态的坏结构向较为合理、较为稳定、较为协调的新结构转变的过程，世界社会从此进入新旧形态更替转换的历史时期。随着建设新的世界社会形态进程的开始，倡导用开放复杂巨系统概念观察一切的钱学森注意到这一历史趋势，反复论及"世界正逐渐形成一个相互联系的大社会""21世纪的世界，是整个集体化了的世界"，提出世界社会形态的概念，强调"我们进入了世界社会形态"。他认为人类整体作为系统现在才进入世界社会形态，此说值得商榷；正确的表述应是世界作为系统，现在进入从第一种社会形态向新的社会形态转变的过程。

世界系统第一种社会形态的总体特征是极端的不和谐，第二种社会形态的历史使命是消除这种不和谐，着手建设一个较为和谐的世界。统一的世界社会无疑是开放复杂巨系统，必须把它作为开放复杂巨系统来对待，用复杂性科学的理论和方法研究它。在实践上，要坚持用系统工程处理问题，但这不是一般的系统工程，而是钱学森倡导的"世界系统工程"。对于中国来说，要实现和平崛起，构建和谐世界，就需要有"通过世界系统工程制定的国家战略"。但无论世界系统理论，还是世界系统工程，都是有待系统科学研究的全新课题。

28.6 方法论：从定性到定量综合集成法

对于简单系统和简单巨系统，可以从基本原理出发建立数学模型，至少可以建立唯象模型，再应用数学方法或计算机技术求得精确的定量解。对于开放复杂巨系统，至少目前做不到这一点，或者说原则上不存在这样的解。但现实存在的OCGS都与人类生活密切相关，是人们的实践对象，因而积累了大量实践经验，特别是各行业专家的经验，再加上各门学科（科技的、工业的、农业的、贸易的、法治的、外交的、军事的、文艺的等等）的专业知识，各种统计数据和资料，事实上已经具备了解决实际问题的可能性。问题是如何利用这些经验、知识、数据、资料，如何从中得出正确的结论，引出有效的方法。但人们从现有的科学技术找不到答案。从定性到定量综合集成法就是钱学森为解决这一重大问题而制定的。

所谓从定性到定量综合集成法，就是综合集成局部的定性知识，达到对该系统整体的定量认识。其要点包括：

其一，综合集成法的对象：有关OCGS的书本知识，统计数据，从各种渠道收集来的资料，特别是相关各领域专家们的实践经验。

其二，综合集成法的目标：对于要解决的OCGS问题来说，上述数据、资料、经验都属于局部的、定性的知识，即使具体数据也不能直接提供关于OCGS整体的定量认识，只有通过对这些局部知识的综合集成，才可能得出对系统整体（全局）的定量认识。

其三，综合集成法的执行者：负责进行综合集成的是一种叫作总体设计部的组织机构，已在10.6节中有所介绍。

其四，实施综合集成法的物质平台：从定性到定量综合集成研讨厅体系。它由三个分系统组成，即知识体系（各种科学理论、专家经验、情报资料、统计数据、常识性知识）、专家体系、工具体系和以计算机为核心的多种高新技术），按照系统原理组织和运行，以求充分发挥三者的优势。

其五，运用从定性到定量综合集成法解决问题的步骤：一个实际的 OCGS 问题提出来了，解决问题的过程是由三个步骤组成的循环运动：第一步是收集有关该问题的数据资料，约请有关专家发表意见、经验、设想等；第二步是从第一步的收获中形成经验性假设，利用现有的科学理论为系统建立模型；第三步是依据模型把有关数据、信息输入计算机，对系统进行数值模拟试验，以产生新的经验、数据、资料等。然后进入新的循环，新的第一步是请专家们观看、分析、评价数值模拟试验，以了解他们的感受，重新收集他们的经验性知识，重新建模（修改模型），重新上机做数值试验，等等。如此循环往复，一直到专家们对数值试验的结果不再持异议，就表示把各种局部知识都综合集成起来了。

从定性到定量综合集成法实质是不借助定量化科学理论而实现从感性认识到理性认识的飞跃。它的哲学认识论的依据是实践论（见下图），科学方法论的依据是系统论，即充分发挥书本知识、专家经验和信息高技术三者的综合优势。

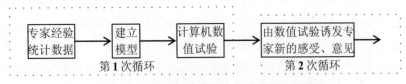

图 28-1　从定性到定量综合集成法的认识循环

综合集成法具有不同层次的价值。

其一，在工程技术层次上，对于开放复杂巨系统进行预测和决策的实际问题，从定性到定量综合集成法是一种可操作性很强的方法。一项 OCGS 工程的实际任务摆在面前，你可以严格按照这种方法进行操作，完成从局部定性认识到全局定量认识的转化，获得工程实践所需要的数据。当然，对于 OCGS，如钱学森所说："我们必须用宏观观察，只求解决一定时期的发展变化的方法。所以，任何一次解答都不可能是一劳永逸的，它只能管一定的时期。"

其二，在科学理论研究层次上，如果不把从定性到定量理解为获取工程实践所需数据，而是理解为在理论研究中应用数学方法，为研究对象建立数学模型（包括定量数学模型和定性数学模型），给基本原理以数学描述，那么，从定性到定量综合集成法也是科学理论研究的基本方法。从牛顿理论到爱因斯坦理论，迄今为止的所有令人神往的科学理论都是这样建立起来的。

其三，如果进一步放松要求，不追求应用数学方法（包括定性数学模型），理论描述的目标取为定性地界定概念，定性地塑述和论证原理、规律、定律，建立逻辑自洽的理论体系，那么，综合集成法也是科学方法论的最高概括。钱学森说："所谓综合集成，是说我们要想办法把很多很多的论文，研究成果，书籍中的一得之见等等，综合起来。"这样的综合集成法是一切学术研究通用的方法论。甚至作家的文艺创作，政治家的纵横捭阖，军事家的谋划指挥，他们的成功都离不开这样的综合集成法。

如果更上一层楼，在哲学思维或智慧层次上讲，那就是钱学森倡导的大成智慧，集古今中外一切有用知识的大成。简言之："集大成，得智慧。"

第 29 讲

复杂网络理论

在本书介绍的诸多系统理论中，大多数已进入平稳发展期，有的甚至处于停顿和困惑之中，唯一正处于研究热潮之中的就是本讲要介绍的复杂网络理论，它兴起于 20 世纪末，目前的主要理论旗帜是小世界网络和无标度网络。

29.1 无所不在的网络

自然界存在各种各样的网络，有人们能够直观看到的网络，如蜘蛛网、南方水乡的河流水系网、生物之间的食物供应网等；也有无法直观看到、须运用一定科技手段才能发现的网络，如细胞网络，以组成细胞的化学物质为结点，通过化学反应连接成为网络，还有蛋白质折叠网络、眼网膜、生态网络等。这些都是自然界自组织生成的网络，要认识自然界自组织的奥秘，了解网络结构的机制、特性、生成和演化的原理是必有的。

依据对这些自然网络特殊功能的认识，古代人类在生产活动中早就设计建造了多种多样的网络，如捕鱼网、筛面的箩网，用于防护的铁丝网、发网，用于盛物的网兜，等等。这些都是人工创造的他组织网络，制作这些网络的工具和程序是古代技术的重要内容。

社会生活中存在更多的网络，如朋友网、同学网、同事网、同乡网、邻居网、血缘网、亲戚网等，以及由各种社会活动所形成的网，数不胜数。各种社会网络的形成是人的社会性使然，既是社会系统自组织的产物，也是社会系统他组织的结果。认识社会系统的行为特性，必须了解诸如此类的社会网络是如何形成、运作和演化的。

人的心理世界和感情生活中也存在网络结构，而且对人的生活质量和品位有重要影响。数不清的诗作援用"心结"这个词描述亲人、爱人、熟人、对手之间的心理联系，结成一张看不见的思念大网。"罗带同心结未成，江头潮已平"（林逋），以物（罗带）之网未结成来反衬心网之结的不可解。最具代表性的是宋代词人张先的《千秋岁》，它的下阕云："莫把幺弦拨。怨极弦能说。天不老，情难绝。心似双丝网，中有千千结。夜过也，东窗未白凝残月。"人心是结点，"丝"是两心之间无形无相的连线（边），"千千结"指明这种心网是一种包含数不清的结点的无限网络，"双丝"即双向连线，网中流动的是人的情思。

随着近现代科技、经济、政治、文化的巨大发展，特别是社会信息化和经济全球化的迅猛发展，人们通过生产和生活被各种各样的网络联系、编织在一起，现代社会真正成为一种网络社会，每个人都在多种网络中生活和工作。举例如下：

电话网络：以每台电话机为结点，以拨通电话为边。

电力网络：以发电机、变压器、变电站为结点，以高压传输线为边。

交通网络：以北京市公交网络为例，一种描述方法是把所有公交车站作为结点，公交线为边或边集合。这样的网络对乘客换车不便。另一种描述方法是：以公交线路（如运通105、320、无轨电车等）为结点，有共同车站的两条线路用一条边连接起来。如果把航空网络、公路网络、铁路网络、城市公交网络、人行道网络等算在一起，将构成一种更大的网络。

图 29.1　北京交通系统结构图

市场网络：以公司为结点，以交易行为或业务往来为边。

科研合作网络：以科学家为结点，凡合写过一篇论文的两人之间有一条边。

电影演员合作网络：以电影演员为结点，凡在同一部影片中演出的演员之间有一条边。

万维网：以网页为结点，以一个网页指向另一个网页的超链接为边。

此外还有：销售网络，教育网络，通信网络，宣传网络，国家间外交关系网络，国际恐怖主义网络，基因网络，蛋白质相互作用网络（图29－2），新陈代谢网络，神经网络，生态网络，等等。总之，现实世界的网络形形色色，无穷无尽。你要认识现代社会，认识自然界，认识人体，没有关于复杂网络的知识是不行的。

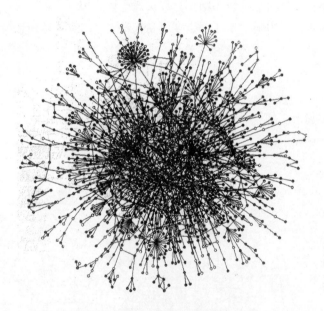

图29－2 酵母蛋白质相互作用网络

29.2 网络研究的基本概念

作为一种比较新的系统理论，复杂网络理论对一般大学生相当生僻，加之它对数理科学依赖性大，有必要先介绍几个必需的概念。

1. 粗略地说，一个结点集合和连线（边）集合一起构成一个图。较为形式化地说，给定一个结点集 V（G）和一个边（连线）集 E（G），就是给定一个图；其中，E（G）中的每条边 e 对应于 V（G）中的一对点（u，v）。一个图中的结点总数一般记作 N（V），总边数记作 L（V）。

2. 无向图与有向图。如果图中所有存在关联的结点之间的关系是对称的，无须指明连接它们的边的走向，就称为无向图。如城市道路系统中的双行道、朋友网、熟人网、亲戚网都是无向图（朋友、熟人、亲戚都是对称关系）。如果结点的关系不对称，图中所有边的端点都有起点和终点之分，以表示系统中某种秩序和单向性，就称为有向图。城市道路系统中的单行道，时序电路中的状态转换，生物界的食物供应链，都是有向图。

3. 结点的度和网络的度分布。图是表现结点之间有无关系、关系多少的数学方法，同一图中不同结点的边（连线）数一般是不同的，边数是刻画结点特性的重要指标。一个结点的度指它的边数，记作 k，网络的平均度记作 <k>。在朋友网络中，一个人（一个结点）的度就是该人的朋友数。在演员合作网中，一个演员（结点）的度就是跟他（她）合作过的演员数。一个网络中所有结点的度分布，用度分布函数刻画，是反映网络整体特性的重要指标。令 p 为一个任意选择的结点正好有 k 条边的概率，p（k）记结点的度分布函数。有向网络需用两个度分布来描述，即出度分布 p_{out}（k）和入度分布 p_{in}（k）。如万维网，出度分布表示一个网页有 k 条连接出去的边的概率，入度分布表示一个网页有 k 条边指向它的概率。

4. 群聚系数。观察现实网络或已经绘制的网络图容易发现，由于不同结点之度数的不同，同一网络图中不同局部的连线或稠密，或稀疏，差别很大。这种现象反映的是大规模系统中组分的局部聚集倾向和小集团形态，称为网络的群聚性。群聚性在社会生活中比比皆是，有的人家门可罗雀，有的人家门前车如流水马如龙，名师学生多，位高权重者追随者多，等等。这是网络结构的一个重要特性，用群聚系数 C 来刻画，结点 i 的群聚系数记作 C_i，C_i 大表示结点 i 处群聚程度高。考察网络中的结点 i，设有 k_i 条边与其他 k_i 个结点相连，总边数为 k_i（k_i - 1）/2。令 E_i 记 k_i 个结点之间实际存在的边数，显然，群聚系数 C_i 与 E_i 成正比，与总边数 k_i（k_i - 1）/2 成反比。由此引出定义

$$C_i = 2E_i / k_i（k_i - 1） \tag{29-1}$$

以朋友网为例，老王的群聚系数 C = 0，意味着他的朋友彼此都不是朋友，局部集团化程度为 0；老李的 C = 1，意味着他的所有朋友也都互为朋友，成为一个社会集团；一般人的群聚系数大于 0 而小于 1，反映不同的局部集团化程度。

整个网络的平均群聚系数，指的是网络中所有结点的群聚系数的平均值，

用符号 C 表示。

5. 最短路径。结点 i 和 j 之间的最小路径，记作 l_{ij}，定义为在连通 i 与 j 的所有通路中，所经过的其他结点最少的一条或几条路径。最小路径分布的平均值，称为平均最短路径。

6. 连通性。网络中的结点 i 和 j 通过有限条边构成的路径相联结，就称二者之间具有连通性。如果任何两个结点之间都具有连通性，就称它为连通网络。

7. 边权，即边的权重。只用有无连线来反映两个结点之间有无相互作用这种定性特征，不考虑结点之间作用的强度这种定量特征，此类网络是无权网。边权是反映结点之间相互作用强度这种定量特性的概念，相应的网络叫作加权网。如航空网，北京与上海、北京与太原之间都有边，但每天的班次和机上座位不同，表示权重不同。

8. 无标度性，即标度变换下的不变性。指用不同尺度去度量，或在不同尺度下观察，所得结果一样。考察变量 x 与 y 的两种函数关系，幂函数 $y = cx^a$ 和指数函数 $z = ca^{-x}$。改变标度就是改变测量单位，即自变量乘以测量因子 λ。先看幂函数

$$y(\lambda x) = c(\lambda x)^a = = \lambda^a cx^a = \lambda^a y(x) \qquad (29-2)$$

此式表明，幂函数经过尺度变换（由 x 变为 λx）后，函数的结构没有变化，即变量 x 的指数没有变化，对应的几何图形没有变化。这表明幂函数具有尺度变换下的不变性，简称为标度不变性。指数函数就不同了，把 x 变为 λx，则

$$z(\lambda x) = ca^{-\lambda x} = c(a^\lambda)^{-x} \qquad (29-3)$$

尺度变换后，函数中的指数发生了变化，x 乘以因子 λ，函数的几何图形发生变化，表明指数函数的性质依赖于测量单位，因而不具备标度不变性。

29.3 网络理论的演进：规则网络 随机网络 复杂网络

网络理论是以图论为数学工具发展起来的一种刻画系统的方法，从欧拉开创图论研究到系统科学早期的网络理论，研究的都是规则图或规则网络，N 个结点是给定的，在结点之间连线的规则是确定的。图 29-3 是三种规则网络图。无限多个结点排成一条线，假定每个结点跟它最邻近的四个结点连线，且只能向一边连线，就得到一维无限规则网（1）。令大写 K 记与每个结点有边相连的其他结点数，小写 k 记结点的度，则对于图（1）K = 4，k = 2，有关系 K = 2k。如果结点有限，使其首尾相接，排成一个圆圈，仍假定每个结点跟它最邻近的 4

个结点连线，且只能向一边连线，就得到一维有限规则网（2）。类似地，可得到图（3）所示的2维无限规则网。人工的渔网、罗网和以蜘蛛为他组织者的蛛网都是规则网。

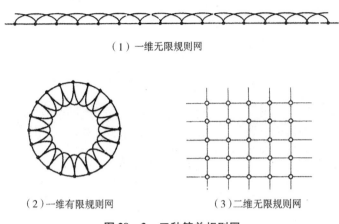

（1）一维无限规则网

（2）一维有限规则网　　　　　（3）二维无限规则网

图 29 - 3　三种简单规则网

规则网是描述完全确定性系统的一种工具，适用于那些简单平庸的对象。但大量现实系统的网络结构都呈现出某些不确定性，特别是结点之间的连线可能时有时无，呈现随机性。例如，电话网中从用户呼叫到接通对方意味着形成一条边，这显然是随机的，随机地连通，随机地消除，规则网络无法描述这种情况。随机图概念就是为了描述网络中的不确定性而提出来的。随机图的研究可以追溯到索洛莫诺夫和拉波波特在20世纪50年代初的工作，随机图理论公认的创立者则是匈牙利数学家厄多斯和和雷尼，他们提出的 ER 模型（1959—1961）是随机网络研究的基本工具。ER 模型的一种描述方式是，给定 N 个结点（结点总数为 N），其中任意两点之间以概率 p 连线，总共有大约 pN（N -1）/2 条随机分布的边，这种随机图记作 G（N，p）。ER 模型的另一种描述方式是，给定网络的结点总数 N 和连线总数 L，而连线是从总数为 pN（N - 1）/2 的可能连线中随机选取的，这种随机网络记作 G（N，L）。由于边的随机连接，随机图的群聚系数为概率 p，其中，

$$P = \frac{2L}{N（N-1）} \qquad (29-4)$$

随机图具有许多诱人的特性，在20世纪50至70年代吸引了一批人研究它，取得很多成果，其中包括圣塔菲的许多高手（如考夫曼）。但随着研究的扩展和深入，人们发现随机网络跟现实网络之间的差别太大，具有太多的随机性，不

能反映现实网络内在具有的组织原则。例如，在具有相同结点数和连线数的情况下，现实网络的群聚系数一般都远大于随机网络。现实网络实际上处于规则网络和随机网络之间，跟规则网络比，它们具有较少的规则性和确定性；跟随机网络比，它们具有较多的规则性和确定性，呈现出明显的秩序性和组织性。人们由此认识到，完全确定性的系统不复杂，经典科学足以处理；完全随机的系统也不复杂，概率统计方法足以处理。倒是那些介于这二者之间的情形，既有规则性，又有不规则性；既不完全确定，又不完全随机，这样的网络才是复杂的。孕育这一认识的土壤还有混沌研究，它使人们领悟到，完全的有序不复杂，完全的混沌也不算很复杂，介于秩序和混沌之间即混沌边缘的事物才是真正复杂的。在这种认识引导下，到20世纪末，终于开拓出复杂网络研究这片新天地，出现了复杂系统理论的另一种形态——复杂网络理论。

复杂网络研究之所以晚近才发展起来，原因有二：一是计算机技术的发展，积累起海量数据，有可能获得大规模网络的统计性质。二是大量现实网络的实证研究发现了这些网络具有一些重要的共同性质，如拓扑特性、统计特性和动力学特性，其背后可能存在共同的原理，可以刻画某些现有理论不能刻画的系统特性。

29.4　小世界网络

你有意回避某人，却时不时地跟他相遇，你就会感叹："这个世界可真小！"偶尔跟一个远方来的陌生人交谈，却发现彼此有共同的熟人，你也会感叹："这个世界可真小！"这种小世界现象随处可见。中国有"低头不见抬头见"的格言，在一定程度上反映了人们对小世界现象早已有所认知，并用它来劝人消解纠纷，息事宁人。"初唐四杰"之一的王勃脍炙人口的诗句"天涯若比邻"，表明大诗人凭借超群的形象思维领悟到人类社会的小世界特性，憧憬用邻居网能够把整个人类联络起来。

小世界网络理论的提出者是瓦茨和他的博导斯特罗盖茨，起点是1998年他们在《自然》杂志上发表的《小世界网络的集体动力学》一文，后又在《小小世界：有序与无序之间的网络动力学》一书中给以系统的总结。但小世界网络概念的思想源头应追溯到半个世纪以前，前述索洛莫诺夫和拉波波特的工作中已经有所萌芽。20世纪60年代，普尔和科亨对小世界现象给出初步的数学分析。1967年，社会心理学家米尔格朗做了一个别出心裁的试验，要求所有参试者把一封信通过熟人传送给某个指定的人，目的是探明熟人关系网中路径长度的分布。虽然大部分信件被丢弃，只有大约四分之一送往预定的收信人，但对试验结果进行统计分析发现，平均经过 6 个熟人就可以从起点到达目标人。米尔格朗的试验是小世界网络概念的直接源头，由此产生了著名的"六度分离"概念，可看成小世界网络的"形象代理"（类似"蝴蝶效应"之于混沌）。1990年，约翰·瓜雷发表剧本《六度分离》，借一个剧中人物之口指出："这星球上的每一个人都不过是被其他六个人分隔开来。也就是在我们与这个星球上的另外任何一个人之间的六度分离关系。……每个人都是一扇门，打开它就可以进入其他人的世界！"形象思维的力量是巨大的，小世界网络的新思想借此剧本得到迅速传播。瓦茨选择小世界网络研究来做博士论文，就跟他父亲"你与美国总统之间只有六次握手的距离"的提示有直接关系。这也表明，在复杂性研究领域，科学和艺术是相通的。

小世界网络有两个基本特征，一是群聚系数大，即局部集团化程度高；二是平均最短路径小，资源或病毒在网络中流动速度快。凡同时具有高群聚程度和最短路径的网络，都具有小世界特性，都是小世界网络。所谓"六度分离"，说的就是我们这个世界的人口尽管有 60 亿之多，但任何两个人之间平均仅仅通过六个中间人即可联系起来，真可谓比邻而居呀！

为了以科学方法描述小世界现象，瓦茨和斯特罗盖茨把规则网络与随机网络结合起来，在规则网络的基础上加入随机性，首先提出一个小世界网络模型，称为 WS 模型，揭示出小世界网络的一些生成机制。小世界网络的生成机制是从规则网络开始，在结点连接中加入某些随机性。较为形式地说，WS 模型生成规则的算法描述如下：

（1）给定规则网：即给定总数为 N 的结点，每个结点与最邻近的 K = 2k 个结点有连线，通常要求 N≥K≥1；

（2）重新布线：对规则网的每个结点的所有边以概率 p 断开，再从网络中随机选择其他结点重新连接，但须排除自身到自身的连线和重复连线。

现实世界存在大量可以用 WS 模型描述的小世界网络。朋友关系图，熟人关系图，演员合作图，科研合作图，等等，都是小世界网络。蛋白质相互作用网络也属于小世界网络，结点是在场的蛋白质，两个有直接生理作用的蛋白质之间有一条边，结点的度就是跟该点有相互作用的蛋白质数，群聚系数是与某个蛋白质有相互作用的所有其他蛋白质之间的相互作用程度，最短路径是两个随机选择的蛋白质之间的相互作用需要通过的最短路径。自然界还大量存在别的小世界网络。

29.5　无标度网络

29.1节提到的许多现实网络，只要k足够大，网络的度分布就呈现幂律特性，表明系统具有标度变换下的不变性。这样的网络称为无标度网络，万维网、因特网、引文网、细胞网等都属于此类。无标度网络是巴莱拉斯和阿尔贝特在研究因特网时首先发现的，他们对因特网网页之间的链接情况进行统计，发现跟随机网的正态分布不同，这种网络具有幂律度分布。他们由此提出无标度网络概念，给出一个研究无标度网络的模型，称为BA模型，开拓了复杂网络研究的一个新领域。

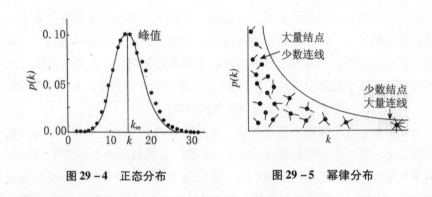

图29-4　正态分布　　　　　图29-5　幂律分布

网络中结点之间的关系往往是不对称的。俗话说，人往高处走，水往低处流。人们在社会交往中几乎都有"攀高枝"的倾向，学生愿投名师，一般演员渴望找明星演员合作，一般企业希望与名企业合作，小官员力求交接大官员，交朋友要交高于自己的人，下级找上级一般总是比上级联系下级要主动得多，这叫作择优连线。水往低处流也是择优连线，因为低处稳妥安定，如许多人希望找稳定的职业，许多女子希望嫁一个靠得住的男人，等等。结点之间连线的这种择优倾向，代表一种整合机制，在系统生成演化中扮演重要角色。

网络研究有两个主要关注点，一是网络的拓扑特性，二是网络的动力学特性。跟随机网络、小世界网络相比，无标度网络具有一些显著特征。对于无标度网络，动态特性起主导作用。无标度网络暗含一个假设：只要能够准确地捕捉到所要研究的网络的动态特性，也就能够掌握它的拓扑结构。从建模目标看，随机网络和小世界网络是要建立一个具有明确拓扑特性的图，而无标度网络的建模目标把重点放在掌握模型的动态特性上。较为形式化地说，BA 模型的算法描述是：

（1）开始：给定 n_0 个结点；

（2）增长：在每个时间步增加新结点和 m（$m \leqslant n_0$）条新的边；

（3）择优：新结点按照某种择优概率选择旧结点 i 与之连线，择优概率由结点 i 的度数 k_i 确定。

如此生成的网络具有增长性，可以描述组分有新陈代谢的系统，反映系统由小到大的生长发育。结点连线的择优倾向，反映组分具有更高的主动性和适应性，可以描述复杂的系统行为。正是增长性和择优性使得无标度网络呈现幂律分布，在一般随机攻击面前表现出很强的稳定性和鲁棒性，但在有目的的最大度攻击下，这类网络又呈现出脆弱性，局部的微小破坏可能导致网络整体的巨大破坏。

29.6 网络结构与系统复杂性

在当前网络研究的一般文献中，图就是网络，网络就是图。这是对网络概念的一种广义理解，从网络理论发展史和它的数学工具图论来看，如此称谓有合理性。本讲前几节也沿用这种约定。但严格说来，图不等同于网络，网络只是图的一类，还存在大量不是网络的图，如链、树、环、丛林等，它们是图而非网络。从结构的几何特征上说，网络的基本特征是连线纵横交织，形成许多闭合的网眼或网格，还可能有内含多个网眼的较大闭合回路，不同回路可能有交叉。链和树的特征是没有回路，没有网眼，单纯的循环结构没有线路交叉，都属于简单的结构模式。复杂的网络应是集链、树、环为一体的图，图 29 – 2 就是一个典型。这种意义上的网络至少是 2 维的，一团乱麻。神经网络等是 3 维的，抽象空间可能有维数更高的抽象网络。还应该区分完全网与非完全网，每个结点都处于至少一个环路上的是完全网，否则是非完全网。渔网是完全网，图 29 – 2 是非完全网。

网络是连通性和稀疏性的统一。没有连通性的图不是网络，连通性差的网络不是好网络。以交通网为例，纵横交错、四通八达才算交通发达；如果交通线路呈树状结构，两个相邻的树叶（结点）须绕到树枝分叉点才可连通，十分不便。没有稀疏性的图也不是网络，如由线纵横交错密密麻麻织成的布匹。交通线不能太稠密，它在系统所属空间中只能占据很小的份额。现实的复杂网络介于二者之间，既有很高的连通性，又有足够的稀疏性。

度分布均匀的网络不复杂，如渔网、蛛网等。度分布极端不均匀的网络也不复杂，极端情形下退化为星型结构或辐条式结构，是典型的简单网络。介于二者之间的才是复杂网络。

艾根比较了链、树、环的优劣（第 26 讲），链和树由于没有环路，图中没有资源循环流动和利用，因而性能不及循环结构。不过，单纯的循环结构虽然存在资源的循环流动和利用，但持存性和鲁棒性不高，只要在某处剪断，它就不成其为循环结构了。即使超循环结构，不论大环（整个超循环），还是小环（环中之环），在某个局部剪断，它整体上就不再是超循环。网络是链结构、树结构、环结构综合集成的结果，因而是能够用图表示的结构模式中最复杂的，提高了系统的持存性和鲁棒性。就图 29－2 来说，砍去外围的个别链或树或树丛，网络整体基本未受伤害；即使从某个网眼处剪断，网络整体也可能无伤大雅。跟链、树、环、丛林等结构模式比较，网络显然要复杂许多。现实的复杂网络也是鲁棒性与脆弱性的统一。

从系统的功能看，网络集链、树、环的优点于一身，可能具有非网络系统没有的许多重要特性，据之可开发出种种特殊功用。人类在实际生活中早就认识了网络的特殊功能。要在社会上干出一番事业，就得聚集人才。为什么讲"网罗人才"（罗亦网），却不说以链或树或环的方式聚集人才呢？因为网络结构的特点是结点连成一片，连线纵横交错，密密麻麻，又处处有网眼，疏而不漏，才能够不拘一格网人才。若使用链、树、环的方式，大量杰出人才就会由于富有个性、不合某些偏见而被拒收。为何张网易于捕鱼，以链拴、树扠、环绕等方式却鲜有收获？因为渔网结构不仅纵横交错、疏而不漏，而且可张开可闭合，开合自如。成语"网络人心"（络亦网）也不应该视为贬义词。一个成功的领导者须得人心，得人心者得天下。人心是复杂的网络系统，社会心理网络更复杂，领导者应该为全体社会成员服务，须照顾到方方面面，使绝大多数甚至全部被领导者都感到心理平衡，其政策、举措就得具有网络特性，而不能使用单纯的链、树、环结构。网络代表系统的一种特殊的整合方式，一种特殊的组织原则，跟没有网格结构的系统相比，网络系统组分的相关性、相干性更发达，真正是牵一发而动全身，因而整体涌现性特别显著，特别发达。

网络是系统由简单向复杂演化的产物，网络结构的形成又是系统特性和行为复杂化的根源。系统结构的复杂性，质性的复杂性，行为的复杂性，功能的复杂性，都与网络性有关。系统复杂性与其结构的层次性有关，贝塔朗菲已经注意到这一点，司马贺明确指出这一点，并给出有力的论证。CAS 理论进一步发展了这一思想。OCGS 理论特别强调复杂性在系统结构方面的表现是多层次性。复杂巨系统常常有层次缠绕，使得层次划分不清，一个原因就是存在复杂的网络结构，把不同层次缠绕起来。例如，居于最高层次的国家总统也会通过同学网、同乡网等与社会系统中不同层次的成员来往联系，致使社会层次之间出现相互缠绕和渗透；由于这种网络性，社会下层偶尔会有手眼通天的人物。

　　网络作为描述系统的工具，主要是描述拓扑特性和动力学特性。小世界网络和无标度网络各有优缺点。比较两种算法就会发现，WS 模型更适于描述一个给定系统的演化，没有组分（结点）的增减。BA 模型既能增减结点，又能重布连线，更适于描述系统的生成和演化。从网络观点看，系统的生成和演化可归结为两个方面：一是结点的改变，包括增加和减少（消除）结点，而生长或增长的主要特征是规模增大；二是连线的改变，包括连线的增加、消除、重连。简单地说，网络的生成、生长、演化、衰退就是对既有网络进行增点、去点、增边、去边、重连的操作。增点、去点代表系统组分（结点）的新陈代谢，增边、去边、重连代表组分关系即系统结构的新陈代谢，无标度网络更便于描述系统的新陈代谢。如巴莱拉斯和阿尔贝特所说："从一个小小的结点开始，通过不断填充新成员，结点数目在网络的整个生命周期内都在增加。"两种复杂网络既可用于对系统作构成论的描述，亦可作生成论的描述。

　　复杂网络研究刚刚步入高潮，尚有大量新的生长点有待开发。小世界网络和无标度网络是现已发现的两种复杂网络，一定还有新类型的复杂网络尚未被认识。复杂网络研究对于系统科学的价值要充分显示出来，还有待时日。

第30讲

系统科学名家对系统科学的哲学思考

从钱学森等人于1978年掀起系统科学研究热潮至今天的几十年中，国内学术界一直在传播着一种观点，认为系统科学证明辩证哲学的矛盾学说已经过时，一分为二是错误的，应当代之以一分为多；抓主要矛盾的思想是错误的，分系统之间是平等的兄弟关系，等等。这实在是对系统科学和矛盾学说的双重误解。为了查明系统科学的哲学基础，本书最后一讲来考察系统科学大师们是如何看待这个问题的。

30.1 系统科学需要哲学的指导

系统科学的创立和发展是人类科学文化发展中的一件大事，直接关联着科学整体的转型、社会的转型、文明的转型这些重大事件。系统科学的所有分支学科都涉及科学方法论的重大变革，即超越还原论；其中大多数学科还涉及科学世界图景的根本改变，即从机械论世界图景转向有机论世界图景。鉴于思维和存在的同一性，改变世界科学图景的系统科学也必然改变人类的思维方式，从分析思维主导型转向系统思维主导型。正因为如此，系统科学的产生除了需要社会发展提供推动力、科学发展提供前期性知识准备之外，还须借哲学的帮助以冲破传统思想的束缚，确立新的科学范式和方法论。由此决定了各学科的创立者都具有浓厚的哲学兴趣，乐于并善于从哲学上思考自己的科学创新问题。

受到系统科学家青睐的哲学思想形形色色，几乎涵盖哲学的各种流派。例如，普利高津深受柏格森和怀特海的影响，晚年又把目光投向中国的道家。创立突变论的托姆十分尊崇古希腊的赫拉克里特，喜欢用对立面的斗争来解释突变现象。在从美国发展起来的系统工程和运筹学中，不难发现杜威实用主义哲学的影响。不过，所有系统科学家在哲学信念上也有共同点，都尊奉科学唯物主义是显而易见的。有必要指出的是，为了冲决机械论的罗网，他们都自觉地以系统思维取代分析思维，其实质是以辩证思维取代形而上学思维，只是其中有些人不愿意承认这一点，有的甚至公开抵制或反对辩证法，然而，透过口头上的言辞不难发现，他们反对的只是辩证法这个术语，实际上却在坚持辩证地认识和对待系统研究中的各种矛盾。我们可以有根据地说，系统科学的哲学基础事实上是辩证唯物主义。

辩证法的普遍联系原理是系统科学的一个没有言明的基本假设，或思想前提。系统科学揭示出事物普遍联系的基本表现形式是系统，承认一切事物都以系统方式存在，都可以用系统观点考察，用系统方法处理。这一被系统科学家奉为圭臬的科学信念，不过是用另一种语言表达出来的普遍联系。系统科学的独特贡献在于提供了一整套描述普遍联系的科学概念，即系统、环境、结构、层次等等，制定出一整套刻画系统现象、系统特性、系统行为的实证方法和数学工具，使这个哲学原理转化为科学思想。可以毫不夸张地说，系统科学是一门关于普遍联系的科学。倡导系统主义的加拿大学者邦格张扬科学唯物主义，又明确反对辩证唯物主义，给辩证法扣了不少帽子。但他给系统哲学确定的一条公理，就是辩证法讲的普遍联系原理，两者的表述几乎完全一致，表明邦格只是在术语上反对辩证法。

辩证法关于事物运动发展的原理是系统科学的另一个没有言明的基本假设，或思想前提。系统科学不仅是关于系统存在和运行的方式、特征以及如何操作的科学，更是关于系统生成和演化的科学，提供了一整套科学概念来描述系统生成和演化的动因、方向、机制、规律等。可以毫不夸张地说，系统科学是一门关于发展变化的科学。凡是从生成和演化观点研究系统现象并且有所成就的人，都承认系统是发展变化的，视这一观点为无须证明的公理，却忘记了它的哲学来源。

系统科学的大师们不仅应用哲学来帮助克服科学研究中的难题，而且亲自对自己的研究工作进行哲学反思，对系统科学发展的历史和成果进行哲学概括，贡献了大量专业哲学家难以提出的新思想。此外，哲学家拉兹洛、邦格、巴姆、克勒、沙道夫斯基、乌也莫夫等也从各自的角度对系统科学进行哲学概括，建构了形形色色的系统哲学体系。

30.2 贝塔朗菲：向辩证唯物主义寻找哲学基础

在创立系统科学的功臣榜上，居第一位的是贝塔朗菲。他的科学功底是在祖国奥地利奠定的，哲学思想深受维也纳逻辑实证主义学派的影响。但从贝塔朗菲哲学思想的演进来看，创建一般系统论的长期探索使他越来越重视辩证唯物主义的价值。1968 年问世的《一般系统论》是贝塔朗菲数十年科学探索的总结，他在论及一般系统论的哲学思想来源时，特别提到莱布尼兹的自然哲学，库沙的尼古拉的对立物的一致说，马克思和黑格尔的辩证法。显而易见，一般系统论的哲学基础离不开辩证法。临终前一年发表的《一般系统论的历史和现状》一文，可看成是贝塔朗菲对后继者的学术交代，不仅重申了辩证法对一般系统论的重要影响，而且在文章末尾列出 12 个思考题，其中一个要求人们思考"辩证唯物主义与一般系统论的关系"。从该文不难看出，他本人对这种关系的看法是肯定的。对于一个长期活跃在美洲大陆的学者来说，对辩证唯物主义抱如此明确肯定态度是少见的，理论勇气令人钦佩。

贝塔朗菲最重要的理论贡献之一是把涌现概念引入系统科学，并借用亚里士多德的命题"整体大于部分之和"来表述，对系统科学的发展产生了全面而持久的影响。在他之前，涌现概念一直笼罩在唯心主义迷雾中，只有活力论喜欢讲涌现；亚里士多德命题也笼罩着神秘主义，一直被科学家拒绝接受。为了确立系统范式，贝塔朗菲必须把涌现概念从唯心论的迷雾中分离出来，剥除亚里士多德命题的神秘外衣，把二者在科学唯物主义基础上联系起来。欲达此目的，贝塔朗菲不能不求助于唯物辩证法，而他也确实做到了这一点。受他的影响，从 60 年前至今，系统科学界一直以亚里士多德命题来表述系统观的核心思想。

还原论和整体论，分析思维和综合思维，始终是科学发展中的两对矛盾。数百年来的科学发展一直崇尚还原论而贬斥整体论，重视分析思维而轻视综合思维。建立系统科学，开辟复杂性研究，必须从哲学上重新审视这两对矛盾，超越还原论和分析思维，在现代科学基础上重新确立整体论和综合思维的主导地位。在这方面，贝塔朗菲做出巨大贡献，其哲学基础也是唯物辩证法。

一直到贝塔朗菲科学生涯的初期，科学共同体都偏爱封闭系统，认为只有把对象从外部环境中孤立出来，在封闭状态下进行研究，才是科学的方法。坚持这一观点，就不可能建立系统科学，无法研究复杂性。在这方面开先河的也是贝塔朗菲，他对开放性与封闭性这对矛盾做了辩证的分析，指出开放性对系统的生成、存续和演化的极端重要性，初步创立了开放性理论，为耗散结构论等自组织理论的建立扫除了一大障碍。

贝塔朗菲在构建一般系统论的体系结构时指出，这一学科也有其哲学方面。他认为，一般系统论由三个层面组成，一是系统科学，二是系统技术，三是系统哲学。系统哲学又分为三个基本部分，系统本体论，系统认识论，系统价值论。他的意见对西方特别是美国系统哲学的发展起了指导作用，从拉兹洛的工作中可以看到这一点。

贝塔朗菲注意到，新兴的系统范式有可能被根深蒂固的机械论所侵蚀，"担心系统理论真的是走向机械化和人的价值下降，走向技术统治的最后一步"，因而提倡以人本主义的系统理论去对抗机械论倾向的系统理论。这些意见对于系统范式的正确传播是十分重要的。

30.3　维纳：给信息时代的唯物论指明生存发展之路

如维纳所说，控制论创建过程中的"主要困难在于：统计信息和控制理论的概念，对当时传统的思想来说，不但是新奇的，也许甚至是对传统思想本身的一种冲击"。在这种情况下，他们在创建控制论的过程中不得不作"哲学上的考虑"，寻找哲学的支持。

就政治和哲学的信念看，欧洲学术界明显比美国要客观一些，欧洲的系统科学家一般不避讳赞赏和援引辩证唯物论，美国科学家很难做到这一点。在美国土生土长的维纳也没有像贝塔朗菲、普利高津、哈肯那样明确求助于辩证法，但维纳对辩证唯物主义不仅没有明确的敌意，事实上他在思想深处是倾向于辩证唯物主义的。维纳在创立控制论过程中对哲学的诉求至少有以下几方面：

第一，关于目的和目的论。控制是一种目的性行为，建立控制理论必须给目的概念以科学的界定，制定描述目的性行为的科学方法。但机械唯物论把目的概念排除于科学概念之外，只有目的论承认目的的概念，却把它神秘化，使它成为一个唯心论的哲学概念。维纳等人的工作就是把目的和目的论区分开，通过引入信息反馈概念，唯物而又辩证地阐释了目的的概念，制定了描述控制系统的目的性行为的数学方法。

第二，关于因果观。因果关系是科学描述客观对象的基本着眼点，但现代科学中的因果观本质上是机械唯物论的，招致维纳的严厉指责："'唯物论'这个名词已经差不多变成'机械论'的不严格的同义语了。"机械因果观的要害是否认因与果可以相互转化，因就是因，果就是果。控制系统多个环节前后串接的结构模式表明，前一环节的果变成了后一环节的因，从采集信息到实施控制的过程就是因果转化的过程。更为本质的是，引入反馈环节使输出（果）转化为输入（因），形成因果不断转化的闭合回路，揭示出控制过程是因果反复转化的过程和机理，从而达到辩证因果观的思想高度。

第三，关于偶然与必然。机械唯物论把决定论绝对化，不给偶然性、不确定性留下任何位置。不破除这种思想影响，控制论就不可能建立起来。维纳秉承统计物理学原理，相信"宇宙自身的结构中存在着机遇这一基本要素"，主张把随机性"作为物理学的部分经纬"接受下来。维纳以熵、概率、统计系综、统计确定性、不可逆时间等概念阐释控制的本质，找到摆脱机械决定论的科学途径。

第四，关于信息观。维纳哲学思想最深刻也最惹人争议的表述，是关于"信息就是信息，不是物质也不是能量"的那段名言，不妨称之为维纳命题。一些学者据此而认定维纳在挑战唯物论，实在是一种误解。维纳的本意是同情和维护唯物论，因为他最先意识到即将来临的信息时代对唯物论提出的挑战，及时提醒唯物论者正视这一挑战。维纳的批判矛头并非一般地指向唯物论，而是指向毕希纳等人鼓吹的、曾受到恩格斯批判的庸俗唯物论。因为紧接着这段话之前，维纳写道："机械大脑不能像初期唯物论者所主张的'如同肝脏分泌胆汁'那样分泌出思想来，也不能认为它像肌肉发出动作那样以能量的形式发出思想来。"可贵之处还在于，维纳认识到"对信息的研究是坚持和发展唯物论学说的一个重要方面"（冯国瑞），明确指出应对这种挑战的基本方向：承认信息是不同于物质和能量的另一种客观存在，给信息以哲学唯物论的阐释。这实际上是对辩证唯物论的支持和提示，恰好表明维纳在信息问题上有某种辩证唯物论的倾向。事实上，正因为维纳命题包含深刻的辩证思想，长期得不到学界的理解。美国学术界就有人指责维纳著作中"噪音太多"，对那些纯思想性的议论颇为反感，反映出他们不懂得辩证思维。苏联当年对控制论的批判所攻击的重点，也首先指向维纳命题，同样反映了这一命题的深刻性。就是一些自觉坚持辩证唯物论的学者也始终未理解这个命题的重大意义，反而指责维纳的话"不负责任"（钱学森）。

第五，关于人机观。维纳在建立控制论之前参加过火炮自动控制和电子计算机的研制，能够直接感受到美国科技界浓厚的唯技术论、唯武器论，他们相信自动机特别是计算机总有一天会超过人、支配人。维纳显然不赞同这种观点，在《人有人的用处》一书中强调要把人当人来对待，肯定人具有机器不能替代的作用，这些意见今天仍极有价值。

30.4 普利高津：科学研究需要一个更加辩证的自然观

在中欧学术环境中成长起来的普利高津，广泛接受过欧洲哲学的影响。值得称赞的是普利高津在哲学上持开放性态度，努力从不同哲学流派中吸取思想营养，特别是能够客观公正地对待辩证唯物论。他认真研读过恩格斯的《自然辩证法》，赞同恩格斯对机械论的批判，并写道："在恩格斯写作《自然辩证法》一书的那个时代，物理科学看来已经摒弃了机械论的世界观，而更接近于自然界的历史发展的思想。"普利高津指出，20世纪的科学发展历程表明，机械论在科学和学术领域的影响还根深蒂固，要建立耗散结构论，揭示自组织的奥秘，就必须依据现代科学成果把清算机械论的斗争引向深入。普利高津没有以物理学新进展去否定辩证唯物论，而是以这种新进展把辩证唯物论对机械论的批判引向深入。

普利高津十分重视马克思、恩格斯关于自然界历史发展的思想，耗散结构论的提出跟他接受这一科学哲学思想有关，他试图从物理学角度揭示世界是如何自组织地演化发展的。创立耗散结构论需要哲学提供指导的主要问题是这样一些矛盾：存在和演化，有序和无序，平衡和非平衡，可逆和不可逆，确定性和不确定性，等等。在把握这些矛盾时，普利高津所遵循的显然是辩证思维，他所得出的科学结论对于丰富和发展辩证唯物主义非常珍贵。

从普利高津的著作看，在上述诸多矛盾中位于核心地位的是存在与演化的矛盾，分析其他矛盾都是为解决这对矛盾服务的。从普利高津的著述中不难发现这样的思想：研究封闭系统的是存在的科学，研究开放系统的才可能是演化的科学；研究平衡态的是存在的科学，研究非平衡态的才可能是演化的科学；研究线性系统的是存在的科学，研究非线性系统的才可能是演化的科学；研究可逆过程的是存在的科学，研究不可逆过程的才可能是演化的科学；研究确定性系统的是存在的科学，研究不确定性系统的才可能是演化的科学，等等。从存在的科学转向演化的科学，这一转变开始于赖尔的地质学和达尔文的进化论，恩格斯给出了相关的哲学分析。但直到20世纪上半叶，物理学仍然属于存在的科学。在物理学向演化的科学的转变中，普利高津的工作是决定性的一步。他的哲学依据，正是辩证唯物主义关于"自然界的历史发展的思想"和怀特海的过程哲学。

从事复杂性研究的开拓性工作，推动普利高津对机械论做出更深入的批判。他在这一过程中遇到许多重大思想关隘，其中之一是两个世界的对立："一个是轨道世界，另一个是过程世界，而且没有什么办法肯定一个而否定另一个。"普利高津认为："在一定程度上，这个冲突和引起辩证唯物主义产生的那场冲突有些类似。"由此可以看出，普利高津把复杂性研究的哲学方面看成辩证唯物主义在新时代的继续。这就不难理解，在最后一部专著《确定性的终结》一书中，普利高津为什么得出"我们需要一个更加辩证的自然观"的结论，因为这个结论是他对自己60年科学探索所作哲学反思的主要心得。

普利高津关于复杂性研究的哲学思想之丰富和深刻，是这一领域其他学者难以媲美的。其要点可以归结为两方面：（1）在科学哲学方面，普氏最先就科学整体的历史演化考察复杂性研究，断言以往的科学是简单性科学，科学系正处于历史的重要转折点上，复杂性科学作为科学系统新的历史形态正在产生之中。（2）在一般哲学方面，普氏基于非平衡物理学和复杂性科学的成就，探索物质观、时空观、规律观、运动观等深层次哲学问题，得出一系列极为深入的见解，对复杂性研究提供了强有力的哲学支持。普利高津堪称复杂性研究的首席思想家。从历史的大尺度看，他关于复杂性研究的哲学思想或许比他关于复杂性的科学结论更有价值。

30.5　哈肯：尊奉辩证法为协同学的哲学基础

跟普利高津不同，哈肯的著作中没有明确评论过辩证唯物主义。但作为一位颇有成就的科学家，哈肯坚信科学唯物主义是毋庸置疑的。作为一个德国学者，他深受德国古典哲学的熏陶也毋庸置疑。哈肯特别推崇黑格尔辩证法，有时直接援引黑格尔的哲学语言来说明科学问题，这使他对系统演化的科学描述包含着丰富的辩证思想，极有启发性。

哈肯从不同层次和侧面阐释协同学。他写道：在协同学的"哲学方面：在这里所关心的是对于自然的解释和理解。很明显，这里存在着许多对立统一的范畴：部分与整体的关系；用分析还是综合的办法去处理复杂系统；量与质的关系及其转变；组织或控制与自组织或自我调节之间的关系；我们所考虑的这些是决定性的过程，还是偶然性的过程，它们之间的相互作用如何；有序怎样从无序中产生，秩序的产生过程是由单向因果决定还是由循环因果律决定？如此等等。"这段话表明，哈肯承认协同论有两大哲学基础，即对立统一规律和量变质变规律。如此明确的哲学自白，为西方系统科学界所仅见。

（1）量变质变规律。哈肯反复强调，协同学"感兴趣的是质的变化"，其学科任务是提供一套描述量变如何导致系统质变的概念和方法。"协同学的研究就在于探索统一性原理，它能使我们发现合适的量，用来描述以新的方式发展着的、宏观尺度上的质的特征。为此，协同学将注意力集中于许多单个部分构成的系统在宏观尺度上经历着质变的情况。"他希望哲学家也能参与进来，共同研究"部分之间如何协作，产生高一层次的具有新质意义的特征"。应当说，协同学很好地贯彻了这个指导思想。它以结构来表征质的规定性，以状态变量和控制参量代表量的规定性，建立系统的动力学模型，通过数学的分析论证，判明系统在什么范围只有量的改变，在什么时候将出现临界点，发生从一种结构向另一种不同结构的飞跃，也就是质的飞跃，科学上称为相变。在量变与质变的关系上，与其他自组织理论相比，协同学有两个特点，一是自觉运用哲学的辩证法，二是描述方式的定量化水平最高，把两者比较完美地结合起来，是协同学的一个显著特点。

（2）对立统一规律。不少人宣称，系统科学否定了一分为二的命题，主张以一分为多取而代之。科学家哈肯却不这样看，在谈到协同学的创立过程时，他甚至直接使用这个词组，声称要对有关事情"作一分为二的分析"。哈肯是对的，因为一分为二是哲学的方法，在对事物做哲学分析时只能是一分为二，力求把握两个对立面如何既对立又统一，不允许在这些对立面中间有"第三者插足"。一分为多则是具体科学的分析方法，在对事物作结构分析或类型分析时，应当是一分为多，找出事物的所有组分或类型，一分为二只是特例。一分为二与一分为多，二者各有适用范围，应当结合使用，不能以一个取代另一个。哈肯很懂得这个道理。研究系统演化，揭示自组织的规律，必然遇到部分与整体、同一与差异、原因与结果、合作与竞争、有序与无序、支配与服从、稳定与不稳定、确定性与不确定性、自组织与他组织等矛盾。在面对这些矛盾时，系统科学的大师们事实上都在坚持辩证思维的对立统一原理，即一分为二。其中，哈肯运用辩证法不仅十分自觉，而且对这些矛盾都给出相当精辟的分析。

在诸多矛盾中，最具独创性的是哈肯关于自组织与他组织分析。其思想贡献可以归结为四点：①他在系统研究中最早揭示自组织与他组织这对矛盾；②一方面强调自组织与他组织之间"对立的情形"，另一方面也强调两者之间可以"合作"，力求用科学方法"在这二者之间找到一个合成"，主张"用黑格尔的哲学语言"建立自组织与他组织之间的合作关系；③指出自组织与他组织的划分是相对的，不存在绝对的分界线；④指出自组织与他组织也可以相互转化，并且用数学模型描述了这种转化。

读者朋友，如果你愿意学习在科学研究中怎样运用矛盾分析方法，而且用得自然而贴切，协同学可以提供范例。

30.6 钱学森：坚持马克思主义哲学对系统科学的指导

在美国学习和工作期间，钱学森已经树立起坚定的科学唯物主义哲学思想。回国后经过系统学习马克思主义哲学，他迅速成为一个坚定的马克思主义者，自觉地运用辩证唯物主义指导自己的工作，且越到后来越坚定。在20世纪80至90年代，国内外都出现一股否定辩证唯物论的思潮。并非哲学家的钱学森却反其道而行之，利用各种场合宣传马克思主义哲学对科学、技术、工程的指导作用，形成鲜明的对比。尽管他对哲学的某些表述不够准确，有些提法有简单化之嫌，招致专家非议，但他的心意是真诚的，而且发挥了积极而有益的影响。诚如哲学家黄楠森所说："他的思想确实对那些否定辩证唯物主义世界观的观点，特别是对辩证唯物主义过时论，从科学技术革命的角度，树立了一堵难以超越的铜墙铁壁。"

钱学森在系统科学中传播和应用哲学的探索性工作表现在三个方面。

其一，以马克思主义哲学回顾人类孕育系统思想和系统概念的历史轨迹，总结系统科学头40年的发展经验，概述了系统思想如何从经验到哲学、从思辨到定性到定量的大致发展情况，得出以下结论：

1. 人类在知道系统思想、系统工程之前，就已经在进行辩证的系统思维了，古代辩证唯物的哲学思想包含了系统思想的萌芽；

2. 辩证唯物主义体现的物质世界普遍联系及其整体性的思想，也就是系统思想；

3. 系统概念并非20世纪的新发现，辩证唯物主义讲的局部与全局的辩证统一、事物内部矛盾的发展与演变等，就是系统概念的精髓，恩格斯讲的世界是"过程的集合体"就是今人讲的系统；

4. 现代科学技术对于系统思想方法有两大贡献，一是使系统思想方法定量化，二是给定量化思想方法的实际应用提供了电子计算机这种强有力的计算工具；

5. 概括地讲，系统思想是进行分析与综合的辩证思维工具，它在辩证唯物主义那里取得了哲学的表达形式，在运筹学和其他系统科学那里取得了定量的表达形式，在系统工程那里获得了丰富的实践内容。

其二，以马克思主义哲学指导系统科学的研究。总的指导思想是："搞开放的复杂巨系统，任何时候都不要忘了辩证唯物主义，警惕机械唯物论，警惕唯心主义，不然会走到邪路上去。"主要观点有：

1. 关于运筹学和事理学。他指出："'事理'同数学、物理都充满了辩证法的道理，都是以辩证唯物主义作指导的。"在讲到事理过程时指出："无论这个过程多么复杂，它有一根主要矛盾线，我们围绕这根主要矛盾线来考察问题。"

2. 关于系统工程。大力发展系统工程的理由之一是，"有必要纠正近代科学发展约四百年来盛行的形而上学地看问题，以及分割各部分的习惯，强调照顾全局、辩证统一的观点"；并给出这样的概括："这就是系统工程的历史：马克思主义哲学先进思想所总结出的系统概念孕育了近六十年的时间，到本世纪（指20世纪，引者）中叶才终于具备了条件，开出一批花朵。"

3. 关于控制论。近40年来，钱学森极少专题论述控制论，但他把控制论看成系统科学的主要分支学科之一，强调控制论建立在系统概念上，用马克思主义哲学指导系统科学的原则当然也适用于控制论研究。在给《工程控制论》修订版写的序中，钱学森从现代化整体趋势、技术革命和产业革命的角度宏观地论述了控制论的重大意义，对维纳关于把控制论应用于社会领域是"虚伪的希望"的观点，依据恩格斯的政治经济学思想提出批评，充分肯定了控制论的科学思想和技术在人类自觉地从事社会活动的组织过程中可能发挥的重大作用。

4. 关于系统学。钱学森最后40年的主要精力集中于创建系统学，如何用辩证唯物主义指导研究工作是他关注的焦点，在报告、讲话、书信中反复强调，在率队着手创建系统学的十多年中，身体力行地坚持了这个原则。

5. 关于开放复杂巨系统理论。在把创建系统学的工作集中到研究开放复杂巨系统之后，鉴于没有现成的原理和方法可用，哲学的指导作用就特别凸显出来，他的《基础科学研究应该接受马克思主义哲学的指导》一文就是为此而写成的。钱学森明确肯定从定性到定量综合集成法是《实践论》的具体应用，从定性到定量综合集成法的过程要以《矛盾论》为指导思想，他有关开放复杂巨系统动力学特性的分析中明显体现出《矛盾论》的思想。

其三，以马克思主义哲学指导系统论的研究。主要观点如下：

1. 系统论是沟通系统科学与马克思主义哲学的桥梁，"系统科学实际得到的经验又概括总结起来，来深化发展马克思主义哲学""系统科学的哲学概括，就是系统论"；

2. 系统科学辩证法是"系统论的一部分""其中的重要问题是结构与功能、还原论与整体论等辩证关系"。对于系统科学涉及的种种对立统一，如部分与整体、状态与过程、确定与不确定、稳定与不稳定等等，钱学森都有哲学分析。

3. 本体论是用思辨方式来讨论问题的，但对客观世界本质的问题，本体论没有解决，现在科学可以解决，本体论就不必要了（注意，这是他的一家之言，并非学界共识）。

4. 定性定量是一个辩证过程，从马克思主义哲学来理解，定性、定量本来是辩证统一的，从定性到定量，定量又上升到更高层次的定性；因此，定性和定量的关系是对认识过程的一个描述，循环往复，永远如此。

5. 不要还原论不行，光要还原论也不行；不要整体论不行，光要整体论也不行；需要的是把二者辩证地统一起来，系统论就是整体论与还原论的辩证统一。

钱学森等科学大师们的言行表明，系统科学的发展需要从各种哲学流派中吸取营养，但它的主要哲学基础是辩证唯物主义，这一点不容置疑。

主要参考文献

1. 艾根、舒斯特尔：《超循环论》，曾国屏等译，上海译文出版社，1990。

2. 冯·贝塔朗菲：《一般系统论：基础、发展和应用》，林康义等译，清华大学出版社，1987。

3. 陈红宇等：《系统工程方法与战略管理》，中国和平出版社，1997。

4. 陈忠、盛毅华编著：《现代系统科学学》，上海科学技术文献出版社，2005。

5. 邓聚龙：《灰色控制系统》，华中工学院出版社，1985。

6. 冯国瑞：《信息科学与认识论》，北京大学出版社，1994。

7. 郭雷、许晓鸣主编：《复杂网络》，上海科技教育出版社，2006。

8. M. 盖尔曼：《夸克与美洲豹》，杨建邺等译，湖南科学技术出版社，1997。

9. H. 哈肯：《协同学导论》，徐锡申等译，原子能出版社，1984。

10. H. 哈肯：《协同学：自然成功的奥秘》，待鸣钟译，中国科学技术出版社，1988。

11. E. 拉兹洛：《用系统论的观点看世界》，闵家胤译，中国社会科学出版社，1985。

12. B. B. 曼德勃罗：《大自然的分形几何学》，陈守吉等等译，上海远东出版社，1998。

13. 迈克尔·C. 杰克逊：《系统思考 适于管理者的创造性整体论》，高飞等译，中国人民大学出版社，2005。

14. 尼科里斯、普利高津：《探索复杂性》，罗久里等译，四川教育出版社，1986。

15. 朴昌根编著：《系统学基础》，四川人民出版社，1994。

16. 伊·普利高津、伊·斯唐热：《从混沌到有序》，曾庆宏等译，上海译文出版社，1987。

17. 钱学森等：《论系统工程（增订本）》，湖南科学技术出版社，1988。

18. 钱学森等：《创建系统学》，山西科技出版社，2001。

19. 钱学森：《工程控制论》，科学出版社，1958。

20. P. 切克兰德：《系统论的思想与实践》，左晓斯等译，华夏出版社，1990。

21. 彼得·圣吉：《第五项修炼》，郭进隆译，上海三联书店，1998。

22. 史定华：《网络度分布理论》，高等教育出版社，2011。

23. 勒内·托姆：《突变论：思想和应用》，周仲良译，上海译文出版社，1989。

24. 邓肯.J. 瓦茨：《小小世界》，陈禹等译，中国人民大学出版社，2006。

25. 王其藩：《高级系统动力学》，清华大学出版社，1995。

26. 王雨田主编：《控制论、信息论、系统科学与哲学》，中国人民大学出版社出版社，1986。

27. 魏宏森、宋永华等编著：《开创复杂性研究的新学科》，四川教育出版社，1991。

28. N. 维纳：《控制论》，郝季仁译，科学出版社，1962。

29. N. 维纳：《人有人的用处》，陈步译，商务印书馆，1978。

30. 米歇尔·沃德罗普：《复杂》，齐若兰译，天下文化出版公司，1994。

31. 徐福缘等编：《复杂网络——系统结构研究文集》，上海理工大学系统工程研究所，2004。

32. 许国志主编：《系统科学》，上海科技教育出版社，2000。

33. 颜泽贤、范冬萍、张华夏：《系统科学导论：复杂性探索》，人民出版社，2006。

34. 约翰·霍兰：《隐秩序：适应性造就复杂性》，周晓牧等译，上海科技教育出版社，2000。

35. 《运筹学》教材编写组：《运筹学》，清华大学出版社，1990。

36. L. A. 扎德：《模糊集与模糊信息粒理论》，阮达等编译，北京师范大学出版社，2000。

37. 赵少奎、杨永泰：《工程系统工程导论》，国防工业出版社，2000。

38. 邹珊刚等编著：《系统科学》，上海人民出版社，1987。

39. 《复杂性研究》专集之四，《系统辩证学学报》，2005年第四期。

致　谢

本书许多材料、图形、思想取自上述著作，谨向各位作者致以诚挚的谢意。

后 记

2006年初，江苏教育出版社的马佩林同志找我，希望在他们出版社策划的《大学讲稿》系列丛书中，由我写《系统科学大学讲稿》一书。考虑到我已经出过几本系统科学的书，为避免自我克隆，曾经有过犹豫。但基于以下两点，我还是接受了他们的建议：其一，直接针对大学生读者群的系统科学作品还没有，他们的创意对我有吸引力，普及系统科学、系统思维、系统方法至少应从大学生做起；其二，这些年我对系统思想又有一些体会，对于系统科学发展的方向有一些新设想，极想与同行交流，这正是一个适当的机会。

我自己对本书的写作要求是：既让一般大学生都能看得懂，没有艰深难读之感，而且颇有兴趣；又让系统科学家觉得可以一读，能够获得一些系统思想方面的启示，可以引起一些关于系统科学如何发展的商榷、讨论。经过一年多的努力，现在终于定稿了。主观意图是否实现，静候阅者评价吧。

初稿完成前夕，为尽量减少差错，我征求北京大学冯国瑞教授意见，能否帮我看一遍。冯教授患有严重的心脏病，曾多次病危抢救，让他来干这件苦差事，且正值春节期间，我的要求近乎无理，心里颇为矛盾，但老冯十分爽快地答应了。我们这代人年轻时经常过革命化的春节，本人60年代供职于国防部门，连续几年春节不放假，从年三十到初三昼夜工作，名其曰发扬连续作战精神，至今想起来仍然有些意气风发之感，很有几分怀念。四十多年过去了，人类已经进入21世纪，国家形势发生了翻天覆地的变化。没想到，由于我的无理要求，冯兄又过了一个"革命化"的春节。从正月初五到正月十八，三十多万字细细读了一遍，从章节设置到观点表述，再到遣词造句，提出一系列修改意见。

我与国瑞兄相识于钱学森先生倡导的系统学讨论班（大班），至今整整20年了。20年来，我得到他持续的多方面的帮助，从他那里学到不少哲学社会科学知识。我的许多文章初稿都听取过他的意见，除观点的批评和资料的支持之外，每一次都要从文字方面（包括标点符号）挑错。本人来自文化不发达的太行山深处，既谈不上家学，也谈不上"乡学"。加之我学的是数学，干了20年工程，四十多岁才转到文科，人文社会科学知识极其贫乏，倍感先天不足之苦，不得不处处明里暗里投师学艺。国瑞兄就是我的没有正式拜师的老师之一，借此机会向冯师20年教育帮助之劳致以深深的谢意。

人生总有不如意处，即使时代宠儿们也不例外，一般人就更不用说了。国瑞兄待人热情，乐于助人，又秉性耿直，爱提意见，敢于坚持意见，近乎执拗，有时执拗得既叫人生气，又显得孩子般单纯、可爱。国瑞兄这一生的发展不算顺畅，常常自称为学术界的一棵小草。这在他是自贬自陋，我则不以为然，常常诘问他：小草何陋之有？以拗对拗，多年来我以小草称而呼之，彼此颇为得意。趁着今天高兴，再赠送小草兄一首打油诗：

小草颂

你是一棵小草，有土就生，见水就长，无论高山峻岭，还是深海底部，到处有你的身影，神奇的适应性让人击节赞赏！

你是一棵小草，身段低矮，价值轻微，任由马踏人踩，虫啃鸟啄，但"野火烧不尽，春风吹又生"，巨大的生命力举世无双！

你是一棵小草，唯其细、小、繁、多，才能连成一片，覆盖大地，保持水土；没有你的奉献，何处长细柳高杨？哪里育牡丹海棠？

小草啊小草，莫怪情人不用你传情示爱，那是因为你对他们有更实在的用场。试问：哪对恋人能在花朵上谈情说爱？谁个敢在树枝上偎依拥抱？此等重任，唯有你编织的草坪草场能够担当。

小草啊小草，不要埋怨诗人骚客把你冷落淡忘，韩愈夸你"绝胜烟柳满皇都"，曾巩高唱"一番桃李花开尽，唯有青青草色齐"，足显你在大诗人眼里的分量。

草地、草根、草民，著一草字，尽得风流：唯有草才有资格同大地、根本、民众匹配相连，不论花朵何等艳丽天娇，何曾享有花地、花根、花民之称谓的荣光？

让大树们趾高气扬吧，让鲜花们搔首弄姿吧，让我们以小草为荣吧，一草到底，永远连着大地、根本、民众，展现小草独有的无限风光。

孤微子

2007 年 3 月 18 日于泊静斋